# 水利水电工程地质与测绘研究

常　成　王俊雷　常正科◎著

中国商务出版社
·北京·

**图书在版编目（CIP）数据**

水利水电工程地质与测绘研究 / 常成，王俊雷，常正科著. -- 北京：中国商务出版社，2024.6. -- ISBN 978-7-5103-5213-3

Ⅰ. P642

中国国家版本馆 CIP 数据核字第 2024JS7481 号

**水利水电工程地质与测绘研究**

SHUILI SHUIDIAN GONGCHENG DIZHI YU CEHUI YANJIU

常　成　王俊雷　常正科◎著

出版发行：中国商务出版社有限公司

地　　址：北京市东城区安定门外大街东后巷 28 号　邮　　编：100710

网　　址：http://www.cctpress.com

联系电话：010—64515150（发行部）　010—64212247（总编室）

010—64515164（事业部）　010—64248236（印制部）

责任编辑：徐文杰

排　　版：北京天逸合文化有限公司

印　　刷：宝蕾元仁浩（天津）印刷有限公司

开　　本：710 毫米×1000 毫米　1/16

印　　张：21.25　字　　数：338 千字

版　　次：2024 年 6 月第 1 版　印　　次：2024 年 6 月第 1 次印刷

书　　号：ISBN 978-7-5103-5213-3

定　　价：79.00 元

# 前　言

随着生产力的发展，人类改造客观世界的力度越来越大，水利水电工程建设也毫不例外地越来越复杂，需要解决的勘探难题越来越多，要求达到的测绘精度也越来越高。在工程建设中遇到的地质问题主要包括软土地基、膨胀土、湿陷性黄土、饱和砂土震动液化、边坡稳定、渠道渗漏、施工中地下水涌、地下水侵蚀等。

在水资源开发和水利工程建设过程中，水利水电工程测绘作为一项重要的技术手段，承担着艰巨的任务，为各类工程提供多方面的基本资料，并保证建设计划的顺利实施和效益的充分发挥。

水利水电测绘是一门古老的专业技术，有着悠久的历史。从古代大禹治水，都江堰工程，到现代水利的“超长隧洞”“数字建模”，测绘工作成果始终作为一项不可缺少的重要基础性技术资料，为工程建设提供有力的保障。随着人类社会的进步、经济的发展和科技水平的提高，测绘技术的理论、方法及其科学内涵也不断地发生变化。尤其是在当代，空间技术、勘探技术、计算机技术，通信技术和地理信息技术的发展，使得水利水电测绘的理论基础、工程技术体系、研究领域和科学目标正在适应新形势的需要，发生深刻的变化。

本书从工程地质基础入手，简要介绍了矿物与岩石、地层与地貌、地质构造与地质图，旨在帮助读者初步了解工程地质。除此之外，书中还对水利水电工程地质进行了系统梳理，并介绍了水利水电工程地质的问题与整治加固。最后，书中深入探讨了水利水电工程测绘，包括测绘基础技术、水利水电工程测绘技术与实践、工程地质与测绘的新技术新方法，帮助读者全面了解水利水电工程地质与测绘。本书论述严谨，结构合理，条理清晰，内容丰富，对水利水电工程地质与测绘研究有一定的借鉴意义，适合相关工作者以及对此感兴趣的人员阅读。

在本书写作过程中，参考和借鉴了一些学者与专家的观点及论著，在此向他们表示深深的感谢。由于水平和时间所限，书中难免有不足之处，希望各位读者和专家能够提出宝贵意见和步修改和完善。

作　者

2024. 2

# 目　录


**第一章　工程地质基础　/ 001**

第一节　矿物与岩石　/ 001

第二节　地层与地貌　/ 024

第三节　地质构造与地质图　/ 034

**第二章　水利水电工程中的地质问题　/ 046**

第一节　坝址区工程地质问题　/ 046

第二节　水库区工程地质问题　/ 078

第三节　堤防与引调水建筑物工程地质问题　/ 094

**第三章　水利水电工程整治加固　/ 107**

第一节　岩体坝基处理　/ 107

第二节　松散土体坝基处理　/ 118

第三节　水工洞室施工地质超前预报与锚喷支护　/ 125

第四节　水工边坡防治与岩溶防渗处理　/ 137

**第四章　测绘技术基础　/ 148**

第一节　测量学与工程测量学　/ 148

第二节　测量基础与误差　/ 152

第三节　遥感技术　/ 171

第四节　地理信息系统　/ 176

第五章　水准、角度与距离测量技术　/ 190

第一节　水准测量　/ 190

第二节　角度测量　/ 199

第三节　距离测量　/ 212

第六章　水利水电工程测绘技术　/ 217

第一节　地形图的测绘与应用　/ 217

第二节　施工控制网　/ 239

第三节　混凝土重力坝的放样　/ 242

第四节　隧洞施工测量　/ 247

第七章　水利水电工程专业测绘与实践　/ 260

第一节　渠道测量　/ 260

第二节　输电线路测量　/ 271

第三节　河道测绘　/ 273

第四节　小区域控制测量　/ 281

第八章　工程地质与测绘的新技术与新方法　/ 290

第一节　“3S”技术在工程地质测绘中的应用　/ 290

第二节　地面三维激光扫描技术在水利工程领域的应用　/ 307

第三节　无人机测绘技术在水利水电工程中的应用　/ 326

参考文献　/ 331

# 第一章　工程地质基础

## 第一节　矿物与岩石

矿物是在地壳中天然形成的具有一定化学成分和物理性质的自然元素或化合物，通常是无机作用形成的均匀固体。例如，石英（$SiO_2$）、方解石（$CaCO_3$）、石膏（$CaSO_4 \cdot 2H_2O$）等是以自然化合物形态出现的；石墨（C）、金（Au）等矿物是以自然元素形态出现的。构成岩石的矿物称为造岩矿物。

### 一、主要造岩矿物

目前人类已发现的矿物有3000多种，其中构成岩石主要成分、明显影响岩石性质、对鉴定岩石类型起重要作用的矿物称为造岩矿物。常见的造岩矿物有30余种。

#### （一）矿物的物理性质

矿物的物理性质包括形态、颜色、条痕、光泽、透明度、硬度、解理、断口、密度等，这些都是肉眼鉴定矿物的依据。

**1. 形态**

绝大多数矿物呈固态，只有极个别的矿物呈液态，如自然汞（Hg）等。大多数固体矿物是结晶质，少数为非结晶质。结晶质矿物内部质点（原子、分子或离子）在三维空间有规律的重复排列，形成空间格子构造，如食盐为立方晶格。结晶质矿物只有在晶体生长速度较慢，周围有自由空间时，才能形成有规则的几何外形，这种晶体称为自形晶体，如石英、金刚石等都是自形晶体。

非结晶质矿物的内部质点排列无规律性，故没有规则的外形。常见的非结晶质矿物有玻璃矿物和胶体矿物两种，如火山玻璃由高温熔融状的火山物质迅速冷却而成，蛋白石由硅胶凝聚而成。

结晶质矿物由于化学成分和生成条件不同，矿物单体的晶形千姿百态。常见的矿物单体形态如下。

①片状、鳞片状：如云母、绿泥石等；

②板状：如斜长石、板状石膏等；

③柱状：如角闪石（长柱状）、辉石（短柱状）等；

④立方体状：如岩盐、方铅矿、黄铁矿等；

⑤菱面体状：如方解石、白云石等。

常见的结晶质和非结晶质矿物集合体形态如下。

①粒状、块状、土状：矿物在三维空间接近等长的集合体。颗粒界限较明显的称为粒状（如橄榄石等），颗粒界限不明显的称为块状（如石英等），疏松的块状称为土状（如高岭石等）。

②鲕状、豆状、肾状：矿物集合体形成近圆球形结核构造，如鱼卵大小的称为鲕状（如方解石、赤铁矿等），有时呈现豆状、肾状（如赤铁矿等）。

③纤维状：如石棉、纤维石膏等。

④钟乳状：如方解石、褐铁矿等。

#### 2. 颜色

矿物的颜色是多种多样的，主要取决于矿物的化学成分和内部结构。按矿物成色原因可分为自色、他色和假色。矿物固有的比较稳定的颜色称为自色，如黄铁矿是铜黄色，橄榄石是橄榄绿色。矿物中混有杂质时形成的颜色称为他色。他色不固定，与矿物本身性质无关，对鉴定矿物意义不大，如纯石英晶体是无色透明的，而当石英含有不同杂质时，就可能出现乳白色、紫红色、绿色、烟黑色等多种颜色。由矿物内部裂隙或表面氧化膜对光的折射、散射形成的颜色称为假色，如方解石解理面上常出现的虹彩。

#### 3. 条痕

矿物在白色无釉的瓷板上划擦时留下的粉末痕迹称为条痕。条痕可消除假色，减弱他色，常用于矿物鉴定。例如，角闪石为黑绿色，条痕是淡绿色；辉石为黑色，条痕是浅绿色；黄铁矿为铜黄色，条痕是黑色等。

**4. 光泽**

光泽指矿物表面反射光线的能力。根据矿物平滑表面反射光的强弱，可分为以下几种。

（1）金属光泽

矿物平滑表面反射光强烈闪耀，如方铅矿、黄铁矿等。

（2）半金属光泽

矿物表面反射光较强，如磁铁矿等。

（3）非金属光泽

透明和半透明矿物表现的光泽为非金属光泽，其按反光程度和特征又可分为以下几种。

①金刚光泽：矿物平面反光较强，状若钻石，如金刚石。

②玻璃光泽：状若玻璃板反光，如石英晶体表面。

③油脂光泽：状若染上油脂后的反光，多出现在矿物凹凸不平的断口上，如石英断口。

④珍珠光泽：状若珍珠或贝壳内面出现的乳白色彩光，如白云母薄片等。

⑤丝绢光泽：出现在纤维状矿物集合体表面，状若丝绢，如石棉、绢云母等。

⑥土状光泽：矿物表面反光暗淡如土，如高岭石和某些褐铁矿等。

**5. 透明度**

透明度是指矿物透过可见光的程度。根据矿物透明程度，将矿物分为透明矿物、半透明矿物和不透明矿物。大部分金属、半金属光泽矿物都是不透明矿物（如方铅矿、黄铜矿、磁铁矿）；玻璃光泽矿物均为透明矿物（如石英晶体和方解石晶体）；介于二者之间的矿物为半透明矿物，很多浅色的造岩矿物都是半透明矿物（如石英、滑石）。用肉眼鉴定矿物时，应注意观察等厚条件下的矿物碎片边缘，用来确定矿物的透明度。

**6. 硬度**

矿物的硬度指矿物抵抗外力作用（如压入、研磨）的能力。矿物的化学成分和内部结构不同，其硬度也不相同，因此硬度是矿物鉴定的一个重要特征，目前将常用的十种已知矿物组成的莫氏硬度表（参见表1-1）作为标准。为了方便鉴定矿物的相对硬度，还可以用指甲（硬度为2.5）、小钢刀（硬度为5~5.5）、玻璃（硬度为5.5）作为辅助标准，从而确定矿物的相对硬度。

**表1-1　莫氏硬度表**

| 硬度 | 矿物 | 硬度 | 矿物 |
|---|---|---|---|
| 1 | 滑石 | 6 | 正长石 |
| 2 | 石膏 | 7 | 石英 |
| 3 | 方解石 | 8 | 黄玉 |
| 4 | 萤石 | 9 | 刚玉 |
| 5 | 磷灰石 | 10 | 金刚石 |

**7. 解理**

矿物在外力敲打下沿一定结晶平面破裂的固有特性称为解理。开裂的平面称为解理面，由于矿物晶体内部质点间的结合力在不同方向上不均一，解理面方向和完全程度都有差异。如果某个矿物晶体内部几个方向上结合力都比较弱，那么这种矿物就具有多组解理（如方解石）。

根据矿物产生解理面的完全程度，可将解理分为四级。

（1）极完全解理：极易裂开成薄片，解理面大而完整，平滑光亮（如云母）。

（2）完全解理：沿解理面常裂开成块状、板状，解理面平坦光亮（如方解石）。

（3）中等解理：常在两个方向上出现两组不连续、不平坦的解理面，第三个方向上为不规则断裂面（如长石、角闪石）。

（4）不完全解理：很难出现完整的解理面（如橄榄石、磷灰石等）。

**8. 断口**

不具有解理的矿物，在锤击后可沿任意方向产生不规则断裂，其断裂面称为断口。常见的断口形状有贝壳状断口（如石英）、平坦状断口（如蛇纹石）、参差状断口（如黄铁矿、磷灰石等）、锯齿状断口（如自然铜等）。

**9. 相对密度**

矿物的密度取决于组成元素的相对原子质量和晶体结构的紧密程度。石英的相对密度为2.65，正长石的相对密度为2.54，普通角闪石的相对密度为3.1~3.3。矿物的相对密度一般可以实测。

矿物的物理性质还表现在其他很多方面，如磁性、压电性、发光性、弹性、挠性、脆性与延性等，都可以用来鉴定矿物。

### （二）主要造岩矿物及其鉴定特征

常见的造岩矿物有30余种。它们的共生组合规律及含量不仅是鉴定岩石的依据，而且显著地影响岩石的物理力学性质。

**1. 石英**

石英（$SiO_2$）是岩石中常见的矿物之一。石英结晶常形成单晶或丛生为晶簇。纯净的石英晶体为无色透明的六方双锥，称为水晶。岩石中的石英多呈致密的块状或粒状集合体。一般为白色、乳白色，含杂质时呈紫红色、烟色、黑色、绿色等颜色；晶面为玻璃光泽，块状和粒状石英为油脂光泽；无解理；断口贝壳状；硬度为7；相对密度为2.65。

**2. 长石**

长石（$RAlSi_3O_8$）是一大族矿物，是地壳中分布最广泛的矿物。它在岩石分类和命名中占重要位置。长石按成分划分为三种基本类型：钾长石（$KAlSi_3O_8$）、钠长石（$NaAlSi_3O_8$）和钙长石（$CaAl_2Si_2O_8$）。以钾长石为主的长石矿物称为正长石，由钠长石和钙长石按各种比例混溶而成的一系列矿物称为斜长石。

（1）正长石

单晶为柱状或板状，在岩石中多为肉红色或淡玫瑰红色，玻璃光泽，硬度为6，相对密度为2.54~2.57，常和石英伴生于酸性花岗岩中。

（2）斜长石

晶体多为板状或柱状，晶面上有平行条纹，多为灰白、灰黄色，玻璃光泽，有两组近正交的解理，硬度为6~6.5，相对密度为2.61~2.75，常与角闪石和辉石共生于较深色的岩浆岩（如闪长岩、辉长岩）中。

**3. 白云母**

白云母［$KAl_2(AlSi_3O_{10})(OH)_2$］单晶体为板状、片状，横截面为六边形，有一组极完全解理，易剥成薄片，薄片无色透明，具有玻璃光泽；集合体常呈姜黄、淡绿色，具有珍珠光泽，薄片有弹性，硬度为2~3，相对密度为3.02~3.12。

4. 普通角闪石

普通角闪石 $\{Ca_2Na(Mg, Fe)_4(Al, Fe)[(Si, Al)_4O_{11}]_2(OH)_2\}$ 多以单晶出现，一般呈长柱状或近三向等长状，横截面为六边形。集合体为针状、粒状，多为深褐色至黑色，玻璃光泽，两组完全解理，交角为56°（124°），平行柱面，硬度为5.5~6，相对密度为3.1~3.6。

5. 普通辉石

晶体常呈短柱状，横截面为近八角形。集合体为块状、粒状，暗绿黑色，有时带褐色，玻璃光泽，两组完全解理，交角为87°（93°），硬度为5.5~6，相对密度为3.2~3.6。普通辉石是颜色较深的基性和超基性岩浆岩中很常见的矿物，多有斜长石伴生。

6. 橄榄石

晶体为短柱状，多不完整，常呈粒状集合体。颜色为橄榄绿、黄绿、绿黑色，含铁越多颜色越深。玻璃光泽，不完全解理，硬度为6.5~7，相对密度为3.3~3.5，常见于基性和超基性岩浆岩中。

7. 方解石

晶体为菱形六面体，在岩石中常呈粒状，纯净方解石（$CaCO_3$）晶体无色透明，因含杂质故多呈灰白色，有时为浅黄、黄褐、浅红等色，三组完全解理，玻璃光泽，硬度为3，相对密度为2.6~2.8，遇冷稀盐酸剧烈起泡，是石灰岩和大理岩的主要矿物成分。

8. 白云石

晶体为菱形六面体，在岩石中多为粒状，白色，含杂质为浅黄、灰褐、灰黑等色，完全解理，玻璃光泽，硬度为3.5~4，相对密度为2.8~2.9，遇热稀盐酸有起泡反应，是白云岩的主要矿物成分。

9. 滑石

完整的六方菱形晶体很少见，多为板状或片状集合体，多为浅黄、浅褐或白色，半透明，有一组极完全解理，解理面上为珍珠光泽，薄片有挠性，触摸有滑感，硬度为1，相对密度为2.7~2.8。

### 10. 绿泥石

绿泥石是一族种类繁多的矿物，多呈鳞片状或片状集合体，颜色暗绿，珍珠光泽，有一组完全解理，薄片有挠性，硬度为2~3，相对密度为2.6~2.85，常见于温度不高的热液变质岩中，由绿泥石组成的岩石强度低，易风化。

### 11. 硬石膏

晶体为近正方形的厚板状或柱状，一般呈粒状，纯净晶体无色透明，一般为白色，玻璃光泽，有三组完全解理，硬度为3~3.5，相对密度为2.8~3。硬石膏在常温常压下遇水能生成石膏，体积膨胀近30%，同时产生膨胀压力，可能引起建筑物基础及隧道衬砌等变形。

### 12. 石膏

晶体多为板状，一般为纤维状和细粒集合块状，颜色灰白，含杂质时有灰、黄、褐色，纯晶体无色透明，玻璃光泽，有一组极完全解理，能劈裂成薄片，薄片无弹性，有挠性，硬度为2，相对密度为2.3。在适当条件下脱水可变成硬石膏。

### 13. 黄铁矿

单晶体为立方体或五角十二面体，晶面上有条纹，在岩石中黄铁矿多为粒状或块状集合体，颜色为铜黄色，金属光泽，参差状断口，条痕为深绿黑色，硬度为6~6.5，相对密度为4.9~5.2。黄铁矿经风化易产生腐蚀性硫酸。

### 14. 高岭石

高岭石通常为疏松土状，是鳞片状、细粒状矿物的集合体，纯者白色，含杂质时为浅黄、浅灰等色，土状或蜡状光泽，硬度为1~2，相对密度为2.60~2.63。吸水性强，潮湿时可塑，有滑感。

### 15. 蒙脱石

蒙脱石通常为隐晶质土状，有时为鳞片状集合体，浅灰白、浅粉红色，有时带微绿色，土状光泽或蜡状光泽，鳞片状集合体有一组完全解理，硬度为2~2.5，相对密度为2~2.7，吸水性强，吸水后体积可膨胀几倍，具有很强的吸附能力和阳离子交换能力，具有高度的胶体性、可塑性和黏结力，是膨胀土的主要成分。

## 二、岩浆岩

### （一）岩浆岩的形成

岩浆岩是由岩浆冷凝固结而形成的岩石。岩浆是以硅酸盐为主要成分，富含挥发性物质（$CO_2$、CO、$SO_2$、HCl 及 $H_2S$ 等），在上地幔和地壳深处形成的高温高压熔融体。

岩浆的温度为 1000～1200℃，岩浆的化学成分十分复杂，它囊括了地壳中的所有元素。岩浆根据其成分可以分为两大类：一是基性岩浆，富含铁、镁氧化物，黏性较小，流动性较大；二是酸性岩浆，富含钾、钠和硅酸，黏性较大，流动性较小。

岩浆可以在上地幔或地壳深处运移或喷出地表。根据岩浆岩形成时的运动特征把岩浆岩分为两大类：一为侵入岩，当岩浆沿地壳中薄弱地带上升时逐渐冷凝，这种作用称为岩浆的侵入作用，侵入作用所形成的岩石称为侵入岩。侵入岩又可按成岩部位的深浅分为深成岩和浅成岩，深度大于 3km 的为深成岩，小于 3km 的为浅成岩。二为喷出岩，岩浆沿构造裂隙上升溢出地表或通过火山通道喷出地表，称为岩浆的喷出作用，由岩浆喷出而形成的岩石称为喷出岩。喷出岩又可分为两类：一类是溢出地表岩浆冷凝而成的岩石，称为熔岩；另一类是岩浆或它的碎屑物质被火山猛烈地喷发到空中，又从空中落到地面堆积形成的岩石，称为火山碎屑岩。

### （二）岩浆岩的产状

岩浆岩的产状是指岩浆体的形态、大小及其与围岩的关系。岩浆岩的产状与岩浆的成分、物理化学条件密切相关，还受冷凝地带的环境影响，因此它的产状是多种多样的。

#### 1. 侵入岩的产状

（1）岩基

岩基是岩浆侵入地壳内凝结形成的岩体中最大的一种，分布面积一般大于 $60km^2$，常见岩基多是由酸性岩浆凝结而成的花岗岩类岩体。岩基内常含有围岩的崩落碎块，称为俘虏体。岩基埋藏深，范围大，岩浆冷凝速度慢，晶粒粗大，岩性均匀，是良好的建筑地基，如长江三峡坝址区就选在面积 200 多平方千米的花岗岩—闪长岩岩基的南端。

（2）岩株

岩株是分布面积较小，形态又不规则的侵入岩体，与围岩接触面较陡直，有的岩株是岩基的突出部分，常为岩性均一、稳定性良好的地基。

（3）岩盘（岩盖）

岩盘是中间厚度较大，呈伞形或透镜状的侵入体，多是酸性或中性岩浆沿层状岩层面侵入后，黏性大，流动不远所致。

（4）岩床

黏性较小、流动性较大的基性岩浆沿层状岩层面侵入，充填在岩层中间，常常形成厚度不大、分布范围广的岩体，称为岩床。岩床多为基性浅成岩。

（5）岩墙和岩脉

岩墙和岩脉是沿围岩裂隙或断裂带侵入形成的狭长形的岩浆岩体，与围岩的层理和片理斜交。通常把岩体窄小的称为岩脉，把岩体较宽厚且近于直立的称为岩墙。岩墙和岩脉多在围岩构造裂隙的地方发育，它们岩体薄，与围岩接触面积大，冷凝速度快，岩体中形成很多收缩拉张裂隙，因此岩墙、岩脉发育的岩体稳定性较差，地下水较活跃。

**2. 喷出岩的产状**

喷出岩的产状受岩浆的成分、黏性、通道特征、围岩的构造及地表形态影响。常见的喷出岩产状有熔岩流、火山锥（岩锥）及熔岩台地。

（1）熔岩流

岩浆多沿一定方向的裂隙喷发到地表。岩浆多是基性岩浆，黏度小、易流动，形成厚度不大、面积广大的熔岩流，如我国西南地区广泛分布有二叠纪玄武岩流。由于火山喷发具有间歇性，岩流在垂直方向上往往具有不喷发期的层状构造。在地表分布有一定厚度的熔岩流也称熔岩被。

（2）火山锥（岩锥）及熔岩台地

黏性较大的岩浆沿火山口喷出地表，流动性较小，常和火山碎屑物黏结在一起，形成以火山口为中心的锥状或钟状的山体，称为火山锥或岩锥，如我国长白山顶的天池就是熔岩和火山碎屑物质凝结而成的火山锥或岩锥。当黏性较小时，岩浆较缓慢地溢出地表，形成台状高地，称为熔岩台地，如黑龙江省的五大连池市一带，玄武岩形成的熔岩台地把讷谟尔河截成几段，形成五个串珠状分布的堰塞湖，这就是有名的五大连池。

### （三）岩浆岩的结构

岩浆岩的结构是指岩石中矿物的结晶程度、晶粒的大小、形状及它们之间的关系。岩浆岩的结构特征不但与岩浆的化学成分、物理化学状态及成岩环境密切相关，而且与岩浆的温度、压力、黏度及成岩环境密切相关，岩浆的温度、压力、黏度及冷凝的速度等都影响岩浆岩的结构。例如，深成岩是缓慢冷凝的，晶体发育时间较充裕，能形成自形程度高、晶形较好、晶粒粗大的矿物；相反，喷出岩冷凝速度快，来不及结晶，多为非晶质或隐晶质。

#### 1. 按结晶程度分类

按结晶程度，可把岩浆岩结构分成三类。

（1）全晶质结构：岩石全部由结晶矿物组成，岩浆冷凝速度慢，有充分的时间形成结晶矿物，多见于深成岩，如花岗岩。

（2）半晶质结构：同时存在结晶质和玻璃质的一种岩石结构，常见于喷出岩，如流纹岩。

（3）玻璃质结构：岩石全部由玻璃质组成，是岩浆迅速上升到地表，温度骤然下降至岩浆的凝结温度以下，来不及结晶形成的，是喷出岩特有的结构，如黑曜岩、浮岩等。

#### 2. 按矿物颗粒绝对大小分类

按矿物颗粒的绝对大小，可把岩浆岩结构分成显晶质和隐晶质两类。

（1）显晶质结构

岩石的矿物结晶颗粒粗大，用肉眼或放大镜能够分辨。按颗粒的直径大小，可将显晶质结构分为粗粒结构（颗粒直径>5mm）、中粒结构（颗粒直径为1~5mm）、细粒结构（颗粒直径为0.1~1mm）、微粒结构（颗粒直径<0.1mm）。

（2）隐晶质结构

矿物颗粒细微，肉眼和一般放大镜不能分辨，但在显微镜下可以观察矿物晶粒特征，是喷出岩和部分浅成岩的结构特点。

#### 3. 按矿物晶粒相对大小分类

按矿物晶粒的相对大小，可将岩浆岩的结构分为三类。

（1）等粒结构：岩石中的矿物颗粒大小大致相等。

（2）不等粒结构：岩石中的矿物颗粒大小不等，但粒径相差不是很大。

（3）斑状结构：岩石中两类矿物颗粒大小相差悬殊。大晶粒矿物分布在大量的细小颗粒中，大晶粒矿物称为斑晶，细小颗粒称为基质。基质为显晶质时，称为似斑状结构；基质为隐晶质或玻璃质时，称为斑状结构。似斑状结构是浅成岩和部分深成岩的结构，斑状结构是浅成岩和部分喷出岩的特有结构。

### （四）岩浆岩的构造

岩浆岩的构造是指岩石中矿物的空间排列和充填方式。常见的岩浆岩构造有四种。

（1）块状构造：矿物在岩石中分布均匀，无定向排列，结构均一，是岩浆岩中常见的构造。

（2）流纹状构造：岩浆在地表流动过程中，由于颜色不同的矿物、玻璃质和气孔等被拉长，熔岩流动方向上形成不同颜色条带相间排列的流纹状，常见于酸性喷出岩。

（3）气孔状构造：岩浆岩喷出后，岩浆中的气体及挥发性物质呈气泡逸出，在喷出岩中常有圆形或被拉长的孔洞。

（4）杏仁状构造：具有气孔状构造的岩石，若气孔后期被方解石、石英等矿物充填，形如杏仁，则称为杏仁状构造。

### （五）岩浆岩的化学成分与矿物成分

#### 1. 岩浆岩的化学成分

岩浆岩的主要化学成分有 $SiO_2$、$Al_2O_3$、$Fe_2O_3$、FeO、MgO、CaO、$Na_2O$、$K_2O$ 和 $H_2O$ 等。其中 $SiO_2$含量最多，它的含量直接影响岩浆岩矿物成分，并直接影响岩浆岩的性质。按 $SiO_2$的含量可将岩浆岩分为四类：酸性岩（$SiO_2$含量>65%）、中性岩（$SiO_2$含量为 52%~65%）、基性岩（$SiO_2$含量为 45%~

52%）和超基性岩（$SiO_2$含量<45%）。

从酸性岩到超基性岩，$SiO_2$、$K_2O$、$Na_2O$ 含量逐渐减少，FeO、MgO 含量逐渐增加。

**2. 岩浆岩的矿物成分**

组成岩浆岩的主要矿物有 30 多种，但常见的矿物只有十几种。按矿物颜色深浅可分为浅色矿物和深色矿物两类，其中浅色矿物富含硅、铝，有正长石、斜长石、石英、白云母等；深色矿物富含铁、镁，有黑云母、辉石、角闪石、橄榄石等。长石含量占岩浆岩成分的 60%以上，其次为石英，所以长石和石英是岩浆岩分类和鉴定的重要依据。

根据造岩矿物在岩石中的含量及在岩石分类命名中所起的作用，可把岩浆岩的造岩矿物分为主要矿物、次要矿物和副矿物三类。

（1）主要矿物

主要矿物是岩石中含量较多，对划分岩石大类、鉴定岩石名称有决定性作用的矿物，如显晶质钾长石和石英是花岗岩中的主要矿物，二者缺一不能定为花岗岩。

（2）次要矿物

次要矿物在岩石中含量相对较少，对划分岩石大类不起决定性作用，但在本大类岩石的定名中起重要作用。例如，花岗岩中含少量角闪石，可据此将岩石定名为角闪石花岗岩。

（3）副矿物

副矿物在岩石中含量很少，通常小于 1%，有无它们不影响岩石的类型和定名，如花岗岩中含有的微量磁铁矿、萤石等。

## 三、沉积岩

沉积岩是在地壳表层常温常压条件下，由先期岩石的风化产物、有机质和其他物质，经搬运、沉积和成岩等一系列地质作用而形成的岩石。沉积岩在体积上占地壳的 7.9%，覆盖陆地表面的 75%，绝大部分洋底也被沉积岩覆盖，它是地表最常见的岩石类型。

## （一）沉积岩的形成

沉积岩的形成，大体上可分为沉积物的生成、搬运、沉积和成岩作用四个阶段。

**1. 沉积物的生成**

沉积物的来源主要是先期岩石的风化产物，其次是生物堆积。然而，单纯的生物堆积很少，仅在特殊环境中才能堆积形成岩石，如贝壳石灰岩等。

先期岩石的风化产物主要包括碎屑物质和非碎屑物质两部分。

碎屑物质是先期岩石机械破碎的产物，如花岗岩、辉长岩等岩石碎屑和石英、长石、白云母等矿物碎屑。碎屑物质是形成碎屑岩的主要物质。

非碎屑物质包括真溶液和胶凝体两部分，是形成化学岩和黏土岩的主要成分。

**2. 沉积物的搬运**

先期岩石的风化产物除小部分残留在原地，形成富含铝、铁的残留物之外，大部分在空气、水、冰和重力作用下，被搬运到其他地方。搬运方式有机械搬运和化学搬运两种。

流体是搬运碎屑物质的主要动力，搬运过程中碎屑物相互摩擦，碎屑颗粒变小，并形成浑圆状的颗粒。化学搬运将溶液和胶凝物质带到湖海等低洼地方。

风化产物受自身重力的作用，由高处向低处运动，此过程是重力搬运。由于搬运距离短，被搬运的碎屑物形成无分选性的棱角状堆积。

**3. 沉积物的沉积**

当搬运介质速度降低或物理化学环境改变时，被搬运的物质就会沉积下来。通常可分为机械沉积、化学沉积和生物沉积。机械沉积受搬运能力和重力控制，由于碎屑物的大小、形状、密度不同，碎屑物按一定顺序沉积下来，通常是按大小先后沉积下来，这就是碎屑沉积的分选性，如河流沉积，从上游到下游沉积物的颗粒逐渐变小；化学沉积包括真溶液沉积和胶体沉积两种，如碳酸盐和硅酸盐沉积；生物沉积主要是由生物活动引起的沉积或生物遗体的沉积。

### 4. 沉积物的成岩作用

由松散的沉积物转变为坚硬的沉积岩，所经历的地质作用称为成岩作用。硬结成岩作用比较复杂，主要包括固结脱水、胶结、重结晶和形成新矿物四个作用。

（1）固结脱水作用

下部沉积物在上部沉积物重力的作用下发生排水固结现象，称为固结脱水作用。该作用使沉积物空隙减少，颗粒紧密接触并产生压溶现象等化学变化，如砂岩中石英颗粒间的锯齿状接触，就是在团结脱水作用下形成的。

（2）胶结作用

胶结作用是碎屑岩成岩作用的重要环节，把松散的碎屑颗粒连接起来，固结成岩石。最常见的胶结物有硅质（$SiO_2$）、钙质（$CaCO_3$）、铁质（$Fe_2O_3$）、黏土质等。

（3）重结晶作用

在压力和温度逐渐增大的条件下，沉积物发生溶解及固体扩散，导致物质质点重新排列，使非晶质变成结晶物质，这种作用称为重结晶作用，是各类化学岩和生物化学岩成岩的重要方式。

（4）形成新矿物作用

在沉积岩的成岩过程中，由于环境变化还会生成与新环境相适应的稳定物质，如常见的石英、方解石、白云石、石膏、黄铁矿等。

## （二）沉积岩的构造

沉积岩构造是指沉积岩的各个组成部分的空间分布和排列方式。沉积岩的构造特征主要表现在层理、层面、结核及生物构造等方面。

### 1. 层理构造

沉积岩在产状上的成层构造是与岩浆岩有着显著不同的特征。在特征上与相邻层不同的沉积层称为岩层。岩层可以是一个单层，也可以是一组层。层理是指岩层中物质的成分、颗粒大小、形状和颜色在垂直方向发生变化时产生的纹理，每一个单元层理构造代表一个沉积动态的改变。

分隔不同性质岩层的界面称为层面。层面的形成标志着沉积作用的短暂停顿或间断，层面上往往分布着少量的黏土矿物或白云母等碎片，因而岩体容易沿层面劈开，构成了岩体在强度上的弱面。

上下两个层面之间的一个层，是组成地层的基本单元。它是在一定的范围内，生成条件基本一致的情况下形成的。它可以帮助人们确定沉积岩的沉积环境、划分地层层序、进行不同地层的层位对比。它对研究地层和层理构造具有重要意义。上下层面间的距离为层的厚度。根据单层厚度通常把层厚划分为四种：巨厚层（层厚>1.0m）、厚层（0.5m<层厚≤1.0m）、中厚层（0.1m<层厚≤0.5m）、薄层（层厚≤0.1m）。夹在厚层中间的薄层称为夹层。若岩层一侧逐渐变薄最终消失，称为层的尖灭。若岩层两侧都尖灭则称为透镜体。由于沉积环境和条件不同，层理构造有下列不同的形态和特征。

（1）水平层理

水平层理是在稳定的或流速很小的流体波动条件下沉积形成的，层理面平直，且与层面平行。

（2）波状层理

波状层理是在流体波动条件下沉积形成的，层理的波状起伏大致与层面平行。

（3）单斜层理

单斜层理是由单向流体形成的一系列与层面斜交的细层构造。细层构造向同一方向倾斜，并且彼此平行，多见于河床和滨海三角洲沉积物中。

（4）交错层理

交错层理是由于流体运动方向频繁变化沉积而成的，多组不同方向层理相互交错重叠。

**2. 层面构造**

层面构造是指在沉积岩层面上有沉积时水流、风、雨、生物活动等作用留下的痕迹，如波痕、泥裂、雨痕等。波痕是在沉积物未固结时，由水、风和波浪作用在沉积物表面形成的波状起伏的痕迹。泥裂是沉积物未固结时露出地表，由于气候干燥、日晒，沉积物表面干裂，形成张开的多边形网状裂缝，裂缝断面呈“V”字形，并为后期泥沙等物所充填，经后期成岩保存下来。雨痕是沉积物表面受雨点打击留下的痕迹，后期被覆盖得以保留，并固化成岩。

3. 结核构造

结核是指岩体中成分、结构、构造和颜色等不同于周围岩石的某些矿物集合体的团块。团块形状多不规则，也有规则的圆球体。一般是在地下水活动及交代作用下形成的。常见的结核有硅质、钙质、石膏质等。结核在沉积岩层中有时呈不连续的带状分布，形成结核层构造。

4. 生物构造

在沉积物沉积过程中，生物遗体、生物活动痕迹和生态特征埋藏于沉积物中，经固结成岩作用保留在沉积岩中，形成生物构造，如生物礁体、虫迹、虫孔等。保留在沉积岩中的生物遗体和遗迹石化后称为化石。化石是沉积岩中特有的生物构造，对确定岩石形成环境和地质年代有重要意义。

## （三）沉积岩的结构

沉积岩的结构是指组成岩石成分的颗粒形态、大小和连接形式。它是划分沉积岩类型的重要标志。常见的沉积岩结构有以下 3 种。

1. 碎屑结构

碎屑结构的特征主要反映在颗粒大小和磨圆度，以及胶结物和胶结方式上。

（1）颗粒大小和磨圆度

按颗粒大小可将碎屑结构分为砾状结构和砂状结构两类。

①砾状结构：碎屑颗粒大于 2mm。组成砾石磨圆度好的称为圆砾状结构，磨圆度差的称为角砾状结构。

②砂状结构：砂粒粒径为 0.005～2mm。0.005～0.075mm 为粉砂结构，0.075～0.25mm 为细砂结构，0.25～0.5mm 为中砂结构，0.5～2mm 为粗砂结构。

（2）胶结物和胶结方式

碎屑岩的物理力学性质主要取决于胶结物的性质和胶结类型。胶结物是沉积物沉积后滞留在孔隙中的溶液经化学作用沉淀而成的物质。胶结物主要有硅质、铁质、钙质和黏土质 4 种。胶结方式指的是胶结物与碎屑颗粒的含量及其相互之间的关系，常见的有以下 3 种。

①基底胶结：胶结物含量大，碎屑颗粒散布在胶结物之中，是最牢固的

胶结方式，通常是碎屑颗粒和胶结物同时沉积。

②孔隙胶结：碎屑颗粒紧密接触，胶结物充填在孔隙中间。这种胶结方式较坚固，胶结物是孔隙中的化学沉积物。

③接触胶结：碎屑颗粒相互接触，胶结物很少，只存在于颗粒接触处，是最不牢固的胶结方式。

**2. 泥状结构**

泥状结构的沉积岩绝大多数由小于 0.005mm 的黏土颗粒组成，典型岩石是黏土岩，其特点是触摸有滑感，断口为贝壳状。

**3. 化学结构和生物化学结构**

化学结构主要是由化学作用从溶液中沉淀的物质经结晶和重结晶形成的结构，如石灰岩、白云岩和硅质岩等。生物化学结构绝大多数由生物遗体所组成，如生物碎屑结构、贝壳状结构和珊瑚状结构等。

### （四）沉积岩的分类及主要沉积岩的特征

**1. 沉积岩的分类**

根据沉积岩的矿物成分、结构、构造等将其划分为碎屑岩、黏土岩、化学岩及生物化学岩三大类。

**2. 主要沉积岩的特征**

（1）碎屑岩类

碎屑岩类具有碎屑结构，由碎屑和胶结物组成。

①砾岩和角砾岩：粒径大于 2mm 的碎屑占 50%以上，经压密胶结形成岩石。

若多数砾石磨圆度好，则称为砾岩；若多数砾石呈棱角状，则称为角砾岩。砾岩和角砾岩多为厚层，其层理不发育。

②砂岩：砂岩按砂状结构的粒径大小，可以分为粗砂岩、中砂岩、细砂岩和粉砂岩四种。可根据胶结物和矿物成分给各种砂岩定名，如硅质细砂岩、铁质中砂岩、长石砂岩、石英砂岩、硅质石英砂岩等。

（2）黏土岩类

黏土岩类为泥状结构，由粒径小于 0.005mm 的黏土颗粒构成。黏土岩类分布广，数量大，约占沉积岩的 60%。常见黏土岩有两类，其中具有页理的黏土岩称为页岩，页岩单层厚度小于 1cm；呈块状的黏土岩称为泥岩。黏土岩易风化，吸水及脱水后变形显著，在工程建筑中容易造成事故。

（3）化学岩及生物化学岩类

化学岩及生物化学岩类是先期岩石分解溶于溶液中的物质被搬运到盆地后，再经化学或生物化学作用沉淀而成的岩石；也有部分岩石是由生物骨骼或甲壳沉积形成的。常见的化学岩及生物化学岩类有以下四种。

①石灰岩：方解石矿物占 90%~100%，有时含少量白云石、粉砂粒、黏土等。纯石灰岩为浅灰白色，含有杂质时有灰红、灰褐、灰黑等色。性脆，遇稀盐酸时起泡剧烈。在形成过程中，由于风浪振动，有时形成特殊结构，如鲕状、竹叶状、团块状等结构。还有由生物碎屑形成的生物碎屑灰岩等。

②白云岩：主要矿物为白云石，含少量方解石和其他矿物。颜色多为灰白色，遇稀盐酸不易起泡，滴镁试剂由紫变蓝，岩石表面常具刀砍状溶蚀沟纹。

③泥灰岩：石灰岩中常含少量细粒岩屑和黏土矿物，当黏土含量达到 25%~50%时，则称为泥灰岩，有灰、黄、褐、浅红色。加酸后侵蚀面上常留下泥质条带和泥膜。

④燧石岩：硅质岩中常见的一种，岩石致密，坚硬性脆，多为灰黑色，主要成分是蛋白石、玉髓和石英。隐晶结构，多以结核层形式存在于碳酸盐岩石和黏土岩层中。

## 四、变质岩

### （一）变质作用因素及类型

#### 1. 变质岩的概况

组成地壳的岩石（包括前述的岩浆岩和沉积岩）都有自己的结构、构造、矿物成分。在地球内外力作用下，地壳处于不断地演化过程中，岩石所处的地质环境也在不断地变化。为了适应新的地质环境和物理化学条件，先期的结构、构造和矿物成分将产生一系列的改变，这种引起岩石结构、构造和矿物成分改变的地质作用称为变质作用，在变质作用下形成的岩石称为变质岩。变质作用基本上是原岩保持固体状态在原位进行的，因此变质岩的产状与原岩产状基本一致，即残余产状。由岩浆岩形成的变质岩称为正变质岩，保留了岩浆岩的产状；由沉积岩形成的变质岩称为副变质岩，保留了沉积岩的产状。

变质岩的分布约占大陆面积的 1/5，地史年代中较古老的岩石大部分是变质岩。例如，地壳形成历史的 7/8 的时间是前寒武纪，而前寒武纪时期的岩石大部分是变质岩。

变质岩的结构、构造和矿物成分较复杂，地质构造发育，所以变质岩分布区往往工程地质条件较差。例如，宝成铁路的几处大型崩塌和滑坡都发生在变质岩的分布区。

**2. 变质作用的因素**

变质作用的主要因素有高温、压力和化学活泼性流体。

（1）高温

高温是产生变质作用最主要的因素。大多数变质作用是在高温条件下进行的。高温可以使矿物重新结晶，增强元素的活力，促进矿物之间的反应，产生新矿物，加大结晶程度，从而改变原来岩石的矿物成分和结构，如隐晶结构的石灰岩经高温变质转变为显晶质的大理岩。高温热源有：①岩浆侵入带来的热源；②地下深处的热源；③放射性元素蜕变的热源。

（2）压力

作用在地壳岩体上的压力可划分为静压力和动压力两种。

①静压力：由上部岩体质量引起的，它随深度的增加而增大。地壳深处的巨大压力能压缩岩体，使岩石变得密实坚硬，改变矿物结晶格架，使体积缩小，密度增大，形成新矿物，如钠长石在高压下能形成硬玉和石英。

②动压力：一种定向压力，是由地质构造运动产生的横向力，它的大小与区域地质构造作用强度有关。在动压力作用下，岩石和矿物可能发生变形和破裂，形成各种破裂构造。在最大压力方向上，矿物被压熔，伴随静压力和温度的升高，在垂直最大压力方向上，有利于针状和片状矿物定向排列和定向生长，并形成变质岩特有的构造，称为片理构造。

（3）化学活泼性流体

在变质作用过程中，岩浆分化后期会产生化学活泼性流体。流体成分有水蒸气、$O_2$、$CO_2$，含活泼性 B、S 等元素的气体和液体。它们与周围岩石接触，使矿物发生化学成分交替、分解，使原矿物被新形成的矿物取代，这个过程称为交代作用，如方解石与含硫酸的水发生化学作用可形成石膏。

**3. 变质作用的类型**

变质岩变质作用主要有四种类型。

（1）接触变质作用：主要是高温使岩石变质，又称为热力变质作用，通常是岩浆侵入，高温使围岩产生接触变质。

（2）交代变质作用：岩石与化学活泼性流体接触而产生交代作用，产生新矿物，取代原矿物。例如，酸性花岗岩浆与石灰岩接触，由于气化热液的接触交代作用，可以产生含 Ca、Fe、Al 的硅卡岩。

（3）动力变质作用：由于地质构造运动产生巨大的定向压力，而温度不是很高，岩石遭受破坏使原岩的结构、构造发生变化，甚至产生片理构造。

（4）区域变质作用：在地壳地质构造和岩浆活动都很强烈的地区，由于存在高温、高压和化学活泼性流体，大范围深埋地下的岩石受到变质作用，称为区域变质作用，其范围可达数千甚至数万平方千米。大部分变质岩就是这样形成的。

## （二）变质岩的矿物成分、结构和构造

**1. 变质岩的矿物成分**

岩石在变质的过程中，原岩中的部分矿物保留下来，同时生成一些变质岩特有的新矿物。这两部分矿物组成了变质岩的矿物。正变质岩中常保留有石英、长石、角闪石等矿物，副变质岩中保留有石英、方解石、白云石等。新生的矿物主要有红柱石、硅灰石、石榴子石、滑石、十字石、阳起石、蛇纹石、石墨等，它们是变质岩特有的矿物，又称特征性变质矿物。

**2. 变质岩的结构**

变质岩主要是结晶结构，主要有以下 3 种。

（1）变余结构

在变质过程中，原岩的部分结构被保留下来称为变余结构。这是由于变质程度较轻造成的，如变余花岗结构、变余砾状结构等。

（2）变晶结构

变晶结构是变质岩的特征性结构，大多数变质岩有深浅程度不同的变晶

结构，它是岩石在固体状态下经重结晶作用形成的结构。变质岩和岩浆岩的结构相似，为了区别二者，在变质岩结构名词前常加“变晶”二字，如等粒变晶结构和斑状变晶结构等。

（3）压碎结构

压碎结构主要指在动力变质作用下，岩石变形、破碎、变质而形成的结构。原岩碎裂成块状称为碎裂结构，若岩石被碾成微粒状，并明显地定向排列，则称为糜棱状结构。

**3. 变质岩的构造**

（1）板状构造

泥质岩和砂质岩在定向压力作用下，会产生一组平坦的破碎面，沿此裂面容易将岩石剥成薄板，称为板状构造。剥离面上常出现重结晶的片状显微矿物。板状构造是变质最浅的一种构造。

（2）千枚状构造

岩石主要由重结晶矿物组成，片理清楚，片理面上有许多定向排列的绢云母，呈明显的丝绢光泽，千枚状构造是区域变质较浅的构造。

（3）片状构造

该构造重结晶作用明显，片状、针状矿物沿片理面富集，平行排列。这是由于矿物变形、挠曲、转动及压熔结晶而形成的，是变质较深的构造。

（4）片麻状构造

该构造为显晶质变晶结构，颗粒粗大，深色的片状矿物及柱状矿物数量少，呈不连续的条带状，中间被浅色粒状矿物隔开，是变质最深的构造。

（5）块状构造

该构造中岩石由粒状矿物组成，矿物均匀分布，元素定向排列，如大理岩、石英岩都是块状构造。

前四种构造统称片理构造，块状构造为非片理构造。

### （三）变质岩的分类及主要变质岩的特征

**1. 变质岩的分类**

根据变质岩的构造、结构、主要矿物成分和变质类型将常见变质岩分为三类，见表 1-2。

表 1-2　常见变质岩分类

| 岩类 | 岩石名称 | 构造 | 结构 | 主要矿物成分 | 变质类型 |
|---|---|---|---|---|---|
| 片理状岩类 | 板岩 | 板状 | 变余结构、部分变晶结构 | 黏土、云母、绿泥石、石英、长石等 | 区域变质（由板岩至片麻岩变质程度递增） |
| | 千枚岩 | 千枚状 | 变余结构、显微鳞片状变晶结构 | 绢云母、石英、长石、绿泥石、方解石等 | |
| | 片岩 | 片状 | 显晶质鳞片状变晶结构 | 云母、角闪石、绿泥石、石墨、滑石、石榴子石等 | |
| | 片麻岩 | 片麻状 | 粒状变晶结构 | 石英、长石、云母、角闪石、辉石等 | |
| 块状岩类 | 大理岩 | 块状 | 粒状变晶结构 | 方解石、白云石 | 接触变质或区域变质 |
| | 石英岩 | | 粒状变晶结构 | 石英 | |
| | 硅卡岩 | | 不等粒变晶结构 | 石榴子石、辉石、硅灰石（钙质硅卡岩） | 接触变质 |
| | 蛇纹岩 | | 隐晶质结构 | 蛇纹石 | 交代变质 |
| 构造破碎岩类 | 云英岩 | | 粒状变晶结构、花岗变晶结构 | 白云母、石英 | |
| | 断层角砾岩 | | 角砾状碎裂结构 | 岩石碎屑、矿物碎屑 | 动力变质 |
| | 糜棱岩 | | 糜棱结构 | 长石、石英、绢云母、绿泥石 | |

### 2. 主要变质岩的特征

（1）板岩

多为变余结构，部分为变晶结构，板状构造，多为深灰、黑色、土黄色等，主要矿物为黏土、云母、绿泥石等，为浅变质岩。

（2）千枚岩

变余结构及显微鳞片状变晶结构，千枚状构造，通常为灰色、绿色、棕红色及黑色等，主要矿物有绢云母、石英、绿泥石、方解石等，为浅变质岩。

（3）片岩

显晶质鳞片状变晶结构，片状构造。颜色比较杂，取决于主要矿物的组合。矿物成分有云母、滑石、绿泥石、石墨、角闪石等，属变质较深的变质岩，如云母片岩、角闪石片岩、绿泥石片岩等。

（4）片麻岩

中、粗粒粒状变晶结构，片麻状构造，颜色较复杂，浅色矿物多为粒状的石英、长石，深色矿物多为片状、针状的黑云母、角闪石等。深色、浅色矿物各自形成条带状相间排列，属深变质岩，岩石定名取决于矿物成分，如花岗片麻岩、闪长片麻岩等。

（5）混合岩

多为晶粒粗大的变晶结构，多条带状眼球状构造，混合岩是地下深处重熔高温带的岩石，经大量热液、熔浆及其携带物质的高温重熔、交代、混合等复杂的岩化作用后形成的，是一种特殊类型的变质岩。矿物成分与花岗片麻岩接近。

（6）大理岩

粒状变晶结构，块状构造，由石灰岩、白云岩经区域变质重结晶而形成的碳酸盐矿物占50%以上，主要为方解石或白云石。纯大理岩为白色，称为汉白玉，是常用装饰和雕刻石料。

（7）石英岩

粒状变晶结构，块状构造。纯石英为白色，含杂质的石英有灰白色、褐色等。矿物成分中石英含量高于85%。石英岩硬度高，有油脂光泽，由石英砂岩或其他硅质岩在重结晶作用下形成。

（8）蛇纹岩

隐晶质结构，块状构造，颜色多为暗绿色或黑绿色，风化面为黄绿色或灰白色，主要矿物为蛇纹石，含少量石棉、滑石、磁铁等矿物，由富含基质的超基性岩在接触、交代变质作用下形成。

（9）断层角砾岩

角砾状碎裂结构，块状构造，是断层错动带中的岩石在动力变质中被挤碾成角砾状碎块，经胶结而成的岩石。胶结物是细粒岩屑或溶液中的沉积物。

（10）糜棱岩

粉末状岩屑胶结而成的糜棱结构，块状构造，矿物成分与原岩相同，含新生的变质矿物，如绢云母、绿泥石、长石等。糜棱岩常出现在高动压力断层错动带中。

# 第二节　地层与地貌

## 一、地壳运动及地质作用

### （一）地壳运动

地球作为一个天体，自形成以来就一直不停地运动着。地壳作为地球外层的薄壳（主要指岩石圈），自形成以来也一直不停地运动着。地壳运动又称构造运动，指主要由地球内力引起的岩石圈的机械运动。它是地壳产生褶皱、断裂等各种地质构造，引起海、陆分布变化，地壳隆起和凹陷，以及形成山脉、海沟，产生火山、地震等的基本原因。按时间顺序，将晚第三纪以前的构造运动称为古构造运动，晚第三纪以后的构造运动称为新构造运动，人类历史时期发生的构造运动称为现代构造运动。

地壳运动有水平运动和垂直运动两种基本形式。

#### 1. 水平运动

水平运动指地壳沿地表切线方向产生的运动，主要表现为岩石圈的水平挤压或拉伸引起岩层的褶皱和断裂，可形成巨大的褶皱山系、裂谷和大陆漂移等。

#### 2. 垂直运动

垂直运动指地壳沿地表法线方向产生的运动，主要表现为岩石圈的垂直上升或下降，引起地壳大面积的隆起和凹陷，形成海侵和海退等。

水平运动和垂直运动是紧密联系的，在时间和空间上往往交替发生。

### （二）地质作用

地质作用是指由自然动力引起地球（主要是地幔和岩石圈）的物质组成、内部结构和地表形态发生变化的作用，主要表现为对地球的矿物、岩石、地质构造和地表形态等进行的破坏和建造作用。

引起地质作用的能量来自地球本身和地球以外，故分为内能和外能。内能指来自地球内部的能量，主要包括旋转能、重力能、热能；外能指来自地球外部的能量，主要包括太阳辐射能、日月引力能和生物能，其中太阳辐射能主要引起大气环流和水的循环。

按照能源和作用部位的不同，地质作用又分为内动力地质作用和外动力地质作用。由内能引起的地质作用称为内动力地质作用，主要包括构造运动、岩浆活动和变质作用，在地表主要形成山系、裂谷、隆起、凹陷、火山等现象；由外能引起的地质作用称为外动力地质作用，主要有风化作用、风的地质作用、流水的地质作用、冰川的地质作用、湖海的地质作用、重力的地质作用等，在地表主要形成戈壁、沙漠、黄土塬、深切谷、冲积平原等地形并形成各种沉积物。

## 二、地层

地史学中，将各个地质历史时期形成的岩石称为该时代的地层。各地层的新、老关系在判别褶曲、断层等地层构造形态中有着非常重要的作用。确定地层新、老关系的方法有两种，即绝对年代法和相对年代法。

### （一）绝对年代法

绝对年代法是指通过确定地层形成的准确时间，依次排列出各地层新、老关系。地层形成的准确时间，主要通过测定地层中的放射性同位素年龄来确定。放射性同位素（母同位素）是一种不稳定元素，在天然条件下发生蜕变，自动放射出某些射线（α、β、γ 射线）而蜕变成另一种稳定元素（子同位素）。放射性同位素的蜕变速度是恒定的，不受温度、压力、电场、磁场等因素的影响，即以一定的蜕变常数进行蜕变，利用放射性同位素及其蜕变常数可以测定地质年代，见表 1-3。

**表 1-3　常用同位素及其蜕变常数**

| 母同位素 | 子同位素 | 半衰期 | 蜕变常数 |
|---|---|---|---|
| 铀（$U^{238}$） | 铅（$Pb^{206}$） | $4.5\times10^{9}$a | $1.54\times10^{-10}a^{-1}$ |
| 铀（$U^{235}$） | 铅（$Pb^{207}$） | $7.1\times10^{8}$a | $9.72\times10^{-10}a^{-1}$ |
| 钍（$Th^{282}$） | 铅（$Pb^{208}$） | $1.4\times10^{10}$ | $0.49\times10^{-10}a^{-1}$ |
| 铷（$Rb^{87}$） | 锶（$Sr^{87}$） | $5.0\times10^{10}$ | $0.14\times10^{-10}a^{-1}$ |
| 钾（$K^{40}$） | 氩（$Ar^{40}$） | $1.5\times10^{9}$a | $4.72\times10^{-10}a^{-1}$ |

续表

| 母同位素 | 子同位素 | 半衰期 | 蜕变常数 |
|---|---|---|---|
| 碳（$C^{14}$） | 氮（$N^{14}$） | $5.7\times10^3$a | |

当测定岩石中所含放射性同位素的质量 $m_1$ 及其蜕变产物质量 $m_2$ 后，就可利用蜕变常数 $\lambda$ ，按式（1-1）计算其形成年龄：

$$t=\frac{1}{\lambda}\ln\left(1+\frac{m_2}{m_1}\right) \tag{1-1}$$

目前世界各地地表出露的古老岩石都已进行了同位素年龄测定，如南美洲圭亚那的角闪岩为4130±170Ma，我国冀东络云母石英岩为3650~3770Ma。

## （二）相对年代法

相对年代法是通过比较各地层的沉积顺序、古生物特征和地层接触关系来确定其形成先后顺序的一种方法。因无需精密仪器，故被广泛采用。

### 1. 地层层序法

沉积岩能清楚地反映岩层的叠置关系。一般情况下，先沉积的老岩层在下，后沉积的新岩层在上［见图1-1（a）］。只要把一个地区所有地层按由下向上的顺序衔接起来，就可确定其新老关系。当地层挤压使顺序倒转时，新老关系相反，见图1-1（b）。在地层排序时应注意。

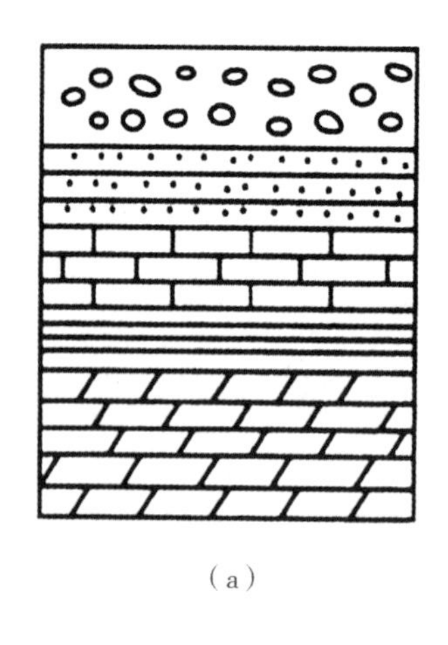

（a）

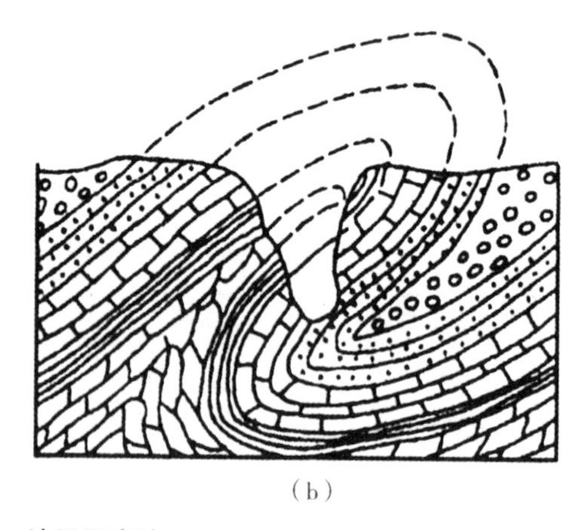

（b）

**图1-1　地层层序法**

一个地区在地质历史上不可能永远处在沉积状态，常常是一个时期下降沉积，另一个时期抬升发生剥蚀。因此，现今保存的地质剖面中都会缺失某些时代的地层，造成地质记录不完整。故需对各地地层层序剖面进行综合研究，把各个时期出露的地层拼接起来，建立较大区域乃至全球的地层顺序系统，称为标准地层剖面。通过标准地层剖面，对照某地区的地层情况，也可排列出该地区地层的新老关系。

沉积岩的层面构造也可作为鉴定其新老关系的依据，如泥裂开口所指的方向、虫迹开口所指的方向、波痕的波峰所指的方向均为岩层顶面，即新岩层方向，并可据此判定岩层的正常与倒转。

**2. 古生物法**

在地质历史上，地球表面的自然环境会出现阶段性变化。地球上的生物为适应地球环境的改变，也不得不逐渐改变自身的结构，该过程称为生物演化，即地球上的环境改变后，一些不能适应新环境的生物大量灭亡，甚至绝种，而另一些生物则通过改变自身的结构，形成新的物种，以适应新环境，并在新环境下大量繁衍。这种演化遵循由简单到复杂、由低级到高级的原则，即地质时期越古老，生物结构越简单；地质时期越新，生物结构越复杂。埋藏在岩石中的生物化石结构也反映了这一过程。化石结构越简单，地层时代越老；化石结构越复杂，地层时代越新。可依据岩石中的化石种属来确定岩石的新老关系。标志化石是在某一环境阶段，能大量繁衍、广泛分布，从发生、发展到灭绝的时间短的生物的化石，在每一地质历史时期都有其代表性的标志化石，如寒武纪的三叶虫、奥陶纪的珠角石、志留纪的笔石、泥盆纪的石燕、二叠纪的大羽羊齿、侏罗纪的恐龙等。

**3. 地层接触关系法**

地层间的接触关系，是构造运动、岩浆活动和地质发展历史的记录。沉积岩、岩浆岩相互间有不同的接触类型，据此可判别地层间的新老关系。

（1）沉积岩间的接触关系

沉积岩间的接触，基本上可分为整合接触与不整合接触两大类型。

整合接触。一个地区在持续稳定的沉积环境下，地层依次沉积，各地层之间彼此平行，地层间的这种连续、平行的接触关系称为整合接触。其特点是沉积时间连续，上、下岩层产状基本一致。

不整合接触。当沉积岩地层之间有明显的沉积间断时，即沉积时间明显不连续，有一段时期没有沉积，就是不整合接触，其又可分为平行不整合接触和角度不整合接触两类。

①平行不整合接触：又称假整合接触，指上、下两套地层间有沉积间断，但岩层产状仍彼此平行的接触关系。它反映了地壳先下降接受稳定沉积，然后抬升到侵蚀基准面以上接受风化剥蚀，之后又均匀下降接受稳定沉积的历史过程。

②角度不整合接触：指上、下两套地层间，既有沉积间断，又有岩层产状彼此成角度相交的接触关系。它反映了地壳先下降沉积，然后挤压变形和上升剥蚀，再下降沉积的历史过程。角度不整合接触关系容易与断层混淆，二者的区别是：角度不整合接触界面处有风化剥蚀形成的底砾岩；而断层界面处则无底砾岩，一般为构造岩，或断泥层。

（2）岩浆岩间的接触关系

岩浆岩间的接触关系主要表现为岩浆岩间的穿插接触。后期生成的岩浆岩常插入早期生成的岩浆岩中，将早期岩脉或岩体切隔开。

（3）沉积岩与岩浆岩之间的接触关系

沉积岩与岩浆岩之间的接触关系可分为侵入接触和沉积接触两类。

侵入接触：指后期岩浆岩侵入早期沉积岩的一种接触。早期沉积岩受后期岩浆熔蚀、挤压和烘烤并进行化学反应，在沉积岩与岩浆岩交界带附近形成一层接触变质带，称为变质晕。

沉积接触：指后期沉积岩覆盖在早期岩浆岩上。早期岩浆岩表层风化剥蚀，在后期沉积岩底部常形成一层含岩浆岩砾石的底砾岩。

## 三、地貌单元类型与特征

### （一）地貌的概念

地貌是地壳表面各种不同成因、不同类型、不同规模的起伏形态。地貌形态由地貌基本要素构成，地貌基本要素包括地形面、地形线和地形点，它们是地貌地形的最简单的几何组分，决定了地貌形态的几何特性。

**1. 地形面**

地形面可能是平面、曲面或波状面，如山坡面、阶地面、山顶面和平原面等。

**2. 地形线**

两个地形面相交组成地形线（或一个地带），它可能是直线，可能是弯曲起伏的线，如分水线、谷底线、破折线等。

**3. 地形点**

地形点是两条（或几条）地形线的交点，孤立的微地形体也属于地形点。因此地形点实际上是大小不同的一个个区域，如山脊线相交构成山峰点或山鞍点、山坡转折点和河谷裂点等。

不同地貌有着不同的成因，但概括地讲，地貌是由两种因素造成的，一是地球的内力作用，二是外力作用。地貌是内外营力共同作用的结果，内营力作用造就地表的起伏，外营力作用使地表原有的起伏不断平缓，因此地貌形成过程中的内外营力是一对矛盾力。地貌的形成不仅取决于内外营力作用类型的差异，还取决于内外营力作用过程的对比。

### （二）地貌单元分类

地貌单元主要包括剥蚀地貌、山麓斜坡堆积地貌、河流地貌、湖积地貌、海岸地貌、冰川地貌和风成地貌等。

**1. 剥蚀地貌**

剥蚀地貌包括山地、丘陵、剥蚀残山和剥蚀平原。各地貌单元的主要地质作用和地貌特征见表1-4。

**表1-4　剥蚀地貌主要地质作用和特征**

| 地貌单元 | | 主要地质作用 | 地貌特征 |
|---|---|---|---|
| 山地 | 高山 | 构造作用为主，强烈的冰山刨蚀作用 | 山地地貌的特点是具有山顶、山坡、山脚等明显的形态 |
| | 中山 | 构造作用为主，强烈的剥蚀切割作用和部分冰山刨蚀作用 | |

续表

| 地貌单元 | | 主要地质作用 | 地貌特征 |
|---|---|---|---|
| 山地 | 低山 | 构造作用为主，长期强烈的剥蚀切割作用 | 山地地貌的特点是具有山顶、山坡、山脚等明显的形态 |
| 丘陵 | | 中等强度的构造作用，长期剥蚀切割作用 | 丘陵是经过长期剥蚀切割，低矮而平缓的地貌 |
| 剥蚀残山 | | 构造作用微弱，长期剥蚀切割作用 | 低山在长期的剥蚀过程中，极大部分的山地被夷平成准平原，但在个别地段形成了比较坚硬的残丘，称为剥蚀残山。一般为孤独屹立的小丘，有时残山与河谷交错分布 |
| 剥蚀平原 | | 构造作用微弱，长期剥蚀和堆积作用 | 剥蚀平原是在地壳上升微弱、地表岩层落差不大的情况下，经外力的长期剥蚀夷平所形成。其特点是地形面与岩层面不一致，上覆堆积物很薄，基岩常裸露于地表，在低洼地段有时覆盖有一定厚度的残积物、坡积物和洪积物等 |

### 2. 山麓斜坡堆积地貌

山麓斜坡堆积地貌包括洪积扇、坡积裙、山前平原和山间凹地。其地貌单元的主要地质作用和地貌特征见表 1–5。

**表 1–5　山麓斜坡堆积地貌主要地质作用和特征**

| 地貌单元 | 主要地质作用 | 地貌特征 |
|---|---|---|
| 洪积扇 | 山谷洪流洪积作用 | 山区河流自山谷流入平原后，流速下降，形成分散的漫流，流水携带的碎屑物质开始堆积，形成由顶端（山谷出口处）向边缘缓慢倾斜的扇形地貌 |
| 坡积裙 | 山坡面流坡积作用 | 坡积裙是由山坡上的水流将风化碎屑物质携带到山坡下，并围绕坡脚堆积，形成的裙状地貌 |
| 山前平原 | 山谷洪流洪积作用为主，夹有山坡面流坡积作用 | 山前平原由多个大小不一的洪（冲）积扇互相连接而成，因而呈高低起伏的波状地形 |
| 山间凹地 | 周围的山谷洪流洪积作用和山坡面流坡积作用 | 被山地包围而形成的堆积盆地，称为山间凹地。山间凹地由周围的山前平原继续扩大形成，凹地边缘颗粒粗大，一般呈三角形，凹地中心颗粒逐渐变细小，地下水位浅，有时形成大片沼泽洼地 |

### 3. 河流地貌

河流所流经的槽状地形称为河谷，它是在流域地质构造的基础上，在河流的长期侵蚀、搬运和堆积作用下逐渐形成和发展起来的一种地貌，凡由河流作用形成的地貌，都称为河流地貌。河流地貌包括河床、河漫滩和阶地。

（1）河流的地质作用

河水在流动时，对河床进行冲刷破坏，并将所侵蚀的物质带到适当的地方沉积下来，故河流的地质作用可分为侵蚀作用、搬运作用和沉积作用。

河流水流有破坏地表并掀起地表物质的作用。水流破坏地表有 3 种方式，即冲蚀作用、磨蚀作用和溶蚀作用，总称为河流的侵蚀作用。

河流在其流动过程中，将地面流水及其他地质营力破坏所产生的大量碎屑物质和化学溶解物质输送到洼地、湖泊和海洋，称为河流的搬运作用。河流的搬运作用按其搬运方式可分为机械搬运和化学搬运两类。

河流的沉积作用是指当河流的水动力状态改变时，河水的搬运能力下降，致使搬运物堆积下来的过程。河流的沉积作用一般以机械沉积作用为主。

（2）河床

河谷中枯水期水流所占据的谷地部分称为河床。河床横剖面呈一低凹的槽型。从源头到河口的河床最低点连线称为河床纵剖面，它是不规则的曲线。山区河床较狭窄，两岸常有许多山嘴凸出，使河床岸线犬牙交错，纵剖面较陡，浅滩和深槽彼此交替，且多跌水和瀑布。平原地区河床较宽、浅，纵剖面坡度较缓，有微微起伏。

河床发展过程中，由于各种因素的影响，在河床中形成各种地貌，如河床中的浅滩与深槽、沙波，山地基岩河床中的壶穴和岩槛等。

（3）河漫滩

河流洪水期淹没河床以外的谷底部分，称为河漫滩。平原河流河漫滩发育宽广，常在河床两侧分布，或只分布在河流的凸岸。山地河谷比较狭窄，洪水期水位较高，河漫滩较窄，相对高度比平原河流的河漫滩要高。

（4）阶地

阶地是在地壳的构造运动与河流侵蚀、堆积的综合作用下形成的。由于构造运动和河流地质过程的复杂性，阶地的类型较多，主要有 3 种：侵蚀阶地、堆积阶地和基座阶地。

### 4. 湖积地貌

湖积地貌包括湖积平原和沼泽地。其地貌单元的主要地质作用和地貌特征见表 1-6。

**表 1-6　湖积地貌主要地质作用和特征**

| 地貌单元 | 主要地质作用 | 地貌特征 |
|---|---|---|
| 湖积平原 | 湖泊堆积作用 | 地表水流将大量的风化碎屑物带到湖泊洼地，使湖岸堆积和湖心堆积不断地扩大和发展，形成了大片向湖心倾斜的平原，称为湖积平原 |
| 沼泽地 | 沼泽堆积作用 | 湖泊洼地中水草茂盛，大量有机物在洼地中积聚，久而久之湖泊开始沼泽化。当喜水植物渐渐长满了整个湖泊洼地时，便形成了沼泽地。在平原上河流弯曲的地段，容易产生沼泽地，大多曾是河漫滩湖泊或牛轭湖的地方。另外，当河流流经沼泽地时，由于沼泽地的土质松软，侧向侵蚀强烈，河道往往迂回曲折，有时形成许多小的牛轭湖 |

### 5. 海岸地貌

海岸是具有一定宽度的陆地与海洋相互作用的地带，其上界是风暴浪作用的最高位置，下界为波浪扰动海底泥沙处。现代海岸带由陆地向海洋可划分为滨海陆地、海滩和水下岸坡三部分。海岸地貌包括海岸侵蚀地貌和海岸堆积地貌。海岸地貌特征见表 1-7。

**表 1-7　海岸地貌主要地质作用和特征**

| 地貌单元 | 主要地质作用 | 地貌特征 |
|---|---|---|
| 海岸侵蚀地貌 | 海水冲蚀作用 | 海岸侵蚀地貌主要包括海蚀崖、海蚀穴、海蚀洞、海蚀窗、海蚀拱桥、海蚀柱、海蚀平台 |
| 海岸堆积地貌 | 海水堆积作用 | 根据外海波浪向岸作用方向与岸线走向的角度，泥沙横向移动过程可形成各种堆积地貌：水下堆积阶地、水下沙坝、离岸堤、瀉湖和海滩等。岸线走向变化使波浪作用方向与岸线夹角增大或减小，以致泥沙流过饱和而发生堆积，形成各种堆积地貌，如凹形海岸堆积地貌、凸形海岸堆积地貌和岸外岛屿等 |

### 6. 冰川地貌

在高山和高纬度地区，气候严寒，年平均温度在 0℃以下，常年积雪，当降雪的积累大于消融时，地表积雪逐年增厚，经一系列物理过程，积雪逐渐变成淡蓝色的透明冰川冰。冰川冰是多晶固体，具有塑性，受自身重力作用或冰层压力作用沿斜坡缓慢运动，就形成冰川。冰川进退或积消引起海面升降和地壳均衡运动，从而使海陆轮廓发生较大的变化。此外，冰川对地表塑造的作用是很强烈的，仅次于河流的作用，所以冰川也是塑造地形的强大外营力之一。因此，凡是经冰川作用过的地区，都能形成一系列冰川地貌。

冰川地貌分为冰蚀地貌、冰碛地貌和冰水堆积地貌 3 种。冰川地貌特征见表 1-8。

**表 1-8　冰川地貌主要地质作用和特征**

| 地貌单元 | 主要地质作用 | 地貌特征 |
| --- | --- | --- |
| 冰蚀地貌 | 冰川刨蚀作用 | 冰蚀地貌是由冰川的侵蚀作用所塑造的地形，如围谷、角峰、刀脊、冰斗、冰窖、冰川槽谷和悬谷 |
| 冰碛地貌 | 冰川堆积作用 | 冰川融化使冰川携带的碎屑物质堆积下来，形成冰碛物。往往是巨砾、角砾、砾石、砂、粉砂和黏土的混合堆积，粒度相差悬殊，明显缺乏分选性。冰碛地貌主要有冰碛丘陵、冰碛平原、终碛堤和侧碛堤 |
| 冰水堆积地貌 | 冰水堆积侵蚀作用 | 冰川附近的冰融水具有一定的侵蚀搬运能力，能将冰川的冰碛物搬运堆积起来，形成冰水堆积物。在冰川边缘由冰水堆积物组成的各种地貌，称为冰水堆积地貌，如冰水扇和外冲平原、冰水湖、冰砾埠阶地、冰砾埠、锅穴和蛇行丘等 |

### 7. 风成地貌

风成地貌是指在风力作用下形成的地貌。在风力作用地区，在同一时间内，一个地区是风蚀区，另一个地区则是风积区，其间的过渡性地段为风蚀—风积区，各地区将相应发育不同数量的风蚀地貌和风积地貌。风成地貌特征见表 1-9。

**表 1-9　风成地貌主要地质作用和特征**

| 地貌单元 | 主要地质作用 | 地貌特征 |
| --- | --- | --- |
| 风蚀地貌 | 风的吹蚀和堆积作用 | 风蚀地貌形态主要见于风蚀区，沙漠中也有，如风蚀石窝、风蚀蘑菇、风蚀柱、雅丹地貌和风蚀盆地等 |
| 风积地貌 | 风的堆积作用 | 风积地貌形态主要包括沙地、沙丘和沙城 |

## 第三节　地质构造与地质图

### 一、地质构造基础

构造运动引起地壳岩石圈变形和变位，这种变形、变位遗留下来的形态称为地质构造。地质构造有 3 种主要类型：岩层、褶皱和断裂。

#### （一）岩层及岩层产状

**1. 岩层**

岩层的空间分布状态称为岩层产状。岩层按其产状可分为水平岩层、倾斜岩层和直立岩层。

（1）水平岩层

水平岩层指倾角为 0°的岩层。绝对水平的岩层很少见，习惯上将倾角小于 5°的岩层称为水平岩层，又称水平构造。岩层沉积之初顶面总是保持水平，所以水平岩层一般出现在构造运动轻微的地区或大范围内均匀抬升、下降的地区，一般分布在平原、高原或盆地中部。水平岩层中新岩层总是位于老岩层之上，当岩层受切割时，老岩层出露于河谷低洼区，新岩层出露于高岗上。在同一高程的不同地点，出露的是同一岩层。

（2）倾斜岩层

倾斜岩层指与水平面有一定夹角的岩层。自然界绝大多数岩层是倾斜岩层，倾斜岩层是构造挤压或大区域内不均匀抬升、下降，使岩层向某个方向倾斜而成的。一般情况下，倾斜岩层仍然保持顶面在上、底面在下，新岩层在上、老岩层在下的产出状态，这被称为正常倾斜岩层。当构造运动强烈，使岩层发生倒转，出现底面在上、顶面在下，老岩层在上、新岩层在下的产出状态时，为倒转倾斜岩层。

确定岩层正常与倒转的主要依据是化石，也可依据岩层层面构造特征（如岩层面上的泥裂、波痕、虫迹、雨痕等）或标准地质剖面来确定。

倾斜岩层按倾角 $\alpha$ 的大小又可分为缓倾岩层（$\alpha$ <30°）、陡倾岩层（30° ≤ $\alpha$ <60°）和陡立岩层（$\alpha$ ≥60°）。

（3）直立岩层

直立岩层指岩层倾角等于90°的岩层。绝对直立的岩层也较少见，习惯上将倾角大于85°的岩层都称为直立岩层。直立岩层一般出现在构造强烈、紧密挤压的地区。

**2. 岩层产状**

（1）产状要素

岩层在空间分布状态的要素称为岩层产状要素。一般用岩层面在空间的水平延伸方向、倾斜方向和倾斜程度进行描述，即岩层的走向、倾向和倾角。

①走向：指岩层面与水平面的交线所指的方向，该交线是一条直线，称为走向线，它有两个方向，相差180°。

②倾向：指岩层面上最大倾斜线在水平面上投影所指的方向。该投影线是一条射线，称为倾向线，只有一个方向。倾向线与走向线互为垂直关系。

③倾角：指岩层面与水平面的交角，一般指最大倾斜线与倾向线的夹角，又称真倾角。

当观察剖面与岩层走向斜交时，岩层与该剖面的交线称为视倾斜线。视倾斜线在水平面的投影线称为视倾向线。视倾斜线与视倾向线的夹角称为视倾角。视倾角小于真倾角。视倾角与真倾角的关系为

$$\tan\beta = \tan\alpha \cdot \sin\theta \qquad (1\text{-}2)$$

式中，$\theta$——视倾向线（观察剖面线）与岩层走向线之间的夹角。

（2）产状要素的测量、记录和图示

①产状要素的测量。岩层各产状要素的具体数值，一般在野外用地质罗盘仪在岩层面上直接测量和读取。

②产状要素的记录。由地质罗盘仪测得的数据，一般有两种记录方法，即象限角法和方位角法。

象限角法：以东、南、西、北为标志，将水平面划分为4个象限，以正北或正南方向为0°，正东或正西方向为90°，再将岩层产状投影在该水平面上，将走向线和倾向线所在的象限，以及它们与正北或正南方向所夹的锐角记录下来。一般按走向、倾角、倾向的顺序记录。

方位角法：将水平面按顺时针方向划分为360°，以正北方向为0°，再将岩层产状投影到该水平面上，将倾向线与正北方向所夹角度记录下来，一般

按倾向、倾角的顺序记录。

③产状要素的图示。在地质图上，产状要素用符号表示。岩层产状符号应把走向线与倾向线交点画在测点位置。

## （二）褶皱构造

在构造运动作用下岩层产生的连续弯曲变形称为褶皱构造。褶皱构造的规模差异很大，大型褶皱构造延伸几十千米，小型褶皱构造在标本上也可见到。

### 1. 褶曲构造

褶皱构造中任何一个单独的弯曲都称为褶曲，褶曲是组成褶皱的基本单元。褶曲有背斜和向斜两种基本形态。

（1）背斜

岩层弯曲向上凸出，核部地层时代老，两翼地层时代新。正常情况下，两翼地层背向倾斜。

（2）向斜

岩层弯曲向下凹陷，核部地层时代新，两翼地层时代老。正常情况下，两翼地层相向倾斜。

### 2. 褶曲要素

为了描述和表示褶曲在空间的形态特征，对褶曲各个组成部分给予一定的名称，称为褶曲要素。褶曲要素如下。

（1）核部

褶曲中心部位的岩层。

（2）翼部

褶曲两侧部位的岩层。

（3）轴面

通过核部大致平分褶曲两翼的假想平面。根据褶曲的形态，轴面可以是一个平面，也可以是一个曲面；可以是直立的面，也可以是一个倾斜、平卧或卷曲的面。

（4）轴线

轴面与水平面或垂直面的交线，代表褶曲在水平面或垂直面上的延伸方向。根据轴面的情况，轴线可以是直线，也可以是曲线。

（5）枢纽

褶曲中同一岩层面上最大弯曲点的连线。根据褶曲的起伏形态，枢纽可以是直线，也可以是曲线；可以是水平线，也可以是倾斜线。

（6）脊线

背斜横剖面上弯曲的最高点称为脊，背斜中同一岩层面上最高点的连线称为脊线。

（7）槽线

向斜横剖面上弯曲的最低点称为槽，向斜中同一岩层面上最低点的连线称为槽线。

**3. 褶曲分类**

褶曲的形态多种多样，不同形态的褶曲反映了褶曲形成时不同的力学条件及原因。为了更好地描述褶曲在空间的分布，研究其成因，常按照其形态进行分类。下面介绍两种形态分类方法。

（1）褶曲按横剖面形态分类

褶曲按横剖面形态分类即按横剖面上轴面和两翼岩层产状分类。

直立褶曲：轴面直立，两翼岩层产状倾向相反，倾角大致相等。

倾斜褶曲：轴面倾斜，两翼岩层产状倾向相反，倾角不相等。

倒转褶曲：轴面倾斜，两翼岩层产状倾向相同，其中一翼为倒转岩层。

平卧褶曲：轴面近水平，两翼岩层产状近水平，其中一翼为倒转岩层。

（2）褶曲按纵剖面形态分类

褶曲按纵剖面形态分类即按枢纽产状分类。

水平褶曲：枢纽近于水平，呈直线状延伸较远，两翼岩层界线基本平行。若褶曲长宽比大于10∶1，在平面上呈长条状，则称为线状褶曲。

倾伏褶曲：枢纽向一端倾伏，另一端昂起，两翼岩层界线不平行。在倾伏端交汇成封闭弯曲线。若枢纽两端同时倾伏，则岩层界线呈环状封闭，其长宽比在（3∶1）~（10∶1）时，称为短轴褶曲；其长宽比小于3∶1时，背斜称为穹窿构造，向斜称为构造盆地。

**4. 褶曲的岩层分布判别**

岩层受力挤压弯曲后，形成向上隆起的背斜和向下凹陷的向斜，但在地表营力的长期改造，或地壳运动的重新作用下，原有的隆起和凹陷在地表面可能看不出来。应主要根据地表面出露岩层的分布特征对褶曲形态做出正确鉴定。一般来讲，当地表岩层出现对称重复时，则存在褶曲。如核部岩层老，两翼岩层新，则为背斜；如核部岩层新，两翼岩层老，则为向斜。然后，根据两翼岩层产状和地层界线的分布情况，则可判别其横、纵剖面上褶曲形态的具体名称。

#### 5. 褶曲构造的类型

有时，褶曲构造在空间中不是以单个背斜或单个向斜的形态出现，而是以多个连续的背斜和向斜的组合形态出现。按组合形态的不同可将其分为以下类型。

（1）复背斜和复向斜

复背斜和复向斜是由一系列连续弯曲的褶曲组成的一个大背斜和大向斜。复背斜和复向斜一般出现在构造运动作用强烈的地区。

（2）隔挡式和隔槽式

隔挡式和隔槽式褶皱由一系列轴线在平面上平行延伸的连续弯曲的褶曲组成。当背斜狭窄，向斜宽缓时，称为隔挡式；当背斜宽缓，向斜狭窄时，称为隔槽式。这两种褶皱多出现在构造运动相对缓和的地区。

### （三）断裂构造

岩层受构造运动作用，当所受的构造应力超过岩石强度时，岩石的连续完整性遭到破坏，产生断裂，称为断裂构造。按照断裂后两侧岩层沿断裂面有无明显的相对位移，又分节理和断层两种。断裂构造在岩体中又称结构面。

#### 1. 节理

节理是指岩层受力断开后，断裂面两侧岩层沿断裂面没有明显的相对位移时的断裂构造。节理的断裂面称为节理面。节理分布普遍，绝大多数岩层中有节理发育。节理的延伸范围较大，由几厘米到几十米不等。节理面在空间的状态称为节理产状，其定义和测量方法与岩层面产状类似。节理常把岩层分割成形状不同、大小不等的岩块，小块岩石的强度与包含节理的岩石的强度明显不同。岩石边坡失稳和隧道洞顶坍塌往往与节理有关。

(1) 节理分类

节理可按成因、力学性质、与岩层产状的关系和张开程度等分类。

①按成因分类。

节理按成因可分为原生节理、构造节理和表生节理；也有人将其分为原生节理和次生节理，次生节理再分为构造节理和非构造节理。

原生节理：岩石形成过程中形成的节理，如玄武岩在冷却凝固时体积收缩形成的柱状节理。

构造节理：由构造运动产生的构造应力形成的节理。构造节理常常成组出现，可将其中一个方向的一组平行破裂面称为一组节理。同一期构造应力形成的各组节理有成因上的联系，并按一定规律组合。不同时期的节理对应错开。

表生节理：由卸荷、风化、爆破等作用形成的节理，相应地，称为卸荷节理、风化节理、爆破节理等。常称这种节理为裂隙，为非构造次生节理。表生节理一般分布在地表浅层，大多无一定方向。

②按力学性质分类。

剪节理：一般为构造节理，由构造应力形成的剪切破裂面组成。一般与主应力成（$45°-\varphi/2$）相交，其中 $\varphi$ 为岩石内摩擦角。剪节理一般成对出现，相互交切为 X 形。剪节理面多平直，常呈密闭状态，或张开度很小，在砾岩中可以切穿砾石。

张节理：张节理可以是构造节理，也可以是表生节理、原生节理等，由张应力作用形成。张节理张开度较大，透水性好，节理面粗糙不平，在砾岩中常绕开砾石。

③按与岩层产状的关系分类。

走向节理：节理走向与岩层走向平行。

倾向节理：节理走向与岩层走向垂直。

斜交节理：节理走向与岩层走向斜交。

④按张开程度分类。

宽张节理：节理缝宽度大于 5mm。

张开节理：节理缝宽度为 3~5mm。

微张节理：节理缝宽度为 1~3mm。

闭合节理：节理缝宽度小于 1mm。

（2）节理发育程度分级

按节理的组数、密度、长度、张开度及充填情况，将节理发育程度分级，见表 1-10。

**表 1-10　节理发育程度分级**

| 发育程度等级 | 基本特征 |
| --- | --- |
| 节理不发育 | 节理 1~2 组，规则，为构造，间距在 1m 以上，多为闭合节理，岩体切割成大块状 |
| 节理较发育 | 节理 2~3 组，呈 X 形，较规则，以构造型为主，多数间距大于 0.4m，多为闭合节理，部分为微张节理，少有充填物，岩体切割成块石状 |
| 节理发育 | 节理 3 组以上，不规则，呈 X 形或“米”字形，以构造型或风化型为主，多数间距小于 0.4m，大部分为张开节理，部分有充填物，岩体切割成块石状 |
| 节理很发育 | 节理 3 组以上，杂乱，以风化型和构造型为主，多数间距小于 0.2m，以张开节理为主，有个别宽张节理，一般有充填物，岩体切割成碎裂状 |

（3）节理的调查内容

节理是广泛发育的一种地质构造，工程地质勘察时应对其进行调查，包括以下内容。

①节理的成因类型、力学性质。

②节理的组数、密度和产状。节理的密度一般采用线密度或体积节理数表示。线密度以“条/m”为单位计算。体积节理数（$J_v$）用单位体积内的节理数表示。

③节理的张开度、长度和节理面的粗糙度。

④节理的充填物质及厚度、含水情况。

⑤节理发育程度分级。

此外，对节理十分发育的岩层，在野外许多岩体露头上，可以观察到数十至数百条节理。它们的产状多变，为了确定它们的主导方向，必须对每个露头上的节理产状逐条进行测量统计，编制该地区节理玫瑰花图、极点图或等密度图，由图确定节理的密集程度及主导方向。一般在 1m$^2$露头上进行测量统计。

**2. 断层**

断层是指岩层受力断开后，断裂面两侧岩层沿断裂面有明显相对位移时的断裂构造。断层广泛发育，规模相差很大。大的断层延伸数百千米甚至上千千米，小的断层在手标本上就能见到。有的断层切穿了地壳岩石圈，有的则发育在地表浅层。断层是一种重要的地质构造，对工程建筑的稳定性至关重要。地震与活动性断层有关，滑坡、隧道中大多数的塌方、涌水与断层有关。

（1）断层要素

为阐明断层的空间分布状态和断层两侧岩层的运动特征，给断层各组成部分赋予一定名称，称为断层要素。

①断层面：断层中两侧岩层沿其运动方向的破裂面。它可以是一个平面，也可以是一个曲面。断层面的产状用走向、倾向和倾角表示，其测量方法同岩层产状。有的断层面由有一定宽度的破碎带组成，称为断层破碎带。

②断层线：断层面与地平面成垂直面的交线，代表断层面在地面或垂直面上的延伸方向。它可以是直线，也可以是曲线。

③断盘：断层两侧相对位移的岩层称为断盘。当断层面倾斜时，位于断层面上方的称为上盘，位于断层面下方的称为下盘。

④断距：岩层中同一点被断层断开后的位移量。其沿断层面移动的直线距离称为总断距，其水平分量称为水平断距，其垂直分量称为垂直断距。

（2）断层常见分类

①按断层上、下盘相对运动方向分类。这是一种主要的分类方法。

a. 正断层：上盘相对向下滑动，下盘相对向上滑动的断层。正断层一般是在地壳水平拉张力作用或重力作用下形成，断层面多陡直，倾角大多在45°以上。正断层可以单独出露，也可以多个连续组合的形式出现，形成地堑、地垒和阶梯状断层。走向大致平行的多个正断层，当中间地层为共同的下降盘时，称为地堑；当中间地层为共同的上升盘时，称为地垒。组成地堑或地垒两侧的正断层，可以单条产出，也可以由多条产状近似的正断层组成，形成依次向下断落的阶梯状断层。

b. 逆断层：上盘相对向上滑动，下盘相对向下滑动的断层。逆断层主要是在地壳水平挤压应力下形成，常与褶皱伴生。按断层面倾角可将逆断层划分为逆冲断层、逆掩断层和辗掩断层。

c. 平移断层：断层两盘主要在水平方向上相对错动的断层。平移断层主要由地壳水平剪切作用形成，断层面常陡立，断层面上可见水平的擦痕。

②按断层面产状与岩层产状的关系分类。

走向断层：走向与岩层走向一致的断层。

倾向断层：走向与岩层倾向一致的断层。

斜向断层：走向与岩层走向斜交的断层。

③按断层面走向与褶曲轴走向的关系分类。

纵断层：走向与褶曲轴走向平行的断层。

横断层：走向与褶曲轴走向垂直的断层。

斜断层：走向与褶曲轴走向斜交的断层。

当断层面切割褶曲轴时，在断层上、下盘同一地层出露界线的宽窄常发生变化，背斜上升盘核部地层变宽，向斜上升盘核部地层变窄。

④按断层力学性质分类。

压性断层：由压应力作用形成，其走向垂直于主压应力方向，多呈逆断层形式，断面为舒缓波状，断裂带宽大，常有断层角砾岩。

张性断层：在张应力作用下形成，其走向垂直于张应力方向，常为正断层形式，断层面粗糙，多呈锯齿状。

扭性断层：在切应力作用下形成，与主压应力方向交角小于45°，常成对出现。断层面平直光滑，常有大量擦痕。

（3）断层存在的判别

①构造线标志。同一岩层分界线、不整合接触界面、侵入岩体与围岩的接触带、岩脉、褶曲轴线、早期断层线等，在平面或剖面上出现了不连续，即突然中断或错开，则有断层存在。

②岩层分布标志。一套顺序排列的岩层，由于走向断层的影响，常出现部分地层的重复或缺失现象，即断层使岩层发生错动，经剥蚀夷平作用使两盘地层处于同一水平面时，会使原来顺序排列的地层出现部分重复或缺失。

③断层的伴生现象。当断层通过时，在断层面（带）及其附近常出现一些构造伴生现象，也可作为断层存在的标志。

擦痕、阶步和摩擦镜面。断层上、下盘沿断层面做相对运动时，因摩擦作用，在断层面上形成一些刻痕、小阶梯或磨光的平面，分别称为擦痕、阶步和摩擦镜面。

构造岩（断层岩）。因地应力沿断层面集中释放，断层面处岩体易破碎，形成一个破碎带，称为断层破碎带。破碎带宽几十厘米至几百米不等，破碎带内碎裂的岩、土体经胶结后称为构造岩。构造岩中碎块颗粒直径大于2mm时称为断层角砾岩；当碎块颗粒直径为0.01~2mm时称为碎裂岩；当碎块颗粒直径更小时称为糜棱岩；当颗粒均研磨成泥状时称为断层泥。

牵引现象。断层运动时，断层面附近的岩层受断层面上摩擦阻力的影响，在断层面附近形成弯曲，称为断层牵引现象，其弯曲方向一般为本盘运动方向。

④地貌标志。在断层通过地区，沿断层线常形成一些特殊地貌现象。

a. 断层崖和断层三角面。在断层两盘的相对运动中，上升盘常常形成陡崖，称为断层崖，如峨眉山金顶舍身崖、昆明滇池西山龙门陡崖。断层崖受到与崖面垂直方向的地表流水侵蚀切割，使原崖面形成一排三角形陡壁，称为断层三角面。

b. 断层湖、断层泉。沿断层带常呈串珠状分布一些断陷盆地、洼地、湖泊、泉水等，可指示断层延伸方向。

c. 错断的山脊、急转的河流。正常延伸的山脊突然被错断，或山脊突然断陷成盆地、平原，正常流经的河流突然产生急转弯，一些顺直深切的河谷，均可指示断层延伸的方向。

判断一条断层是否存在，主要依据地层的重复、缺失和构造不连续这几个标志。其他标志只能作为辅证。

## 二、地质图

地质图是把一个地区的各种地质现象，如地层、地质构造等，按一定比例缩小，用规定的符号、颜色和各种花纹、线条标示在地形图上所形成的一种图件。一幅完整的地质图，包括平面图、剖面图和地层综合柱状图，并标明图名、比例、图例和水系等。平面图反映地表相应位置的地质现象，剖面图反映某地表以下的地质特征，地层综合柱状图反映测区内所有出露地层的顺序、厚度、岩性和接触关系等。

## （一）地质图的种类

工作目的不同，绘制的地质图也不同，常见的地质图有以下几种。

### 1. 普通地质图

主要表示地区地层分布、岩性和地质构造等基本地质内容的图件为普通地质图。一幅完整的普通地质图包括地质平面图、地质剖面图和地层综合柱状图。

### 2. 构造地质图

用线条和符号，专门反映褶曲、断层等地质构造的图件称为构造地质图。

### 3. 第四纪地质图

只反映第四纪松散沉积物的成因、年代、成分和分布情况的图件称为第四纪地质图。

### 4. 基岩地质图

假想把第四纪松散沉积物“剥掉”，只反映第四纪以前基岩的时代、岩性和分布的图件称为基岩地质图。

### 5. 水文地质图

反映某一地区水文地质资料的图件称为水文地质图，其可分为岩层含水性图、地下水化学成分图、潜水等水位线图、综合水文地质图等类型。

### 6. 工程地质图

工程地质图为各种工程建筑专用的地质图，如房屋建筑工程地质图、水库坝址工程地质图、矿山工程地质图、铁路工程地质图、公路工程地质图、港口工程地质图、机场工程地质图等。还可根据具体工程项目细分，如铁路工程地质图还可分为线路工程地质图、工点工程地质图。工点工程地质图又可分为桥梁工程地质图、隧道工程地质图、站场工程地质图等。各工程地质图有自己的平面图、纵剖面图和横剖面图等。

工程地质图一般是在普通地质图的基础上，增加各种与工程建筑有关的工程地质内容而成。例如，在隧道工程地质纵剖面图上，标出围岩类别、地下水位和水量、岩石风化界线、节理产状、影响隧道稳定性的各项地质因素等；在线路工程地质平面图上，绘出滑坡、泥石流、崩塌落石等不良地质现象的分布情况等。

## （二）地质图的阅读步骤及阅读内容

地质图上内容多，线条、符号复杂，阅读时应遵循由浅入深、循序渐进的原则。一般步骤及内容如下。

**1. 图名、比例尺、方位**

了解图幅的地理位置、图幅类别、制图精度。一般用箭头指北表示方位，也可用经纬线表示。若图上无方位标志，则以图正上方为正北方。

**2. 地形、水系**

通过图上地形等高线、河流径流线，了解地区地形起伏情况，建立地貌轮廓。地形起伏常与岩性、构造有关。

**3. 图例**

图例是地质图中采用的各种符号、代号、花纹、线条及颜色等的说明。通过图例，可对地质图中的地层、岩性、地质构造建立起初步概念。

**4. 地质内容**

可按如下步骤进行：

①地层岩性。了解各年代地层岩性的分布位置和接触关系。

②地质构造。了解褶曲及断层的产出位置、组成地层、产状、形态类型、规模和相互关系等。

③地质历史。根据地层、岩性、地质构造的特征，分析该地区地质发展历史。

# 第二章　水利水电工程中的地质问题

## 第一节　坝址区工程地质问题

### 一、坝区渗漏问题

水库蓄水后，在坝体上下游水头差的作用下，坝下和坝座部位的透水岩土体容易产生渗漏。一般坝下的渗漏称为坝基渗漏，坝座部位的渗漏称为绕坝渗漏。

坝基渗漏和绕坝渗漏的结果，首先会影响水库的蓄水效益，严重的渗漏会使水库大部分或全部效益丧失；其次是渗流产生的压力会对坝体的稳定造成不良影响，表现在扬压力和动水压力两个方面，前者减小了重力坝的有效应力而不利于抗滑稳定，后者对岩土体的冲刷容易造成坝基渗透变形，也不利于坝体稳定。此外，渗流还可能引起坝下游地区的浸没、沼泽化及边坡失稳等不良地质作用。渗漏问题对堆筑于松散土体上的土石坝来说尤为突出。

构成坝区渗漏必须满足两个条件：①存在渗漏通道；②渗漏通道的连通性良好。渗漏通道透水性的强弱决定了渗漏量的大小，而渗漏通道的连通性则决定了渗透水流是否能够通过。只有上游有入口，下游有出口，中间能连通，水流才能沿渗漏通道漏出。

渗漏通道一般是指具有较强透水性的岩土体，主要包括松散土体、裂隙岩体和碳酸盐岩 3 种。下面分别介绍其渗漏特征与分析方法。

## （一）松散土体的渗漏

### 1. 松散土体渗漏特征

控制松散土体坝区渗漏的因素是多方面的，主要有土体的成因类型、物质成分、地层结构及其空间分布特点，也与其沉积时代及地貌特征等有关。

不同成因的松散土体，由于组成不同，透水性也有明显的差异。对粗粒松散土来说，以冲积成因的透水性最强，洪积或冰水沉积的次之。以下着重介绍建坝地段最常见的松散沉积物冲积成因。

河流冲积相沉积物的成分和空间分布特点主要受河水动力制约。一般来说，河流上游段位于山区，河谷较窄，由于洪水期流速快，大卵石和漂石均可堆积在河床中，渗透性很强。但沉积物较薄，建坝时易于清除。中下游的河段，尤其在山口附近，由于流速顿减，由上游推移下来的粗粒物质（卵砾石、粗砂）就堆积下来，厚度较大，在河床中组成强透水层。在山口附近建坝，势必会产生严重的渗漏。河流中游段在河床两岸的谷地里分布着各级阶地，河谷结构比较复杂。具有二元结构的阶地，其上层河漫滩相黏性土越厚，对防止坝基渗漏越有利；若各级阶地的河漫滩相物质互相搭接在一起，就有可能在坝前形成完整的天然铺盖，更有利于防渗。各级阶地的河床相强透水砂卵（砾）石层，常互相沟通，是坝基渗漏的主要通道。此外，阶地的组合型式对坝基渗漏也有影响，内叠式阶地与上叠式阶地的渗透性在横向上变化趋势相似，而在垂向上差异甚大。下游平原区段的河流，河床中分布着中到弱透水的中细砂层，两岸由粉细砂和黏土组成。河床频繁变迁，常埋藏着古河道，地层结构更为复杂。单层厚度较小，但总厚度却很大，与中、上游河段比较，其渗漏条件更加特殊和复杂。

为方便研究坝区渗漏的边界条件，结合河谷地貌特征，可将河流松散堆积物的地层结构分为以下 3 种模型。

（1）单一结构型

主要由卵砾（漂）石组成，透水性强而均一，但厚度一般不大。下伏基岩可作为相对隔水底板，渗漏边界较简单，易于确定。上游河段多为此类型。由于谷坡高陡，松散堆积物多分布于谷底，所以渗漏主要发生于坝基。此种类型可引起严重的渗漏，但易于处理。

（2）多厚层结构型

由多层厚度较大的粗、细粒物质组成，可分为以下两种情况。

①自上而下颗粒逐层变粗的多层结构。这种结构类型的透水性自上而下逐渐变强，故可把它简化为上弱下强（透水）的双层结构。显然，上层弱透水层的透水性和完整程度对于控制坝区渗漏有重要作用。

②粗、细粒互层结构。这种结构类型的透水层强弱相间，因此对渗漏条件的控制主要取决于细粒弱透水层的延续性和完整性。若弱透水层能有效地阻隔上下粗粒强透水层之间的水力联系，则有利于坝基的防渗。

上述两种情况均以基岩作为相对隔水底板，若在岩溶地区，则下部边界需移到岩溶漏水带以下。

多厚层结构型多见于山区河流的中、下游河段。河谷宽阔，阶地发育，河谷的地貌和地质结构条件复杂，因此渗漏边界条件复杂，严重的坝基、坝座渗漏均可发生，随之产生的渗透变形将危及坝体安全。

（3）多薄层结构型

常由透水性较弱的中、细砂及极细砂组成，并与厚度不大的黏性土层交互相间，属于平原河流的沉积模式。黏性土层往往呈透镜体状，延续性差，因而各透水层之间具有一定的水力联系，当其叠加厚度较大时，同样可造成严重的渗漏。其下部常以早期沉积的地层作为不透水边界。

总之，松散土体的渗漏主要为砂砾石层渗漏，它的连通性主要决定于地层结构特征，而这又与地貌条件密切相关。山区河流中、上游河床覆盖层多由单一的粗粒物质组成，厚度不大，不透水夹层较少，所以透水层的连通性良好。中、下游河床覆盖层细粒成分增多，厚度也随之增加，地层常呈多层结构型式。山前冲积的边缘地区则以细粒为主，粗粒物质呈薄层与细粒物质相间。这些多层结构沉积物的连通性就比较差，有些层尖灭掉，有的则是连通的，并与其他透水层形成综合体。在中、下游的多层结构沉积常是上部层总的透水性较弱、下部层透水性相对较强，表现为双层结构的特点。这就使下部强透水层因缺乏入口和出口而失掉连通性。这时的上部弱透水层等于天然防渗铺盖，应当加以保护，取土筑坝时不应使之破坏。若已受河流冲刷、冲沟切削而部分受到破坏，则应在坝前一定范围用铺盖办法将其修补完整。另外，在多层结构情况下还应注意相对隔水层的厚度、延伸情况及其完整性。

有的厚度较小，易被渗透水流击穿，不起隔水作用；有的延伸不远即行尖灭；有的在沉积当时即部分被冲刷掉以致残缺不全。在这些情况下，其上、下透水层互相联系，成为一个含水层。只有厚度较大、延伸较远、比较完整的隔水层才能起隔水作用。当其埋深较浅时，可用截水墙隔断其上面的透水层，破坏其连通性，以达到防渗目的。

**2. 坝基渗漏量计算**

在研究渗漏条件的基础上，确定了渗漏边界条件和计算参数之后，即可选择相应的公式计算其渗漏量。计算坝基渗漏有水力学方法、流体力学方法和实验室方法等。下面将介绍一些常用的水力学方法。

（1）单一结构型

若坝基为单一结构的均质透水层，渗漏处于层流状态时，可以采用卡明斯基公式近似计算。下面分三种情况进行讨论。

①坝体相对不透水，透水层厚度 $M \leqslant 2b$（$2b$ 为坝底宽）时［见图 2-1（a）］，渗漏量 $Q$ 可按式（2-1）计算：

$$Q = KBM \frac{H}{2b + M} \tag{2-1}$$

式中，$K$ 为透水层渗透系数（m/s）；$B$ 为计算段宽度（m）；$H$ 为上、下游水头差（m）。

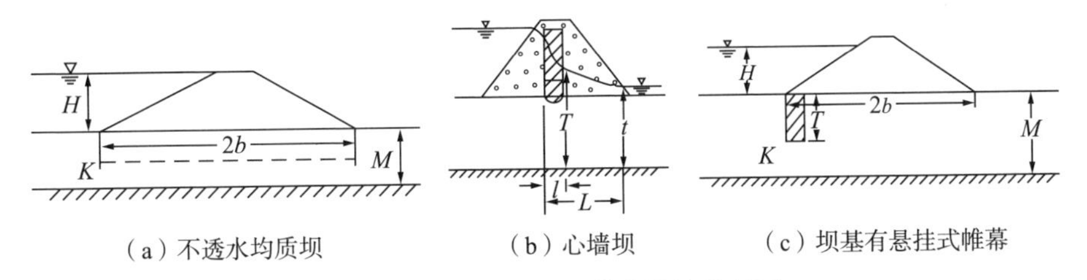


（a）不透水均质坝　　（b）心墙坝　　（c）坝基有悬挂式帷幕

**图 2-1　单一结构型坝基渗漏计算剖面**

②坝体为透水材料，并设有不透水心墙时［见图 2-1（b）］，渗漏量 $Q$ 可按式（2-2）计算：

$$Q = KB \frac{T + t}{2} \frac{T - t}{L - l + 0.44lt} \tag{2-2}$$

式中，$T$ 为心墙后端水头（m）；$t$ 为坝趾处水头（m）；$L$ 为心墙前端至坝趾的水平距离（$m$）；$l$ 为心墙底宽（m）。

③坝基有悬挂式帷幕时［见图 2-1（c）］，渗漏量 $Q$ 可按式（2-3）计算：

$$Q = KB(M - T)\frac{H}{2b + M + T} \tag{2-3}$$

式中，$T$ 为悬挂式帷幕的深度（m）。

上述各边界条件，当渗流属紊流状态时，渗流量计算采用克拉斯诺波里斯基定律，用坝前后水力梯度的平方根（$i^{0.5}$）代替卡明斯基公式中的水力坡度。

（2）双层结构型

若坝基为双层结构透水层，并满足 $0.1 < K_1/K_2 < 1$，且 $M_1 < M_2$，渗流为层流状态时（见图 2-2），可采用卡明斯基双层结构计算公式：

$$Q = \frac{HB}{\frac{2b}{K_2 M_2} + 2\sqrt{\frac{M_1}{K_1 K_2 M_2}}} \tag{2-4}$$

式中，$K_1$、$K_2$ 及 $M_1$、$M_2$ 分别为上、下层的渗透系数（m/s）和厚度（m）；

其他符号意义同前。

当 $K_1/K_2 > 10$ 且 $M_1 > M_2$ 时，可忽略下层，视为单一结构透水层。

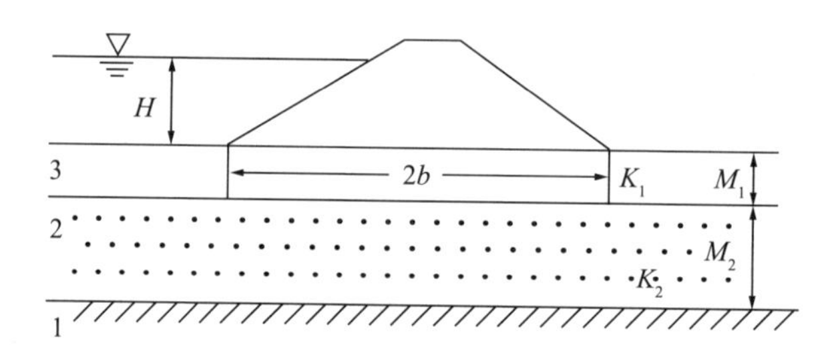


1. 隔水底板；2. 强透水层；3. 弱透水层

**图 2-2　双层结构坝基渗漏计算剖面**

（3）多薄层结构型

若坝基为多薄层结构，层流状态时（见图 2-3），$K$ 具有方向性，水平向渗透系数（$K_{\parallel}$）最大，垂向渗透系数（$K_{\perp}$）最小，可用并联、串联加权平均法求得：

$$K_{\parallel} = \frac{\sum K_i M_i}{\sum M_i} \qquad (2-5)$$

$$K_{\perp} = \frac{\sum M_i}{\sum M_i / K_i} \qquad (2-6)$$

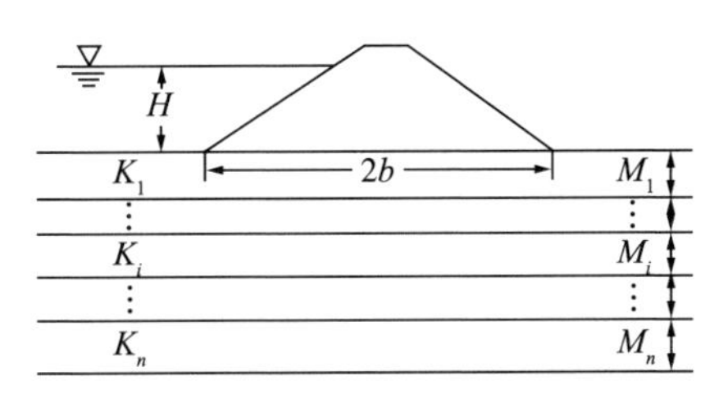


**图 2-3　多薄层结构坝基渗漏计算剖面**

为计算需要，求出剖面的各向异性率 $a = \sqrt{K_{\parallel}/K_{\perp}}$ 。平均渗透系数 $K_{er}$ 与 $a$ 值有关，当 $a < 1.4$ 时，$K_{er} = \sqrt{K_{\parallel} \cdot K_{\perp}}$（几何平均值）；当 $a > 1.4$ 时，$K_{er} = 0.637K_{\parallel}K_{\perp}$（方向平均值）。将坝底实际宽度 $2b$ 等效为计算宽度 $2b' = 2b/a$ ，则渗漏量计算公式为：

$$Q = K_{\sigma} B \sum M_i \frac{H}{2b' + \sum M_i} \qquad (2-7)$$

此法的缺点是对上层和下层同等看待。实际上，上层的 $K$、$M$ 值对坝基渗漏起主导作用，故在上层 $K$ 值较大时算得的 $Q$ 值偏小，上层的 $K$ 值较小时算得的 $Q$ 值偏大。

（4）流网法

在渗流场内，可以作出一系列流线和等水头线，由它们所组成的网格称为流网。在均质各向同性透水层中，流网的特征可归纳为：流线与等水头线相互垂直；各相邻两等水头线间的水头损失值相等；各流管的单宽流量相等。

用流网法计算坝基渗漏量，关键是绘制流网（见图 2-4）。任意一个网格的单宽渗流量 $q_i$ 按式（2-8）计算。

$$q_i = K_i d_i \frac{\Delta H_i}{l_i} \qquad (2-8)$$

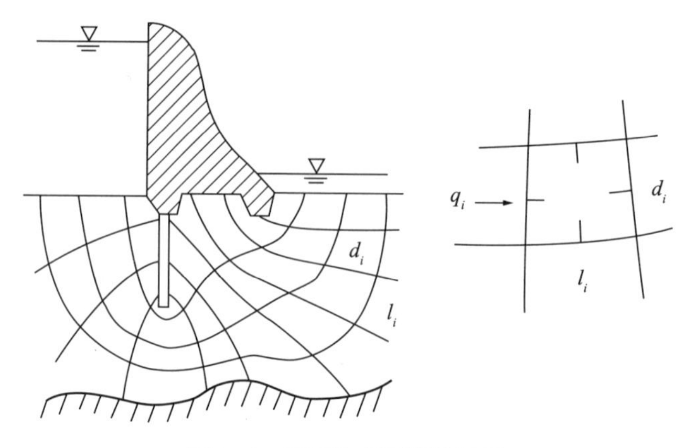


图 2-4　流网法求坝基渗漏量

式中，$K_i$、$d_i$、$l_i$ 分别为第 $i$ 网格的渗透系数（m/s）、水流宽度［流线间距（m）］和渗径［等水头线间距（m）］；$\Delta H_i$ 为第 $i$ 网格内流经 $l_i$ 时的水头损失（m），$\Delta H_i = H/n$（$H$ 为上、下游水头差，$n$ 为等水头线数目）。

渗流断面上通过的单宽渗漏量 $q$ 为：

$$q = \sum q_i \tag{2-9}$$

由上述各公式可知，坝基渗漏量的大小主要取决于透水层的渗透系数和厚度。此外，各层的空间分布组合情况以及坝高、底宽、坝体结构、坝底设施等工程因素均应考虑。

**3. 绕坝渗漏量计算**

绕坝渗漏集中发生在邻近坝接头的岸边地带，因而岸边地带某一范围内渗漏的边界条件、岩土透水性能以及初始地下水位的状况是绕坝渗漏的控制因素。

计算绕坝渗漏可用水力学方法、流体力学方法和实验室方法。目前多采用水力学方法。此法假设岸边流线形状与坝接头建筑物轮廓相似，均为规则的几何曲线，且沿流线的流速不变。此外，绕坝渗漏属三维流，而计算时假定为二维流，所以它是近似计算。根据渗漏边界条件的复杂程度可采用全带法和分束法，也可通过流网法计算。

（1）全带法

简单水文地质条件下即水库和坝下游岸边近于直线，透水层均质、水平，可采用全带法计算渗漏量（见图 2-5）。

当渗流为无压层流时，渗漏量可按式（2-10）计算。

$$Q = 0.366KH(h_1 + h_2)\lg \frac{B}{r_0} \tag{2-10}$$

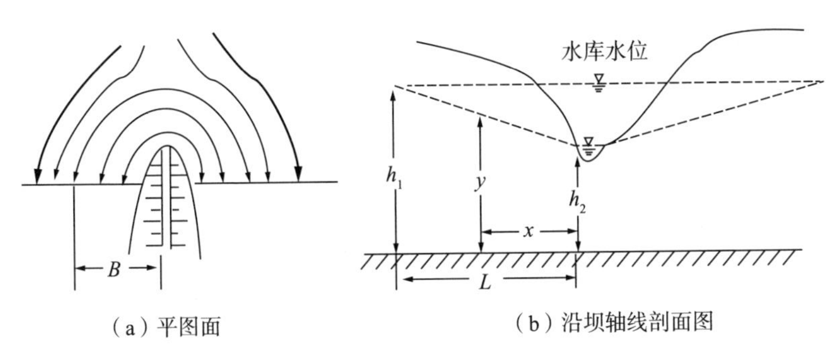


（a）平图面　（b）沿坝轴线剖面图

**图 2-5　全带法计算绕坝渗漏示意图**

当渗流为有压层流时，渗漏量可按式（2-11）计算。

$$Q = 0.732KHM\lg \frac{B}{r_0} \tag{2-11}$$

式中，$M$ 为有压渗透层的厚度（m）；$h_1$、$h_2$ 分别为上、下游岸边处渗透层的厚度（m）；$r_0$ 为坝接头的引用半径（m），$r_0 = p/\pi$［$p$ 为坝头轮廓线的长度（m）］；$B$ 为坝轴线至水库岸边某一点的距离（m），在此距离内发生绕坝的渗流，$B = l/\pi$（$l$ 为绕坝渗流带边缘的长度，在沿坝轴线的横剖面上，绕坝渗流的边界一般以天然地下水位相当于水库正常高水位的某一点近似确定）。

（2）分束法

当库岸及下游河岸形状复杂，隔水底板倾斜起伏时，需先近似地绘制半椭圆形流线，将渗漏范围分成若干个渗流带（见图 2-6），计算每一个渗流带的渗漏量（$\Delta Q$），然后将其总和起来，即该岸的绕坝渗漏量（$Q$）。这种方法即分束法。

无压流时：

$$Q = \sum \Delta Q = \sum K\Delta b \frac{(h_1 + h_2)}{2} \frac{H}{L} \tag{2-12}$$

有压流时：

$$Q = \sum \Delta Q = \sum K\Delta bM \frac{H}{L} \tag{2-13}$$

式中，$\Delta b$、$L$ 分别为某一渗流带长条的宽度（m）和长度（m）。

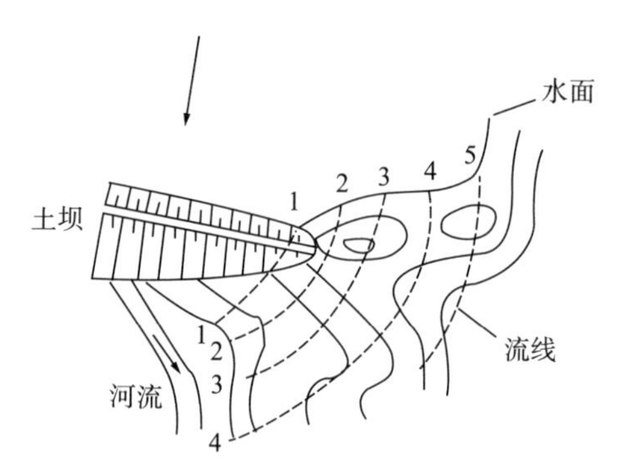


**图 2-6　分束法计算绕坝渗漏示意图**

## （二）裂隙岩体的渗漏

### 1. 裂隙岩体渗漏的控制因素

裂隙岩体坝区渗漏主要受河谷地段岩体的岩性特征、结构面发育程度及其透水性能制约。此外，河谷地貌及上覆的松散堆积物在一定程度上也控制着坝区渗漏。

### 2. 岩性及地质结构特征

裂隙岩体在形成和演化的过程中受岩性、构造变动和表生地质作用等的控制和影响。结构面网络的发育往往错综复杂，致使其渗透性呈现非均一性和各向异性。

一般地说，厚层、硬脆性的岩石，受各种应力作用易产生破裂结构面，裂隙延伸长而且张开性较好，故透水性较强，如石灰岩、石英砂岩和某些岩浆岩；薄层、软塑性的岩石所产生的破裂结构面往往短而闭合、透水性较弱，如泥页岩、凝灰岩等。

不同成因的破裂结构面其透水性也不相同。未充填、胶结的张性结构面，喷出岩的原生节理，风化裂隙、卸荷裂隙等次生结构面，透水性较强；岩浆岩与围岩的接触面有时也能形成强透水带。而一般的原生结构面和压性、扭性的构造结构面，透水性往往较弱。当岩体的裂隙发育均匀，张开和连通条件较好，且未充填、胶结时，其充水和透水性较好；反之，充水和透水性较差，同一岩层中由于裂隙发育不均匀，透水性差别很大，且不同的裂隙体系间无水力联系，无统一的地下水面。

裂隙岩体坝基的透水性，并非如松散土体那样可根据岩性明确划分出透水层和隔水层，而是根据单位吸水量 $\omega$ 值绘制出透水性剖面图（见图 2-7）。

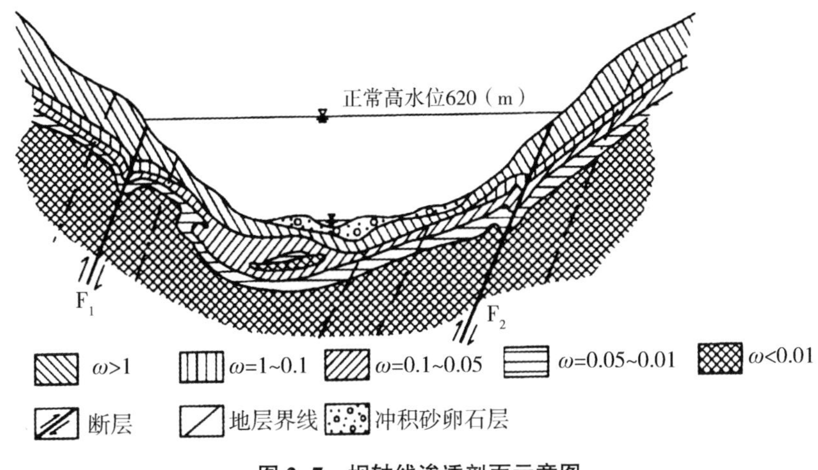


**图 2-7 坝轴线渗透剖面示意图**

裂隙水渗流具明显的方向性，且其透水性的强弱也具方向性，为表示渗透系数 $K$ 值的各向异性，可用渗透系数极图表示。即将 $K$ 视为一个矢量，在某一平面上以某一点为中心，$K$ 为极半径，环绕一周时此矢量的轨迹即极图。它是一条封闭曲线，若为圆形，则说明 $K$ 在各方向上大小一致，表示各向同性；否则为各向异性。

根据渗透系数极图可获得最大、最小和平均渗透系数的大小和方向。受各类透水结构面影响，坝区渗漏途径往往有很多，故其渗透系数极图亦由各类结构面的极图迭加而成。

### 3. 河谷地貌条件

河谷地貌对坝基渗漏的影响，主要表现在岩层产状与河谷方向的关系上。在倾斜层状岩层区，纵谷、斜谷和横谷具有不同的入渗和排泄条件，它们主要影响渗径的长短。

对于纵谷，河流沿岩层走向发育，上下游沟谷与岩层走向垂直。在河谷纵剖面上沿层面渗径最短，有利于库水的入渗和排泄。而在横剖面上，一岸入渗条件良好，排泄条件差；另一岸则相反。

对于斜谷，河流与岩层走向斜交，在纵剖面上沿层面渗径较长。当岩层倾向下游时，缓倾和中等倾斜者对入渗和排泄均有利；陡倾者对入渗有利，而倾向下游对排泄不利。当岩层倾向上游时，对入渗和排泄均不利。在横剖面上，与纵谷相似。

对于横谷，河流与岩层走向垂直，上下游沟谷与岩层走向一致。纵剖面上渗径更长，故入渗与排泄条件均较前两种情况差些，尤其当岩层倾向上游时，更不利于坝基渗漏。在横剖面上，两岸的入渗和排泄条件相同。

当谷中覆盖层分布稳定，且有一定厚度的黏性土层时，可起到天然铺盖的作用，对坝区防渗有利。在施工过程中一定要保护好该天然铺盖。

总之，裂隙岩体的岩性及破裂结构面的发育情况是控制裂隙基岩透水层、透水带连通性的主导因素，其次则是河谷地貌和覆盖条件。纵向河谷透水层的连通性良好，横向河谷透水层的连通性较差，或者只有入口没有出口，或者只有出口没有入口，而且倾斜的隔水层常将其隔断开，无论倾向上游还是倾向下游，倾角是大还是小，都不能兼顾入口、出口和通道。只有在向斜构造（见图 2-8）情况下，或透水层与透水带相组合（见图 2-9）时，透水岩层才能具有良好的连通性。在这种情况下，坝基不但存在渗漏问题，而且其抗滑稳定性也很差，一般不宜当作坝址。

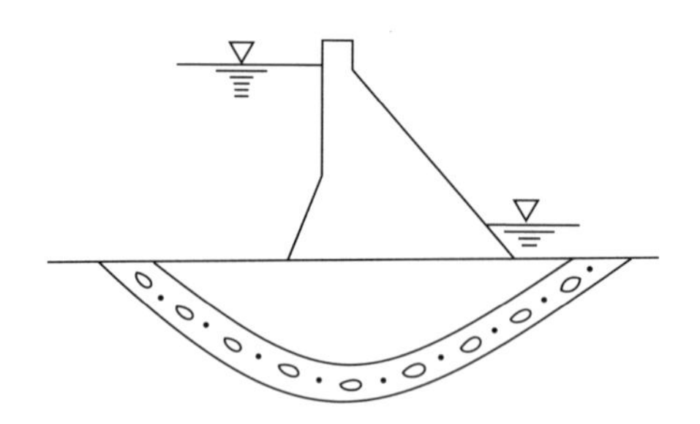

**图 2-8　透水层在向斜情况下的连通性示意图**

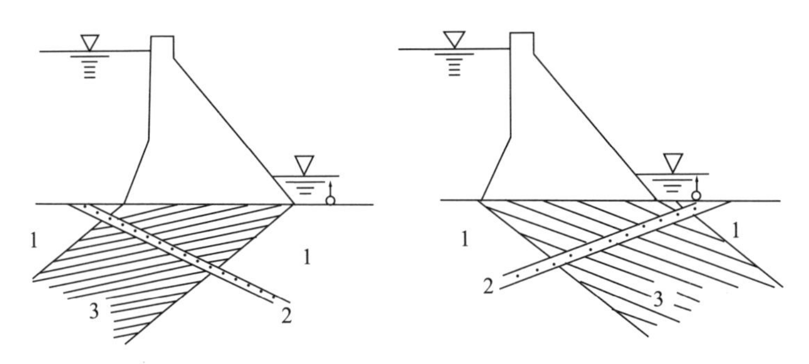


图 2-9 坝基透水层与透水带相组合的连通示意图

## （三）裂隙岩体渗漏类型

基于裂隙岩体的渗流特征，坝区渗漏一般可以分为散状渗漏、带状渗漏和层状渗漏 3 种类型。

### 1. 散状渗漏

在均质的结晶岩或层状岩体中，由于构造形式复杂，各种结构面互相交切，组成复杂的裂隙网络系统，岩体破碎，渗漏无一定方向，其边界条件极为复杂。渗漏量视裂隙数量及宽度、连通程度而定。

### 2. 带状渗漏

在各种岩层中，由于某组结构面发育，如顺河的断层或裂隙密集带，此组结构面（带）就成为集中渗漏通道。这种渗漏类型简单、明显，边界条件易确定。当各种结构面组合成为规模较大的带状渗漏通道时，边界条件较复杂，渗漏量大。黄河干流上的天桥电站坝址区有两组构造结构面，一组为走向 N80°E 的压性断层；另一组为走向近 SN 的张性断层，规模较大，也最发育，形成一组平行的断裂带。由此形成了正交型集中渗漏通道，渗漏方向以近 SN 向为主，NEE 向次之。

### 3. 层状渗漏

在层状结构的水平或缓倾岩体中，透水层与隔水层交互成层，连续性较强的沉积结构面发育，可沿层状透水岩体明显地渗漏。这种情况下，构造结构面对渗漏不起主导作用。当多层的透水层与隔水层交互成层时，则形成多层状渗漏通道，规模较大。此种类型的渗漏带明显，边界条件易确定。

#### 4. 裂隙岩体渗漏的定量评价

由于结构面发育的不均匀性及渗流途径的复杂性，当前裂隙岩体坝区渗漏的定量评价从理论到实践尚处于探索阶段，很不成熟。国内外在坝区渗漏计算中，一种常用的方法是根据裂隙岩体中渗流的流态及其边界条件，引用松散土体坝区渗漏计算公式进行近似、粗略的估算。其计算结果有时与实际情况差别较大，产生很大的误差。另一种常用的方法是数值模拟分析法，该方法可以视具体的水文地质条件采用二维或三维模型进行模拟。该方法近些年得到重视，发展较快。以下 3 个方面的问题对裂隙岩体渗漏量的定量评价至关重要。

（1）渗漏边界条件的分析。应在地质定性研究的基础上，正确判定渗漏类型，划定边界条件，由此对坝区岩体进行水文地质分段（分区、带、层），并作为渗漏计算的依据。确定了各计算段的边界条件后，渗漏段的厚度和宽度也就确定了。

（2）渗透系数的获取。裂隙岩体的渗透系数是通过勘探、试验工作获取的。在工程实践中一定要布置较多的勘探钻孔并通过试验获得足够的数据，然后进行统计并结合坝区具体的地质条件选定计算参数，切忌“一孔之见”。当坝区有局部断裂、裂隙及岩溶发育时，应特别注意。

（3）计算模型的选择。裂隙水的流态比较复杂，渗流边界条件的确定比较困难，故选择比较切合实际的计算模型不太容易，此问题有待进一步研究。

### （四）岩溶渗漏

在岩溶地区修建水坝，由于岩溶作用，坝区可溶岩内常发育一系列相互连通的溶隙、溶穴、溶洞，甚至是地下暗河，容易产生渗漏。

#### 1. 岩溶渗漏类型

按岩溶渗漏的通道可以分为裂隙分散渗漏和管道集中渗漏两类。

（1）裂隙分散渗漏。岩溶作用的分异性不明显，以溶隙为主。库水通过溶隙或顺层面渗漏被认为是均匀裂隙中的层流运动。

（2）管道集中渗漏。在岩溶发育强烈的地段，岩溶作用的差异性明显，常形成一些大型的地下通道，库水沿这些通道集中渗漏，渗漏量较大。这种类型的渗漏，地下水以紊流运动为主。

### 2. 岩溶渗漏的控制因素

碳酸盐岩经岩溶作用后，形成的各种地下岩溶，如溶隙、溶洞、暗河等，使岩体的透水性加大，常成为渗漏的主要通道。岩溶发育程度是决定渗漏通道大小的根本因素。当以溶孔、溶隙为主时，对渗漏的影响不大；当岩溶发育强烈，分布广泛，厚度较大，又存在大型溶洞及地下暗河时，一旦渗漏，渗漏量很大，常常影响工程的正常进行。

此外，岩溶发育程度又是影响渗漏通道连通性的重要因素。岩溶作用初期，以孤立的溶隙和管道为主，不易形成连通的通道。碳酸盐岩经长期岩溶作用，形成各种强烈发育的岩溶裂隙、洞穴、暗河等，容易形成连通的渗漏通道，渗漏自然严重。

岩溶的发育程度和特征对岩溶渗漏的形成具有重要意义。

一个地区的岩溶在平面分布上常具分带性，即在平面上呈现非岩溶区和不同程度的岩溶区（如弱岩溶区、中等岩溶区、强岩溶区等）的带状分布。这种现象为地层岩性、地质构造、地形地貌和水文地质条件的综合因素所致。因此，质纯易溶的灰岩、褶皱核部、断层和裂隙密集带、可溶岩与非可溶岩接触带和碳酸盐岩硫化矿床的氧化带等及其分界处，就可能是岩溶发育较为强烈的地带，一旦渗漏，渗漏量可能较其他地带大。

在新构造运动影响下，山区岩溶在剖面上具成层性，即多级水平溶洞（或暗河）分布在剖面的不同高程上，各层溶洞之间多为溶隙或规模不大的垂直洞穴所沟通。水平溶洞是在一定的地质时期岩溶分异作用的优胜者，其规模在该地质时期所形成的洞穴中最大，故对渗漏的意义最大。当水平溶洞低于库水位，其连通性又较好时，对水库渗漏影响较大。如果最低一层溶洞在库水位以上，则对水库渗漏影响不大。

地质构造对岩溶渗漏的影响也很大，尤其是褶皱和断层对岩溶渗漏通道连通性的影响，主要表现在以下几个方面。

（1）厚而纯的平缓碳酸盐岩分布区，无相对隔水层，或隔水层深埋于河床以下时，岩溶发育深度较大，地下水埋藏较深，尤其是在山区，常导致严重的水库渗漏。

（2）在夹有相对隔水层的纵谷。对岩溶通道的连通性及渗漏程度的影响是不同的。在向斜河谷两岸，岩溶虽较发育，当隔水层的封闭作用较好时，库水不会向邻谷渗漏。在背斜河谷中，当碳酸盐岩分布在库水位以下，而岩层倾角较小时，碳酸盐岩可能在邻谷出露，这时可能向邻谷渗漏；当岩层倾角较大时，碳酸盐岩可能深埋于邻谷谷底以下，即使岩溶发育，也不会向邻谷渗漏。在单斜河谷中修建水库时，渗漏问题将主要存在于岩层倾向库外的一岸。

（3）横向谷中常不利于修建水库，因为在这种条件下，若库区的碳酸盐岩与邻谷联系起来，容易向邻谷渗漏。但是在坝址区，只要充分利用相对隔水层，坝基和绕坝渗漏是可以避免或减少的。

（4）断层对碳酸盐岩空间分布的影响是十分复杂的。由于断层错动，可以沟通或切断库区碳酸盐岩与邻谷的联系，形成复杂的渗漏条件。

（5）在河间地块中，相对隔水层虽未出露地表，但其分布在库水位以上，如碳酸盐岩中有侵入的岩浆岩；或因褶皱使碳酸盐岩下部的砂页岩隆起并高于库水位，均不会向邻谷渗漏。

## 二、坝基与坝座的稳定性问题

拦河大坝是水利水电工程中最重要的挡水建筑物，它拦蓄水流，抬高水位，承受着巨大的水平推力和其他各种荷载。为了维持平衡稳定，坝体又将水压力和其他荷载以及本身的重量传递到坝基或两岸的坝座上，影响坝基坝座的稳定。通常，坝基与坝座的稳定性问题包括以下几方面。

（1）在水平荷载作用下，坝基或坝座岩土体产生向下游的滑移，这属于坝基或坝座抗滑稳定性问题。

（2）在竖直荷载作用下，坝基承载力不足或因过量变形而沉陷，这属于坝基沉陷或承载力问题。

（3）由于地下水在坝基中渗流，有可能带动岩土体颗粒运移而使坝基因渗透变形而失稳，这属于坝基渗透稳定性问题。

### （一）坝上承受的荷载

#### 1. 荷载类型与荷载组合

作用在坝上的荷载分为基本荷载和特殊荷载。

（1）基本荷载

①坝体及其上永久设备自重；

②正常蓄水位或设计洪水位时大坝上、下游面的静水压力（选取一种控制情况）；

③扬压力；

④淤沙压力；

⑤正常蓄水位或设计洪水位时的浪压力；

⑥冰压力；

⑦土压力；

⑧设计洪水位时的动水压力；

⑨出现机会较多的其他荷载。

（2）特殊荷载

①校核洪水位时大坝上、下游面的静水压力；

②校核洪水位时的扬压力；

③校核洪水位时的浪压力；

④校核洪水位时的动水压力

⑤地震荷载；

⑥出现机会很少的其他荷载。

（3）荷载组合

在进行坝基抗滑稳定性及坝体应力计算时，荷载组合分为基本组合和特殊组合两种，如表 2-1 所示。必要时应考虑其他可能的不利组合。

**表 2-1　荷载组合**

| 荷载组合 | 主要考虑情况 | 荷载 | | | | | | | | | | 附注 |
|---|---|---|---|---|---|---|---|---|---|---|---|---|
| | | 自重 | 静水压力 | 扬压力 | 淤沙压力 | 浪压力 | 冰压力 | 地震荷载 | 动水压力 | 土压力 | 其他荷载 | |
| 基本组合 | 正常蓄水位情况 | ① | ② | ③ | ④ | ⑤ | — | — | — | ⑦ | ⑨ | 土压力根据坝体外是否填有土石而定（下同） |

续表

| 荷载组合 | 主要考虑情况 | 荷载 | | | | | | | | | | 附注 |
|---|---|---|---|---|---|---|---|---|---|---|---|---|
| | | 自重 | 静水压力 | 扬压力 | 淤沙压力 | 浪压力 | 冰压力 | 地震荷载 | 动水压力 | 土压力 | 其他荷载 | |
| 基本组合 | 设计洪水位情况 | ① | ② | ③ | ④ | ⑤ | — | — | ⑧ | ⑦ | ⑨ | |
| | 冰冻情况 | ① | ② | ③ | ④ | — | ⑥ | — | — | ⑦ | ⑨ | 静水压力及扬压力按相应冬季库水位计算 |
| 特殊组合 | 校核洪水位情况 | ① | ⑩ | ⑪ | ④ | ⑫ | — | — | ⑬ | ⑦ | ⑮ | |
| | 地震情况 | ① | ② | ③ | ④ | ⑤ | — | ⑭ | — | ⑦ | ⑮ | 静水压力、扬压力和浪压力按正常蓄水位计算，有论证时可另作规定 |

注：①应根据各种荷载同时作用的实际可能性，选择计算中最不利的荷载组合。

②分期施工的坝应按相应的荷载组合分期进行计算。

③施工期的情况应作必要的核算，作为特殊组合⑪。

④根据地质和其他条件，如考虑运用时排水设备易于堵塞，必须经常维修，应考虑排水失效的情况，作为特殊组合。

⑤地震情况，如按冬季计冰压力，则不计浪压力。

### 2. 主要荷载的计算

由于坝基多呈长条形，考虑其稳定性可参照平面问题。坝基受力分析通常是沿坝轴线方向以 1m 宽坝基（单宽坝基）为单位进行计算。

（1）静水压力

由于坝体上下游坝面一般为非竖直面，静水压力可以分解为水平静水压力和竖直静水压力（见图 2-10）。水平静水压力即坝上下游水体对坝体水平压力的合力，其方向一般由上游指向下游，其大小为：

$$P_h = P_1 - P_2 = \frac{1}{2}\rho_w g(h_1^2 - h_2^2) \tag{2-14}$$

式中，$P_h$ 为单宽坝体所受水平静水压力（kN）；$P_1$、$P_2$ 分别为单宽坝体上下游所受水平静水压力（kN）；$h_1$、$h_2$ 分别为从坝底计算的上下游库水水深（m）；$\rho_w$ 为水的密度（kN/m³）。

竖直静水压力则为坝体上下游坝面以上水体（图 2-10 中的阴影部分）的重力之和，即：

$$P_v = \frac{1}{2}\rho_w g \quad (h_1^2\cot\alpha + h_2^2\cot\beta) \tag{2-15}$$

式中，$P_v$ 为单宽坝体所受竖直静水压力（kN）；$\alpha$、$\beta$ 分别为坝体上下游坡面的倾角（°）。

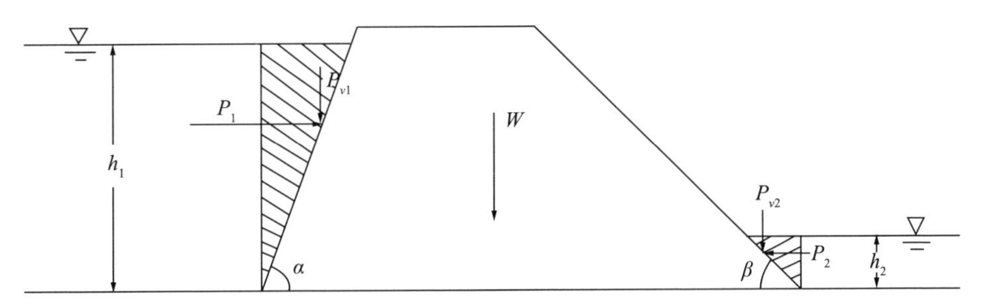


**图 2-10　坝体静水压力分布示意图**

（2）扬压力

库水经坝基向下游渗透时便会产生扬压力。扬压力由浮托力和渗透压力两部分组成，都是上抬的作用力，会抵消一部分法向应力，因而不利于坝基稳定。

浮托力的确定方法比较简单，而渗透压力的确定则比较困难。虽然从 1895 年法国 Bouzey 坝失事后就开始研究这个问题，但至今仍没有找到一种准确有效地确定渗透压力的方法。

如图 2-11 所示，在没有灌浆和排水设施的情况下，坝底扬压力可按式（2-16）确定：

$$\begin{aligned} U &= U_1 + U_2 = \gamma_w BH_2 + \frac{1}{2}\gamma_w BH \\ &= \frac{1}{2}\gamma_w B(H_1 + H_2) \end{aligned} \tag{2-16}$$

式中，$U$ 为单宽坝底所受扬压力；$U_1$ 为浮托力（kN）；$U_2$ 为渗透压力（kN）；$\gamma_w$ 为水的容重（kN/m³）；$B$ 为坝底宽度（m）；$H_1$、$H_2$ 分别为坝上下游水的深度

（m）；$H$ 为坝上下游的水头差（m）。

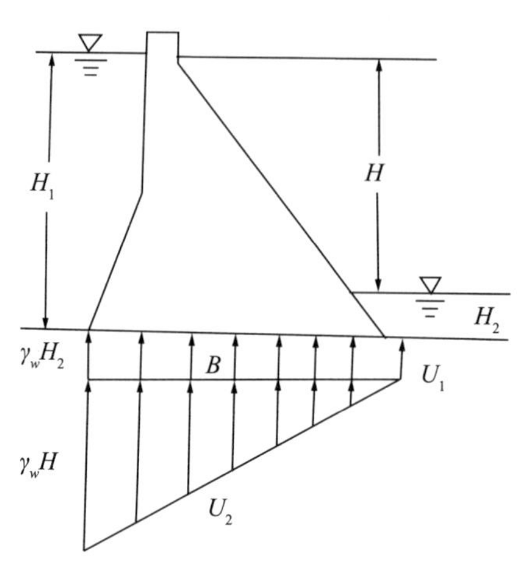


图 2-11　坝底扬压力分布图

式（2-16）也称为莱维法则。由于扬压力仅作用在坝底和坝基接触面与坝基岩土体内的连通空隙中，实际作用于坝底的扬压力应小于按莱维法则确定的数值，可以按式（2-17）来校正扬压力：

$$U = \frac{1}{2}\gamma_w B(\lambda_0 H_1 + H_2) \tag{2-17}$$

式中，$\lambda_0$ 为校正系数，取小于 1.0 的值。根据莱利阿夫斯基（Leliarsky，1958）的试验，扬压力实际作用的面积平均占整个接触面积的 91%，但为安全起见，目前大多数设计中仍然采用莱维法则，即取 $\lambda_0 = 1.0$ 进行设计。

当坝基有灌浆帷幕和排水设施时，必将改变渗透压力的分布，此时，坝底面上扬压力的大小取决于 $H_1$、$H_2$、$B$、坝基岩体的渗透性能、灌浆帷幕的厚度和深度、排水孔间距以及这些措施的效果等因素。这时，可按式（2-18）计算［见图 2-12（a）］：

$$U = U_1 + U_2 = \gamma_w BH_2 + \frac{1}{2}\gamma_w H[b_1(1 + \alpha_1 - \alpha_2) + b_2\alpha_1 + B\alpha_2] \tag{2-18}$$

式中，$b_1$ 为坝踵至防渗帷幕下游边缘距离；$b_2$ 为帷幕下游边缘至排水孔距离（m）；$\alpha_1$ 为帷幕下游边缘渗压剩余水头系数；$\alpha_2$ 为排水孔线处剩余水头系数。

$\alpha_1$ 和 $\alpha_2$ 又称为扬压力系数，它们是根据坝基岩体裂隙的发育情况、坝体与接合面的施工质量以及灌浆帷幕和排水孔的工作可靠性，并参考已建成的

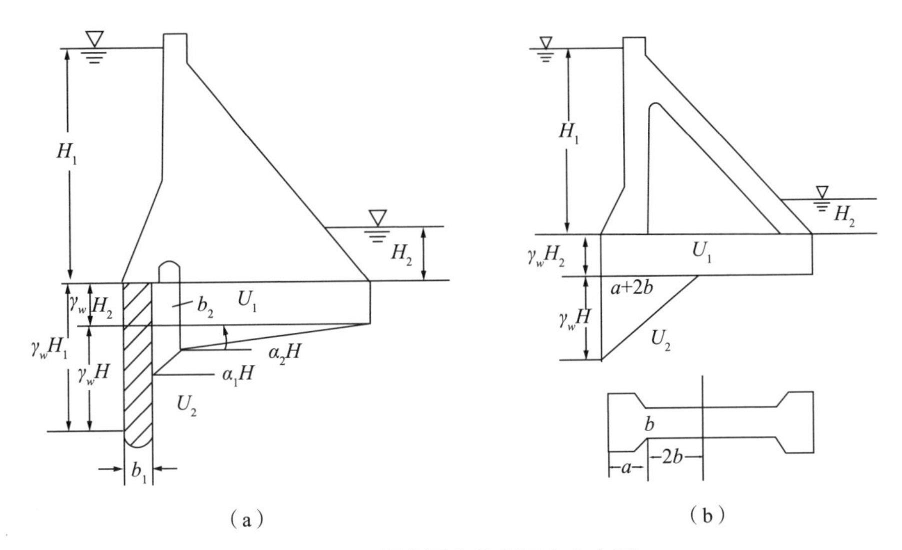


图 2-12　坝底面上的扬压力分布图

类似大坝的运行经验和坝的重要性等拟定的。按我国大坝设计的习惯，$\alpha_1$ = 0.45~0.6，$\alpha_2$=0.2~0.4。

若为宽缝（空腹）重力坝或支墩坝等轻型坝，由于坝体空腹可起排水作用，坝基扬压力有所下降，设计时扬压力取值较小。这时，可按式（2-19）计算扬压力［见图 2-12（b）］：

$$U = U_1 + U_2 = \gamma_w BH_2 + \frac{1}{2}\gamma_w H(a + 2b) \tag{2-19}$$

如果仅有排水设施，$\lambda_0$ 可以在 0.8~0.9 间取值并按式（2-17）计算。

当考虑坝基岩体深部抗滑稳定性问题时，应研究岩体深部可能构成失稳岩体滑移控制面的结构面上的扬压力。它的确定方法与上述坝底扬压力的确定方法相似，主要是根据坝基底面上的扬压力，考虑滑移控制面的埋深而确定，如图 2-13 所示。

另外，如果能够确定坝基岩体内地下水渗流的水力梯度（$I$），也可以按式（2-20）计算渗透压力：

$$U_2 = \gamma_w I \tag{2-20}$$

（3）淤沙压力

水库蓄水后，水流所挟带的泥沙逐渐淤积在坝前，对坝上游面产生泥沙压力（$p_{sk}$）。当坝体上游坡面接近竖直面时，作用于单宽坝体的泥沙压力的方向近于水平，并从上游指向坝体，其大小可按朗肯土压力理论来计算，即：

$$p_{sk} = \frac{1}{2}\rho_0 g h_s^2 \tan^2\left(45^\circ - \frac{\varphi}{2}\right) \tag{2-21}$$

式中，$\rho_0$ 为淤沙的浮容重（$kN/m^3$）；$h_s$ 为坝前泥沙淤积厚度（m），可根据设计年限（一般计算年限采用 50～100 年）、年均泥沙淤积量及库容曲线求得；$\varphi$ 为淤沙的内摩擦角（°），对于淤积时间较长的粗颗粒泥沙，可取 18°～20°，黏土质淤积物可取 12°～14°，极细的淤泥、黏土和胶质颗粒可取 0°，当泥沙淤积速度很快而来不及固结时，宜取 0°。

当坝面倾斜时，应计算竖向淤沙压力。

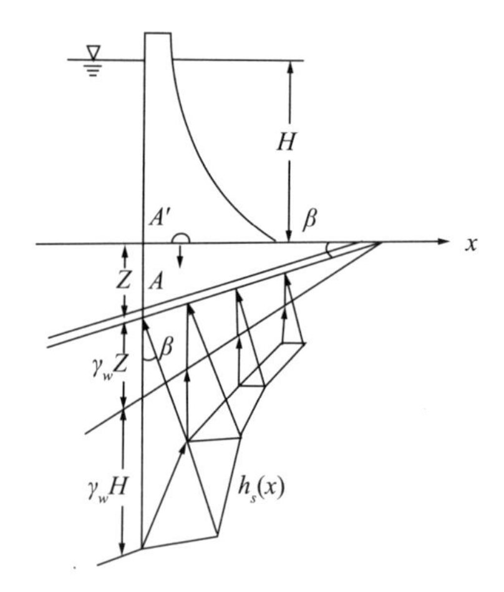


**图 2-13　作用在滑移面上的扬压力**

（4）浪压力

水库水面因风吹产生波浪，并对坝面产生浪压力。波浪的强度主要取决于水面的大小和风的特征，包括风速 $v$、风的作用时间和风在水面的吹程 $D$ 等。按照安得烈雅诺夫的研究，波浪高度 $h_w$（即波峰至波谷的高度）和波浪长度 $L_w$（即相邻两波峰间的距离）可以按式（2-22）来确定：

$$h_w = 0.0208 v^{\frac{5}{4}} D^{\frac{1}{3}}$$

$$L_w = 0.304 v D^{0.5} \tag{2-22}$$

风速 $v$ 应根据当地气象部门的实测资料确定，吹程 $D$ 是波浪推进方向的水面宽度，即沿风向从坝址到水库对岸的最远距离，可根据风向和水库形状确定。

浪压力的确定比较困难，当坝体迎水面坡度大于 1∶1 而水深 $H_w$ 满足 $h_f < H_w < L_w/2$ 时，水深 $H'_w$ 处浪压力的剩余强度 $p'$ 为：

$$p' = \frac{h_w}{ch\left(\frac{\pi H'_w}{L_w}\right)} \tag{2-23}$$

当水深 $H_w > L_w/2$ 时，在 $L_w/2$ 深度以下可不考虑浪压力的影响，因而作用于单宽坝体上的浪压力为：

$$p = \frac{1}{2}\rho_w g[(H_w + h_w + h_0)(H_w + p') - H_w^2] \tag{2-24}$$

式中，$h_0 = \pi h_w^2/L_w$。

### （二）抗剪强度参数的确定

在坝基坝座抗滑稳定性分析中，岩土体物理力学参数，尤其是抗剪强度是关键的参数。一般来说，对于大中型水电工程要通过野外试验测定抗剪强度，并经过地质、试验和设计方面研讨，综合确定设计计算使用的参数。其中经过地质选取有代表性岩体的试验成果是其最基本的依据。下面结合《水利水电工程地质勘察规范》等现行规范，重点对坝基坝座抗剪强度参数的取值进行介绍。

#### 1. 坝基混凝土和基岩接触面的抗剪强度

坝基混凝土和基岩接触面的抗剪断强度一般是在设计建基面上浇砌混凝土块并施加水平和铅直荷载进行试验，根据数组法向及剪切荷载值确定的。在第一次剪断后可将试件复原，再次试验，求得该剪断面的抗剪强度。

坝基混凝土和基岩接触面的抗剪断强度的影响因素主要是混凝土质量、岩石质量，以及混凝土和岩石的胶结质量。虽然大量试验结果并未给出它与岩石强度之间的明显关系，但是总的来说，岩石越坚硬，接触面强度也越高。表 2-2 为丹江口坝基的一组试验结果，其坝基片岩与混凝土接触面的抗剪强度与节理密度有关。

表 2-2　丹江口坝基试验结果

| 序号 | 岩石 | 地质条件 | 节理密度（条/m） | 抗剪断强度 | |
|---|---|---|---|---|---|
| | | | | $f'$ | $c'$（MPa） |
| 1 | Ⅰ类岩基 | 岩石完整 | 2~4 | 0.89 | 0.41 |
| 2 | Ⅱ类岩基 | 节理发育 | 5~10 | 0.80 | 0.65 |
| 3 | Ⅲ类岩基 | 岩石破碎 | >20 | 0.66 | 0.21 |

表 2-3 和表 2-4 分别为相关规范给出的坝基岩体与混凝土接触面的抗剪断强度参数经验值、坝（闸）基础与地基土之间的摩擦系数地质建议值。

表 2-3　坝基岩体与混凝土接触面的抗剪断强度参数经验值

| 坝基岩体分类级别 | 抗剪断强度 | | 抗剪强度 |
|---|---|---|---|
| | $f'$ | $c'$（MPa） | $f$ |
| Ⅰ | 1.30~1.50 | 1.30~1.50 | 0.75~0.85 |
| Ⅱ | 1.10~1.30 | 1.10~1.30 | 0.65~0.75 |
| Ⅲ | 0.90~1.10 | 0.70~1.10 | 0.55~0.65 |
| Ⅳ | 0.70~0.90 | 0.30~0.70 | 0.40~0.55 |
| Ⅴ | 0.40~0.70 | 0.05~0.30 | 0.30~0.40 |

表 2-4　坝（闸）基础与地基土之间的摩擦系数地质建议值

| 地基土类型 | | 摩擦系数 $f$ |
|---|---|---|
| 卵石、砾石 | | 0.50~0.55 |
| 砂 | | 0.40~0.50 |
| 粉土 | | 0.25~0.40 |
| 黏土 | 坚硬 | 0.35~0.45 |
| | 中等坚硬 | 0.25~0.35 |
| | 软弱 | 0.20~0.25 |

注：表中参数限于硬质岩，软质岩应根据软化系数进行折减。

## 2. 坝基岩体抗剪强度

在岩基整体或部分由风化、破碎、软弱岩石构成，其强度接近或低于混凝土强度时（小于 30~40MPa），或其节理发育，岩石强度较高（小于

60MPa）时，皆需考虑岩体强度在抗滑稳定性中的影响。试验方法与上述混凝土与岩石接触面抗剪试验相同。在试验中应能发现其破坏面大部分在岩体中产生，其抗剪强度参数也明显偏低。表 2-5 列出了相关规范给出的坝基岩体力学参数经验值。

表 2-5 坝基岩体力学参数经验值

| 坝基岩体分类级别 | 抗剪断强度 | | 抗剪强度 | 岩体变形模量 E（GPa） |
|---|---|---|---|---|
| | $f'$ | $c'$（MPa） | $f$ | |
| Ⅰ | 1.40～1.60 | 2.00～2.50 | 0.80～0.90 | >20.0 |
| Ⅱ | 1.20～1.40 | 1.50～2.00 | 0.70～0.80 | 10.0～20.0 |
| Ⅲ | 0.80～1.20 | 0.70～1.50 | 0.60～0.70 | 5.0～10.0 |
| Ⅳ | 0.55～0.80 | 0.30～0.70 | 0.45～0.60 | 2.0～5.0 |
| Ⅴ | 0.40～0.55 | 0.05～0.30 | 0.35～0.45 | 0.2～2.0 |

注：表中参数限于硬质岩，软质岩应根据软化系数进行折减。

### 3. 结构面抗剪强度

影响结构面力学特性的主要因素有：①结构面的充填情况；②充填物的组成、结构及状态；③结构面的光滑度和平整度；④结构面两侧的岩石力学性质。据此可以将结构面分为变形机制和强度特性有所区别的 4 类：①破裂结构面，包括片理、劈理及坚硬岩体的层面等，属于硬性结构面；②破碎结构面，包括断层、风化破碎带、层间错动带、剪切带等，具角砾、碎屑物充填，在变形过程中可进一步破碎和滚动；③层状结构面，包括原生成层的层面、软弱夹层及软弱岩层与硬层的接触界面，如泥岩、黏土岩、泥灰岩等，有一定的胶结；④泥化结构面，包括上述各类结构面中有塑性夹泥者，如断层泥、次生夹泥层、泥化夹层等，抗剪强度很低。表 2-6 为结构面、软弱面和断层的抗剪断（抗剪）强度。

表 2-6 结构面、软弱面和断层的抗剪断（抗剪）强度

| 结构面类型 | $f'$ | $c'$（MPa） | $f$ |
|---|---|---|---|
| 胶结结构面 | 0.90～0.70 | 0.30～0.20 | 0.70～0.55 |
| 无充填结构面 | 0.70～0.55 | 0.20～0.10 | 0.55～0.45 |

续表

| 结构面类型 | | $f'$ | $c'$ (MPa) | $f$ |
|---|---|---|---|---|
| 软弱结构面 | 岩块岩屑型 | 0.55~0.45 | 0.55~0.45 | 0.45~0.35 |
| | 岩屑夹泥型 | 0.45~0.35 | 0.45~0.35 | 0.35~0.28 |
| | 泥夹岩屑型 | 0.35~0.25 | 0.35~0.25 | 0.28~0.22 |
| | 泥型 | 0.25~0.18 | 0.25~0.18 | 0.22~0.18 |

注：①表中胶结结构面、无充填结构面抗剪强度参数限于硬质岩，半坚硬岩、软质岩中的结构面应进行折减；

②胶结结构面、无充填结构面抗剪断（抗剪）强度参数应根据结构面胶结程度、粗糙程度选取大值或小值。

## （三）坝基抗滑稳定性分析

重力坝、支墩坝等挡水建筑物的坝基在库水水平推力作用下，存在倾倒和滑动两种可能的失稳模式。倾倒问题基本上可以在设计中通过调整坝的尺寸和形态加以解决，而滑动问题则主要受坝基岩土体特性所制约，应在充分地质研究的基础上进行抗滑稳定分析。坝基抗滑稳定性是大坝安全的关键所在，在大坝设计中必须保证抗滑稳定性，若发现安全储备不足，则应采取坝基处理或其他结构措施加以解决。

### 1. 坝基滑移破坏模式

根据坝基失稳时滑动面的位置可以把坝基滑移破坏分为平面滑动、浅层滑动和深层滑动 3 种类型（见图 2-14）。这 3 种滑动类型的发生与否在很大程度上取决于坝基岩土体的工程地质条件和性质。

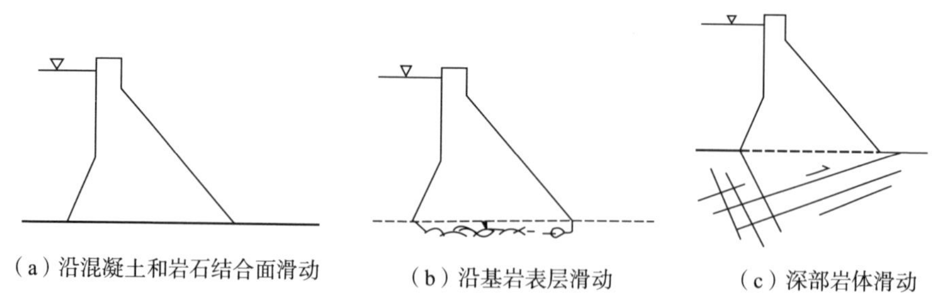

（a）沿混凝土和岩石结合面滑动　（b）沿基岩表层滑动　（c）深部岩体滑动

**图 2-14　坝基滑动失稳类型**

（1）平面滑动

平面滑动主要是指坝体沿着坝基混凝土与基岩接触面发生的滑动［见图2-14（a）］，也称接触面滑动。接触面剪切强度的大小除与基岩力学性质有关外，还与接触面的起伏差和粗糙度、清基干净与否、混凝土强度等级以及浇注混凝土的施工质量等因素有关。因此，对于一个具体的挡水建筑物来说，是否发生平面滑动，不单取决于坝基岩土体质量的好坏，设计和施工方面的因素往往对其有很大影响。正是这种原因，当坝基岩体坚硬完整，其剪切强度远大于接触面强度时，最可能发生平面滑动。

（2）浅层滑动

浅层滑动主要是指坝基岩体破碎、软弱、强度过低，因而坝基滑移面大部或全部位于坝基下岩体中，但距坝基混凝土与岩体接触面很近，基本上也是平面滑动［见图2-14（b）］。

（3）深层滑动

深层滑动主要是指坝体连同一部分岩体，沿着坝基岩体内的软弱夹层、断层或其他结构面产生滑动，可以发生于坝基下较深部位［见图2-14（c）］。

在大坝工程中不易预见和分析却容易出现重大问题的往往是深层滑动问题，所以在工程地质勘测、研究中应予以高度重视。深层滑动的必要条件是由软弱结构面或其组合构成坝基的可能（或称潜在）滑动面。而在大坝各种荷载组合的条件下，沿该可能滑动面的滑动力大于考虑安全储备的抗滑力，则是发生可能滑动的充分条件，或是安全系数不能达到标准。在这种情况下，要修改断面设计，加固坝基结构面，加强防渗排水等措施，以确保坝基的抗滑安全。

该类型滑动破坏主要受坝基岩体中发育的结构面网络控制，而且只在具备滑动几何边界条件的情况下才有可能发生。根据结构面的组合特征，特别是可能滑动面的数目及其组合特征，按几何边界条件可大致将岩体内滑动分为5种类型（见图2-15）。

①沿水平软弱面滑动。当坝基为产状水平或近水平的岩层，而大坝基础砌置深度不大，坝趾部被动压力很小，岩体中发育有走向与坝轴线垂直或近于垂直的高倾角破裂构造面时，往往会发生沿层面或软弱夹层的滑动［见图2-15（a）］。如我国的葛洲坝水利枢纽以及朱庄水库等水利水电工程坝基岩

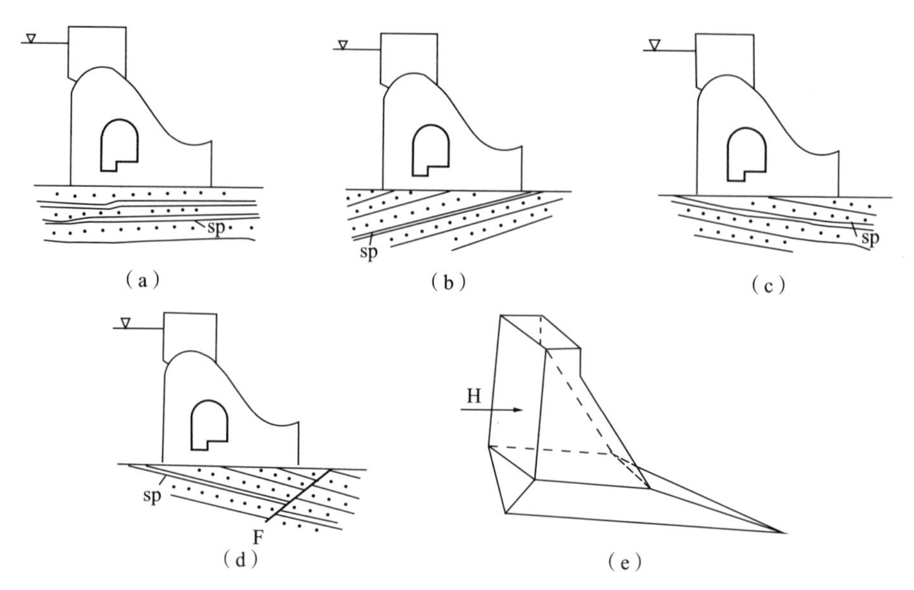


图 2-15　深层滑动类型示意图

体内也存在缓倾角泥化夹层问题。为了防止大坝沿坝基内近水平的泥化夹层滑动，在工程的勘测、设计以及施工中，展开了大量的研究工作，并因地制宜地采取了有效的加固措施。

②沿倾向上游软弱结构面滑动。可能发生这种滑动的几何边界条件是坝基中不仅存在向上游缓倾的软弱结构面，还存在走向垂直或近于垂直坝轴线方向的高角度破裂面［见图 2-15（b）］。在工程实践中，常常遇到可能发生这种滑动的边界条件，特别是在岩层倾向上游的情况下。

③沿倾向下游软弱结构面滑动。可能发生这种滑动的几何边界条件是坝基岩体中存在倾向下游的缓倾角软弱结构面和走向垂直或近于垂直坝轴线方向的高角度破裂面，并在下游存在切穿可能滑动面的自由面［见图 2-15（c）］。一般来说，当这种几何边界条件完全具备时，坝基岩体发生滑动的可能性最大。

④沿倾向上下游两个软弱结构面滑动。当坝基岩体中发育有分别倾向上游和下游的两个软弱结构面以及走向垂直或近于垂直坝轴线的高角度切割面时，坝基存在这种滑动的可能性［见图 2-15（d）］。一般来说，当软弱结构面的性质及其他条件相同时，这种滑动较沿倾向上游软弱结构面滑动容易，但较沿倾向下游软弱结构面滑动要难。

⑤沿交线垂直坝轴线的两个软弱结构面滑动。可能发生这种滑动的几何边界条件是坝基岩体中发育有交线垂直或近于垂直坝轴线的两个软弱结构面，且坝趾附近倾向下游的岩基自由面有一定的倾斜度，能切穿可能滑动面的交线［见图2-15（e）］。

由于坝基岩体中所受的推力或滑出的剪应力接近水平方向，所以在坝基岩体中产状平缓、倾角小于20°的软弱结构面是最需要注意的。当它们在坝趾下游露出河底时，大都应作可能滑动面来对待。而在倾向上游时，要考虑是否存在出露条件，或是下游地形低洼有深槽，或是在工程开挖及工程运行后可能出现深槽，造成滑动面出露于下游等，并进行分析和预测。

有时，在多条或多层软弱结构面条件下坝基可能出现多组滑动面，具有不同深度，应分别进行分析计算，以确定坝基的最小抗滑稳定性系数。坝基处理要保证所有可能滑动的情况皆有足够的安全储备。

上述几种坝基滑动的条件，在坝基工程设计中都应特别注意，分别给予计算。这些滑动条件是独立的，有可能同时存在，且稳定性系数低于设计标准，在设计及工程处理中应防止任何一种滑动的可能性，而不是仅防止最危险的滑动，只有这样才能保证大坝的安全。

另外，由于大坝坝基分块受若干边界的约束，坝基下有时不能形成全面贯通的滑动面，不具备上述整体滑动条件，但仍有可能出现某些坝块的局部失稳（见图2-16）。这种局部不稳定性的发展有可能导致坝基不均一变形、应力调整、裂缝扩展等而危害大坝的安全。对于局部不稳定性应注意防止失稳性变形，必须进行坝基应力变形的分析。

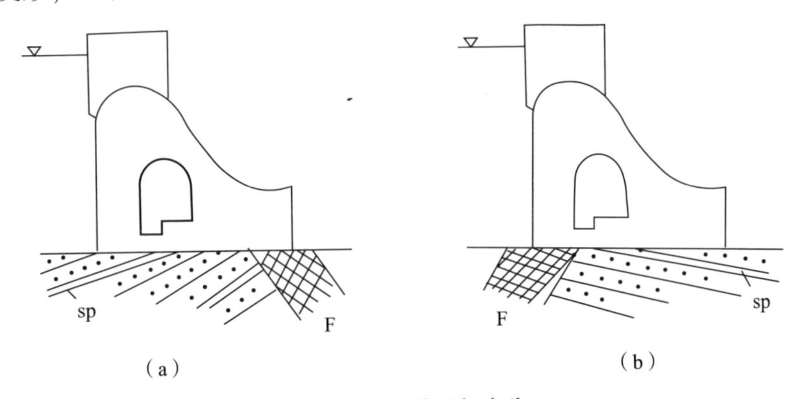


**图2-16　坝基局部失稳**

### 2. 平面滑动稳定性计算

从力学角度分析，由于库水对大坝的推力作用，沿坝体混凝土与基岩接触面的剪应力（滑动力）最高，但是由于混凝土与岩石胶结，此接触面在正常条件下有较高的抗剪强度，不具控制坝断面设计的作用。在混凝土质量不达标或是浇注工艺不良而造成接触面脱层的情况下，此面便成为坝基稳定的薄弱环节。

国外在对50年至百年的老坝的安全检查中发现，约20%的大坝基础混凝土与基岩接触面有脱层现象，有的脱层高达大坝基础面积的30%。在这种情况下，增加帷幕灌浆和固结灌浆是必要的。美国一些50~60m高的大坝，也发现坝基有类似问题，并采取预应力锚索从坝顶到坝基进行加固。

对于平面滑动，坝底接触面如果为水平或近于水平（见图2-17），在稳定性分析中可采用接触面的抗剪强度，也可采用其抗剪断强度，但坝基抗滑稳定性系数的取值标准不同。采用抗剪强度时，坝基抗滑稳定性系数 $K$ 按式（2-25）计算：

$$K=\frac{f(\sum V-U)}{\sum H} \tag{2-25}$$

式中，$f$ 为坝体混凝土与坝基接触面的抗剪摩擦系数；$\sum V$、$\sum H$ 分别为作用于坝体上的总竖向作用力（kN）和水平推力（kN）；$U$ 为扬压力（kN）。

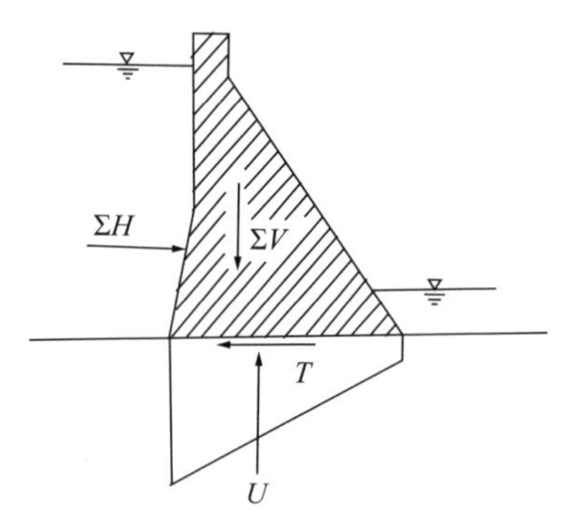


图2-17　平面滑动受力示意图

采用式（2-25）计算时，$f$ 值可根据坝基岩石情况选用0.50~0.75或参考野外试验成果的屈服极限值（塑性破坏型）或比例极限值（脆性破坏型）以及室内试验值。对大型工程及高坝均应进行野外及室内试验。

这种状况下，坝基抗滑稳定性系数应根据坝的级别和荷载组合情况取值，且不能小于表 2-7 中相对应的数值。

采用抗剪断强度时，坝基抗滑稳定性系数 $K'$ 按式（2-26）计算：

$$K' = \frac{f'(\sum V - U) + c'A}{\sum H} \tag{2-26}$$

式中，$f'$、$c'$为接触面抗剪断强度参数，根据室内外试验确定；$A$ 为坝基滑面面积（$m^2$）。

这种状况下，计算所得坝基抗滑稳定性系数 $K'$ 不得小于表 2-8 相对应的数值。

**表 2-7　采用抗剪强度的坝基面抗滑稳定性系数 $K$**

| 荷载组合 | 坝的级别 | | | |
|---|---|---|---|---|
| | 1 | 2 | 3 | |
| 基本组合 | | 1.10 | 1.05 | 1.05 |
| 特殊组合 | (1) | 1.05 | 1.00 | 1.00 |
| | (2) | 1.00 | 1.00 | 1.00 |

**表 2-8　采用抗剪断强度的坝基面抗滑稳定性系数 $K'$**

| 荷载组合 | | $K'$ |
|---|---|---|
| 基本组合 | | 3.0 |
| 特殊组合 | (1) | 2.5 |
| | (2) | 2.3 |

如果按式（2-26）计算得到的坝基抗滑稳定性系数达不到表 2-7 和表 2-8 所列的标准，可以将坝体和岩体接触面设计成向上游倾斜的平面，如图 2-18 所示。这时，接触面的抗滑稳定性系数按抗剪断强度和抗剪强度的计算公式为：

$$\left.\begin{aligned} K' &= \frac{f'(\sum H\sin\alpha + \sum V\cos\alpha - U) + c'A}{\sum H\cos\alpha - \sum V\sin\alpha} \\ K &= \frac{f(\sum H\sin\alpha + \sum V\cos\alpha - U)}{\sum H\cos\alpha - \sum V\sin\alpha} \end{aligned}\right\} \tag{2-27}$$

式中，$\alpha$ 为接触面与水平面夹角（°）。

如果坝底面水平且嵌入岩基较深，则应考虑下游岩体的抗力。如图 2-19 所示，根据被动楔体 abd 的受力分析，$bd$ 方向上，$p'_p\cos\alpha - G_r\sin\alpha - N\tan\varphi'_m - c'_mA = 0$，$bd$ 法线方向上，$p'_p\sin\alpha + G_r\cos\alpha - N = 0$，则可得岩体的抗力 $p'_p$ 为：

$$p'_p = \frac{c'_mA}{\cos\alpha(1 - \tan\varphi'_m\tan\alpha)} + G_r\tan(\varphi'_m + \alpha) \tag{2-28}$$

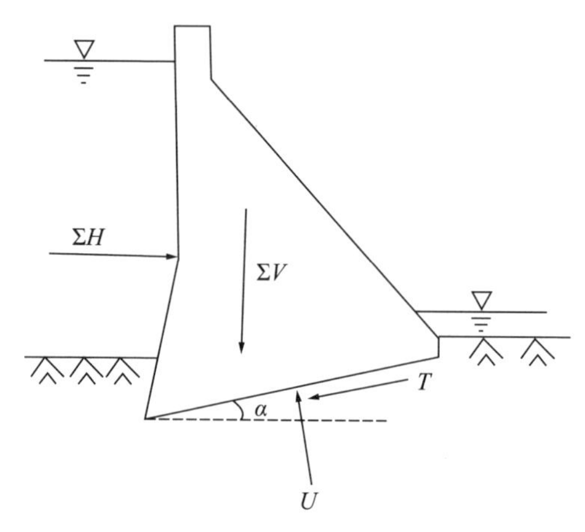


**图 2-18　坝底面倾斜的情况及受力分析**

式中，$p'_p$ 为岩体抗力（kN）；$G_r$ 为被动楔体 abd 的重量（kN）；$\alpha$ 为滑动面 bd 与水平面的夹角（°）；$A$ 为面 bd 的面积（$m^2$）；$\varphi'_m$ 为面 bd 的内摩擦角（°）；$c'_m$为面 bd 的黏聚力（kPa）。

因此，接触面的抗滑稳定性系数 $K'$ 应为：

$$K' = \frac{f'(\sum V - U) + c'A + p'_p}{\sum H} \tag{2-29}$$

但是，由于岩体抗力要达到最大值（即计算值），抗力体必须产生一定量的位移，坝基可能滑动面的抗滑力和抗力体的抗力难以同步达到最大值。一般地，抗滑力出现在前，经一段位移才能使抗力达到最大。即要使岩体抗力充分发挥，坝体需沿滑动面产生较大的位移，这在一般的坝工设计中是不允许的。因此，在坝工设计中通常只是部分利用或不利用岩体抗力，其利用程度主要取决于坝体水平位移的允许范围。这样，接触面的抗滑稳定性系数可

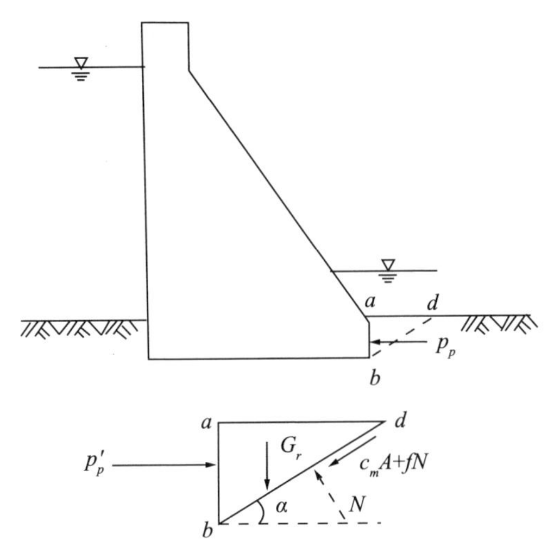


图 2-19　岩体抗力计算示意图

按式（2-30）进行校正：

$$K' = \frac{f'(\sum V - U) + c'A + \xi p_p'}{\sum H} \tag{2-30}$$

式中，$\xi$ 为抗力折减系数，在 0~1.0 之间取值。

如果采用抗剪强度，其相应的抗滑稳定性系数 $K$ 计算公式为：

$$\left.\begin{aligned} K &= \frac{f(\sum V - U) + \xi p_p}{\sum H} \\ p_p &= G_r \tan(\varphi_m + \alpha) \end{aligned}\right\} \tag{2-31}$$

3. 浅层滑动稳定性计算

在野外及室内试验中常发现在岩石岩性软弱（单轴强度小于 30MPa）、风化破碎等情况下接触面的破坏表现为在岩石内的剪切或剪断。一般仅在个别坝段或坝段局部出现这种破坏形式。

浅层滑动分析的计算方法虽然与平面滑动的计算方法完全相同，但是内涵完全不同。它采用的是岩体的抗剪强度或抗剪断强度，而不是混凝土与坝基接触面的强度。岩体的抗剪强度和抗剪断强度一般比接触面强度低。因此，这种滑动方式可能真正控制着大坝的稳定性和大坝断面的设计。

## 第二节　水库区工程地质问题

水库蓄水后，库周水文条件发生剧烈变化，会对库区及邻近地段的地质环境产生严重影响。当存在某些不利因素时，就会产生一系列工程地质问题。

### 一、水库渗漏问题

一般来说，渗漏问题是水库最主要的工程地质问题。但在自然条件下，要求水库滴水不漏也是不可能的，问题在于渗漏所造成的水量损失是否会影响水库修建的目的，或产生其他严重的工程地质问题。

#### （一）水库渗漏形式

水库渗漏有两种主要形式，一种为暂时性渗漏，另一种为永久性渗漏。暂时性渗漏是水库蓄水过程中，用来饱和库盆包气带岩土体的空隙（包括孔隙、裂隙、洞穴等）所需的水量。其特征是水量不渗漏到库外，而且经过一定时间，包气带岩土体饱和后，渗漏就会停止。此种形式的渗漏除干旱地区外，一般来说研究意义不大。

永久性渗漏是库水通过某些渗漏通道向库外的渗漏。这种渗漏是长期持续的，对水库蓄水效益影响较大，渗漏严重时，水库因不能蓄满而减小库容甚至失去作用。一般所说的水库渗漏即指永久性渗漏。

#### （二）水库渗漏条件分析

对水库渗漏条件的分析，是水库渗漏工程地质研究的基础工作，这方面的内容主要包括地形地貌、岩性、地质结构和水文地质条件等。

**1. 地形地貌条件**

地形地貌具下列情形，有可能产生水库渗漏：

（1）水库下游有较大的河湾。

（2）水库的两侧或一侧有低于水库的河谷或洼地。

（3）水库下游河谷纵剖面上存在纵向裂点，如断层破碎带等。

水库附近沟谷切割的深度和密度对水库渗漏至关重要。当相邻沟谷切割甚深，低于库水位，并且与水库间的分水岭比较单薄时，由于渗透途径短，水力梯度大，有利于库水渗漏。特别是在库周水文网切割密度和深度大的山区，容易产生水库渗漏。当分水岭很宽、邻谷高于库水位时，则不会产生库水向邻谷的渗漏。有时分水岭虽较宽，但由于水库回水范围内河流支流（沟谷）发育，将某段分水岭切割得比较单薄，亦可能形成渗漏地段。

山区或平原河流均可形成急剧弯转的河曲，若在河湾地段筑坝，就会在库区与坝下游河流之间形成单薄的河间地块，此时上下游之间水力梯度大，应特别注意库水向下游河道的渗漏问题。

河流多次改道变迁形成的古河道若通向库外，库水就会沿着古河床堆积物的渗漏通道流失。如果古河道与邻谷或坝下游河道相连，库水就会沿河道漏失。

**2. 岩性条件**

库区地层的岩土性质和地质结构决定了渗透介质的透水性能。渗透性强烈的岩土体和构造破碎带构成水库的渗漏通道。就岩土性质来说，对水库渗漏有重大意义的是碳酸盐岩和未胶结的砂卵（砾）石层。

碳酸盐岩的岩溶洞穴和暗河若与库外相通，能形成集中渗漏带或管道渗漏带，这是最严重的渗漏通道。当水库区强岩溶化的碳酸盐岩底部无隔水层，或虽有隔水层，但其埋藏很深或封闭条件很差时，就有可能通过分水岭向邻谷、河谷下游或远处低洼排泄区渗漏。当然，强岩溶化地区不一定都会发生严重的渗漏，要作具体的分析，其关键是研究河谷地段的岩溶化程度以及隔水层和相对隔水层的分布情况。如果近期地壳强烈上升，河床以下岩溶化反而较弱，则有利于建库。在岩溶化强烈的地区建库，应充分利用相对隔水层的隔水作用。

必须指出，即使是碳酸盐岩层，因岩性和构造影响程度的不同，其岩溶发育和透水性差别也很大。如华北碳酸盐岩层岩溶比较发育的仅是寒武系中、上统上部的张夏组与凤山组以及奥陶系中统上、下马家沟组的二、三段，中强岩溶化层只占寒武、奥陶系总厚度（379~2271m）的14%~15%。

砂卵（砾）石层往往是冲积形成的，当其厚度大且透水性强时，能组成强渗漏通道。

在山区河流分水岭的局部低洼地段或丘陵、平原河流的河间地段，常常有古河道分布，所以研究砂卵（砾）石层的渗漏通道需结合河谷发育历史来考虑。

总之，关于地层岩性，首先要明确库区是否存在可能构成大量渗漏的岩层，继而了解是否有可起阻隔作用的相对隔水层。如黄河中上游的李家峡（变质岩）、龙羊峡（岩浆岩）、黑山峡小观音与大柳树（变质岩）等水电站库区岩性条件好，无渗漏问题。对于碳酸盐岩库区，如三峡库区香溪至庙河16km的灰岩峡谷段是唯一的可疑地段，但其两岸有多层隔水层，故而判断不致漏水。

**3. 地质结构条件**

地质结构对水库渗漏的影响也很大。当宽大而胶结较差的断层破碎带切过分水岭通向邻谷时，就有可能形成集中渗漏通道，使库水向邻谷渗漏。若河谷地段有强岩溶化地层与隔水层时，不同的构造条件对水库渗漏的作用不同。纵向河谷向斜构造一般不会发生水库渗漏。而纵谷背斜构造，库水则有可能向邻谷渗漏。当岩层倾角较大时，无论是向斜谷或背斜谷，水库渗漏的可能性均会降低。当纵谷断层切断渗漏通道时，往往对防渗有利。当横向河谷透水层的一端在库区内出露时，库水将会向下游或远处排泄区渗漏。

**4. 水文地质条件**

上述的地形地貌、岩性及地质结构条件是决定水库渗漏的必要条件，而不是充分条件。判定水库是否会产生永久性渗漏，还必须研究水文地质条件。在预测水库是否会发生渗漏时，查清库周是否有地下分水岭以及分水岭的高程与库水位的关系最为重要。如果地表分水岭的两侧均有潜水补给时，必定存在地下分水岭。非岩溶地区的河间地块一般都存在地下分水岭，而且通常与地表分水岭的位置一致；岩溶地区的地下分水岭则一般与地表分水岭不一致，甚至根本就不存在地下分水岭。

根据有河谷地下水动力条件，可以把河流分为以下几种类型。

（1）补给型。河谷两侧均存在地下水分水岭，两侧地下水补给河水。

（2）补排型。河谷一侧存在地下水分水岭，地下水补给河水，另一侧无地下水分水岭，河水补给地下水。

（3）排泄型。河谷两侧均无地下水分水岭，河水补给两侧的地下水。

（4）悬托型。河谷为悬托河，河水补给地下水。

对于第1种类型，水库蓄水后可能渗漏，也可能不发生渗漏；对于后3种类型，水库蓄水后肯定会发生渗漏。

因此，可以根据有无地下分水岭以及地下分水岭的高程与水库正常高水位之间的关系，来判断库水向邻谷渗漏的可能性。

（1）地下分水岭高于水库正常高水位，不会发生渗漏［见图2-20（a）］。

（2）地下分水岭低于水库正常高水位，有可能发生渗漏［见图2-20（b）］。

（3）蓄水前即向邻谷渗漏，无地下分水岭，蓄水后渗漏将会很严重［见图2-20（c）］。

（4）蓄水前邻谷向库区河流渗漏，无地下分水岭，但邻谷水位低于水库正常高水位，蓄水后仍有可能发生渗漏［见图2-20（d）］。若邻谷水位高于水库正常高水位，则蓄水后不会发生渗漏［见图2-20（e）］。

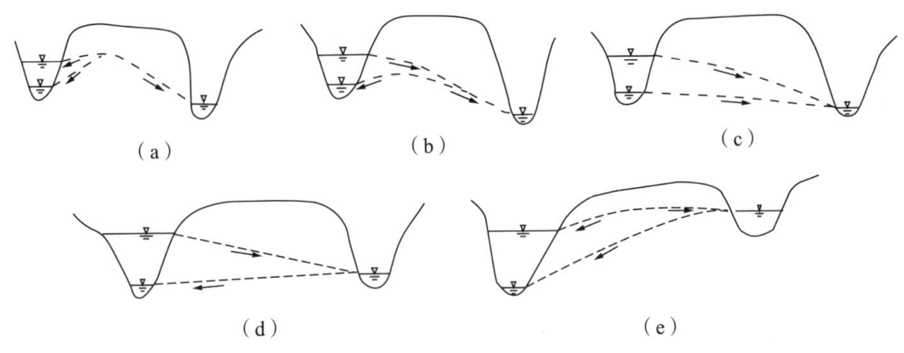


**图2-20　水库水位与邻谷水位对渗漏的影响示意图**

## （三）水库渗漏量计算

计算水库渗漏量一般是在选定的穿越地表分水岭的有代表性的剖面上进行。计算前，应进行认真细致的勘查工作，查明渗漏边界条件，确定计算参数，然后利用地下水动力学的公式估算。

### 1. 单层岩土体分水岭

当分水岭由单层岩土体或透水性较均一的综合岩土体组成，隔水底板水平且埋藏较浅时，如果两岸无坡积层，如图2-21（a）所示，则水库渗漏量可按式（2-32）计算：

$$q = K \cdot \frac{H_1 - H_2}{L} \cdot \frac{H_1 + H_2}{2} \tag{2-32}$$

$$Q = Bq$$

若两岸有坡积层，如图 2-21（b）所示，则水库渗漏量可按式（2-33）计算：

$$q = K_{cr} \cdot \frac{H_1 - H_2}{l' + l'' + l} \cdot \frac{H_1 + H_2}{2}$$

$$K_{cr} = \frac{l' + l'' + l}{\frac{l'}{K'} + \frac{l''}{K''} + \frac{l}{K}}$$

$$Q = Bq \tag{2-33}$$

式中，$q$ 为分水岭单宽断面的渗漏量（$m^3$）；$K$、$K'$、$K''$分别为分水岭岩土体及其两侧坡积层的渗透系数（m/s）；$l$、$l'$、$l''$分别为坡积层之间岩土体厚度及两侧坡积层过水部分的厚度（m）；$H_1$、$H_2$ 分别为库水位及邻谷水位（m）；$L$ 为分水岭过水部分的平均渗径长度（m）；$B$ 为分水岭漏水段总宽度（m）；$K_{cr}$ 为渗透系数的等效值（m/s）；$Q$ 为分水岭总渗漏量（$m^3$）。

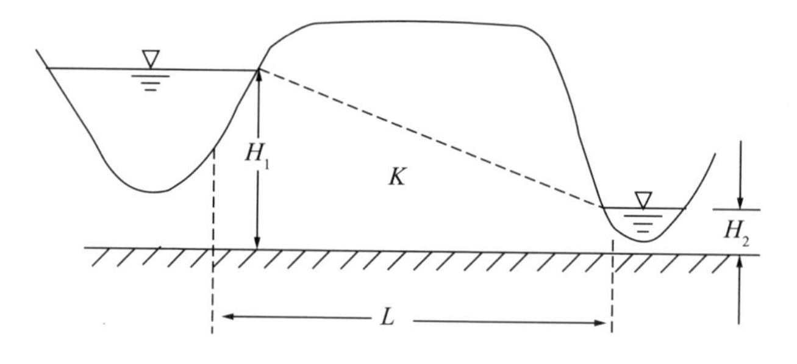


（a）无坡积层

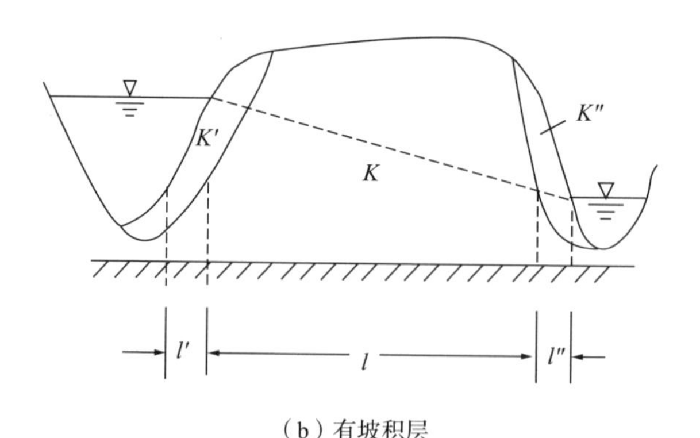


（b）有坡积层

**图 2-21　单层岩土体分水岭渗漏计算剖面图**

### 2. 双层透水层分水岭

若河间地块由两层透水层组成（见图 2-22），则水库向邻谷的渗漏量可按式（2-34）计算：

$$\left.\begin{aligned} & q = K_{cr} \cdot \frac{H_1 - H_2}{L} \cdot (T_1 - T_2) \\ & Q = Bq \\ & K_{cr} = \frac{K_1 T_1 + K_2 T_2}{T_1 + T_2} \\ & T_2 = \frac{H_1 - T_1}{2} + \frac{H_2 - T_1}{2} \end{aligned}\right\} \tag{2-34}$$

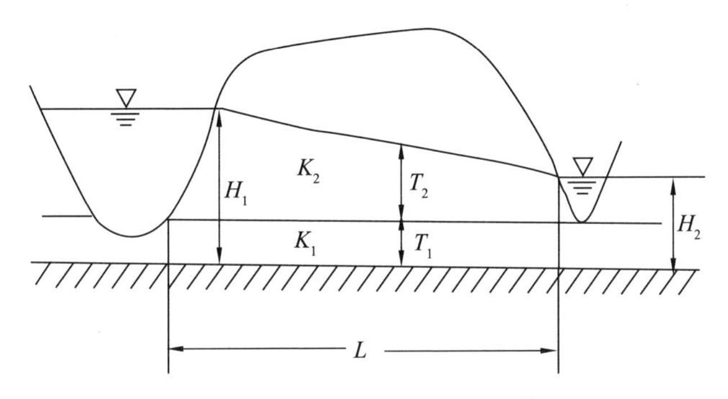


**图 2-22　双层透水层分水岭渗漏计算剖面图**

式中，$T_1$ 为下层透水层的厚度（m）；$T_2$ 为上层透水层过水部分的平均厚度（m），其他符号意义同前。

## 二、库岸稳定性问题

### （一）水库岸坡破坏形式

水库建成蓄水后，库岸自然条件发生急剧变化，使之处于新的环境和动力地质作用下，表现为：①原来处于干燥状态的岩土体，在库水位变化范围内的部分因浸湿而经常处于饱和状态，其工程地质性质明显恶化，黏聚力、内摩擦角下降；②岸边遭受人工湖泊波浪的冲蚀淘刷作用，较原来河流的侵蚀冲刷作用更为强烈；③库水位经常变化，当水位快速下降时，原来被顶托而壅高的地下水来不及泄出，因而增加了岸坡岩土体的动水压力和自重压力，使得原来处于平衡状态下的斜坡有一部分发生变形破坏，直至达到新的平衡状态。

库岸的变形破坏危及滨库地带居民点和建筑物的安全，使滨库地带的农田遭到破坏，库岸的破坏物质又成为水库的淤积物，减小库容。近坝库岸大型塌滑体的突然滑落，在水库中激起的涌浪，还能危及大坝安全，并给坝下游带来灾难性后果。

水库岸坡破坏形式有塌岸、滑坡和崩塌。水库塌岸多发生于平原或盆地水库，由松散土层组成的库岸，其发展过程虽大部完成于水库蓄水初期，但仍是逐年发展的。而库岸滑坡多为瞬间破坏，尤其是大型速滑型滑坡危害更大。因此，研究评价水库岸坡稳定，特别是近坝库岸稳定问题对水电建设至关重要。

## （二）塌岸

水库蓄水后，库岸岩土体在波浪和水位变化等作用下发生坍塌，岸线逐渐后移的现象，即塌岸。水库塌岸的过程与海湖边岸的形成过程基本相同，但是水库水位变化频繁，时升时降，整个过程显得更复杂。

水库塌岸问题早已被工程地质界所重视。在 20 世纪四五十年代，苏联萨瓦连斯基、卡秋金、佐洛塔廖夫等率先研究了苏联的水库塌岸问题，取得重大进展，其基本计算方法和图解法沿用至今。我国自 20 世纪 50 年代也从官厅水库开始进行塌岸的研究工作。

### 1. 库水的作用

水库蓄水后，水库成为“人工湖泊”，水面开阔，流速顿减，这时库水对岸坡的作用类似于湖水对湖岸的作用，主要表现为波浪与岸流。

引起波浪的最主要因素是风，风作用于水面引起的压力差和风与水面的摩擦力迫使水面波动，使水质点在顺风方向上作单向轨道运动（见图 2-23）。当水质点运动到轨迹线最高点时，该处水面突起形成波峰；当水质点运动到轨迹线最低点时，该处水面凹陷形成波谷，水质点的运动轨迹近似为圆形。

波浪在向岸推进时，水底不同部位，水质点运动方向和速度的变化可用图 2-24 加以解示。纵坐标表示波动周期，横坐标表示水质点向岸方（右）与离岸方（左）的运动速度。曲线表示一个周期内底面水质点运动方向和速度变化的情况，它所圈出的面积代表速度按时间的积分，相当于水质点向岸或离岸所移动的路程。

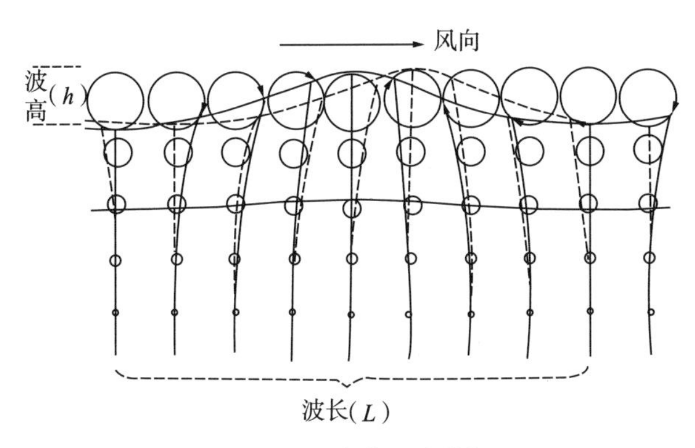


图 2-23　波浪运移特征

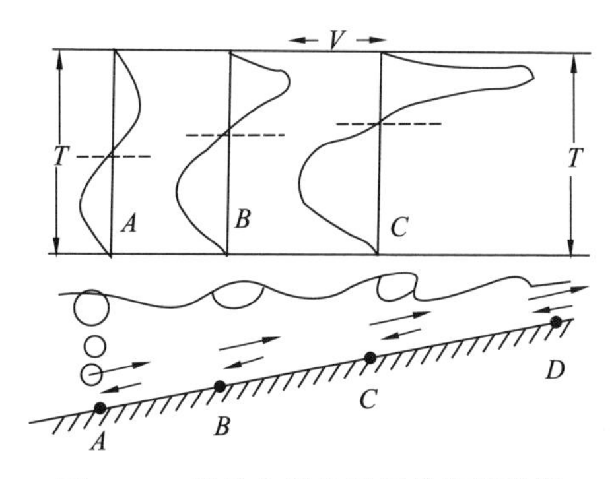


图 2-24　波浪向岸推进时的变化特征

由图 2-24 可见，在深水波 A 点处，进退速度图形是对称的。当波浪向岸边推进到 B 点时水质点的运动不再保持圆形，当水深小于 1/2 波长时，受到水底摩擦的影响，水质点运动轨迹变为上凸下扁的椭圆形，到了水底，水质点受波浪的牵动作同步的往复运动，波浪外形不再对称，后坡变缓，前坡变陡。水深愈浅，变形愈显著，成为一种浅水波。当波浪推进到水深为 1/2 个波高处时（C 点），由于波浪前坡过分变陡而翻倒，在波峰出现浪花，形成破浪（或称击岸浪）。波浪破碎以后，水体运动已不服从波浪运动的规律，整个水体作水平运动涌向岸边（D 点），称为激浪流。

在整个向岸推进过程中，水质点进退速度的最大值愈来愈大，同时向岸运动的最大速度愈来愈大于其返回的最大速度，每一周期内向岸运动所占时间愈来愈短。随着水深变浅，一方面其能量逐渐集中在愈来愈薄的水层中，因此水质点沿轨道运行的速度及波高也要不断增大；另一方面，由于水体不断与底部土石相互摩擦、相互作用，其能量又逐渐消耗，使波高和水质点运动速度减小。观察证明，波浪推进中能量的损耗状况很大程度上取决于水下岸坡的坡度。显然，波浪沿较陡的岸坡推进时，“集中”将大于“消耗”，波浪因而加强，并在岸边地区“翻倒破碎”形成击岸浪和激浪流；相反，当波浪沿宽缓的岸坡推进时，有可能“消耗”超过“集中”，波浪及其所储能量沿途被逐渐削弱。在水下岸坡很缓时，波浪甚至可能在到达水边线之前就完全消失了。

岸流是在岸边地带常常发育的一种沿岸或离岸的水流。形成岸流最主要的原因与风浪在岸边造成的壅水现象有关。严格地说，即使在无风的情况下，向岸边推进的波浪其水质点运动轨道也并非完全封闭的，这一现象必将造成岸边壅水。当伴有吹向岸边的风时，这一现象就更为突出。壅高的水体将引起沿底面的股流状的离岸回流或沿岸水流（见图 2-25）。据观测，这种沿岸水流流速最大可达 1.5m/s。

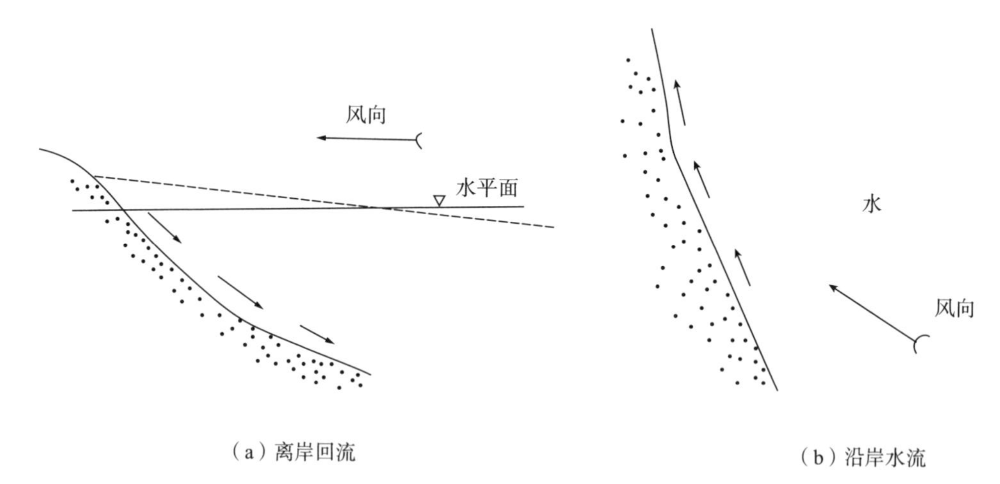


**图 2-25　推向岸边的风浪引起的岸流示意图**

2. 塌岸的形成

根据库水对岸坡的作用特征，水库初蓄水时，水下岸坡往往较陡，波浪对岸坡的冲刷、磨蚀、淘蚀作用强烈，岸壁岩土体受到风浪的冲击与淘刷而塌落，塌落物堆积下来形成浅滩，岸坡不断塌岸后退，不断变缓，边岸不断扩展，浅滩也逐渐加宽，波浪对岸坡作用越来越微弱，塌岸速度减缓，当塌岸发展到一定程度，水下岸坡已经很平缓，波浪所具有的能量经过浅滩的摩擦消耗殆尽，波浪再无力冲击岸壁与塌落物时，塌岸作用即告终止。

水库塌岸的速度主要取决于岩土体的抗侵蚀能力和库水波浪的作用强度。一般在水库蓄水的最初几年最强烈，随着时间的推移和水下浅滩的逐步形成而慢慢减弱。同时，库岸线后移，直至达到稳定的平衡岸坡。

3. 影响塌岸的主要因素

影响塌岸的因素主要包括岸坡所处的河流部位、波浪和岸流等水动力作用、组成岸坡岩土体的类型和抗侵蚀能力、岸坡形态、坡度和坡面植被发育状况等。

（1）库水位变动

水位的变动对塌岸的影响主要表现在以下几个方面。

①库水位升降将会急剧改变水位变动范围内坡体内部的地下水状态，尤其是当库水位骤然下降的时候，坡体内部空隙水压力来不及消散，将在坡体内产生附加力，容易诱发坡体失稳。

②水位涨落幅度越大，岸壁受破坏的范围越大。水库运行水位的变化及各种水位的持续时间对库周塌岸影响极大。高水位时形成的浅滩，水位下降时就会受到破坏，若水位变幅不大，则有利于浅滩的形成；水位变幅较大，则浅滩不稳定，塌岸速度加快，并使最终塌岸的范围扩大。

③水位变动还会引起坡脚岩土体的循环干湿变化，加剧坡体的风化和崩解，对坡体稳定性不利，加速塌岸的进程。

（2）波浪作用

这是影响塌岸的主要外营力。前已述及，引起波浪的最主要因素是风，库面水域开阔，有利于风浪的形成和作用，塌岸也会强烈。

（3）岸坡地质条件

岸坡地质条件对于塌岸的影响很大。其中，岩性、裂隙发育程度及风化程度等都是影响塌岸强弱的重要因素。组成岸坡的岩土体的类型、性质和抗冲刷能力是决定水库塌岸速率和宽度的主要因素。一般由坚硬岩石构成的库岸地段，稳定坡角较大，不易发生塌岸，而松软土构成的库岸除卵砾石外，坡度较小，塌岸较严重。其中以黄土类土和砂土构成的库岸更为严重。

（4）岸坡形态结构

库岸高度、坡度及岸线的切割程度都直接影响塌岸的形成及其最终宽度。地形起伏、相对高度、沟谷切割状况等对塌岸的速度、宽度和塌岸后岸坡的外形影响较大。岸线弯曲利于塌岸，并加快塌岸的速度。凸岸受冲蚀比凹岸重、塌岸速度快。岸坡高，塌岸宽，但速度小。陡坡地段塌岸强烈，范围也相应较大。库岸如为突出的岸嘴，由于受到多面风浪的影响，塌岸的宽度较大，凹岸和平直岸段则较轻。库岸前水较深且水下岸坡较陡，则不易形成浅滩，塌岸速度较快。

（5）边岸位置

边岸的部位不同，塌岸的情况也不同，一般库首区和库腹区的塌岸较为严重。受季风性风浪影响较大的边岸，坍塌也较为严重。

（6）淤积速度

淤积速度较快的库区，塌岸较轻。蓄水初期的 3~4 年，塌岸速度最快。一年之中，在涨水时和强风期比较容易发生塌岸。

**4. 塌岸预测**

定量地预测水库建成蓄水后塌岸的范围、某一库岸地段塌岸宽度和速度、某一期限内最终的塌岸宽度，以及形成最终塌岸宽度所需的年限，给防治措施提供依据，这就是水库塌岸预测的目的。

塌岸预测分短期预测和长期预测两种。短期预测的期限由刚蓄水时至预定的最高水位为止，一般是 2~3 年。该期限内水库未进入正常运行阶段，水位升降变化无规律，库岸会因初次湿化而大量坍塌。在短期预测的基础上进行长期预测，以确定最终塌岸范围。在水库运行期间，应对预测结果进行观测和检验，并据以修改长期预测的结果。

对于塌岸的预测，国内外提出的方法很多，有计算法、作图法、工程地质类比法和试验法等。它们都属于半理论、半经验性质的，各具特点。但由于影响塌岸的因素复杂，至今还没有一个完善的通用的预测方法。

## （三）滑坡

库岸滑坡是库岸破坏的主要形式之一，在大部分水库蓄水后都会发生，唯其规模不同而已。它往往是岸坡蠕变发展的结果。按库岸滑坡发生的位置，可分为水上滑坡和水下滑坡，以及近坝滑坡和远坝滑坡。

库岸滑坡造成的危害往往较大，对山区水库来说，尤其需要重视，特别是近坝的水上高速滑坡危害较大，因为近坝滑坡常常形成较大的涌浪，严重危及大坝及坝下游人们的生命财产安全。

在我国，除湖南拓溪水库塘岩光滑坡外，广西龟石水库、湖南凤滩水库等也都发生过大规模的库岸滑坡并发生危及工程安全的情况。

库岸滑坡发生时常引发涌浪，导致二次灾害，直接威胁岸边建筑物及航行船只的安全。

当滑坡离大坝等水工建筑较近时，还将对建筑物造成危害，影响水库的安全运行。关于滑体下滑激起的涌浪高度，目前理论研究较少，主要用模拟试验和经验公式进行估算。下面简要介绍美国土木学会提出的估算方法。

该方法假定：滑动体滑落于半无限水体中，且下滑高程大于水深，根据重力表面波的线性理论，推导出一个引起波浪的公式。应用该公式直接计算，其过程十分复杂，但利用该公式计算确定的一些曲线图表，却能较简单地求出距滑体落水点不同距离处的最大波高，计算步骤如下。

（1）滑动速度计算。库岸滑动破坏都是在经过一定时间的局部缓慢变形后发生的，这个局部变形可称为滑动的初期阶段。滑坡剪切破坏之后的位移过程称为滑动阶段。据牛顿第二定律，滑体在滑动过程中的加速度 $a$ 为：

$$a = \frac{F}{m} = \frac{g}{G} \cdot F \tag{2-35}$$

式中，$G$、$m$ 分别为滑体的自重和质量（kN）；$g$ 为重力加速度（9.8m/s$^2$）；$F$ 为推动滑体下滑运动的力（kN），其值等于滑体滑动力 $F_r$ 和抗滑力 $F_s$ 之差，即 $F = F_r - F_s$ 。

因此，式（2-35）可写为：

$$a = \frac{g}{G}(F_r - F_s)$$

或

$$a = \frac{g}{G}F_r(1 - \eta) \tag{2-36}$$

设滑体的滑动距离为 $S$，则其滑动速度为：

$$v = \sqrt{2aS} \tag{2-37}$$

将式（2-36）代入式（2-37）得：

$$v = \sqrt{\frac{2g}{G}SF_r(1 - \eta)} \tag{2-38}$$

由式（2-36）和式（2-38）可以看出，当滑坡的稳定性系数 $\eta$ 略小于1.0时，滑体即开始位移。研究表明，即使滑动体位移一个很小的距离，滑动面上的黏聚力 $c_j$ 也会骤然降低乃至几乎完全丧失，而内摩擦角 $\varphi_j$ 也会缩小，同时会导致 $\eta$ 减小。此时，由于 $\eta$ 的骤然减小，滑体必然发生显著的加速运动，其瞬时滑动速度的大小可按式（2-38）计算，但须注意式中的 $\eta$ 应取 $c_j=0$ 时的稳定性系数。

由 $v$ 值算出相对滑速 $\bar{v}$：

$$\bar{v} = \frac{v}{\sqrt{g \cdot H_w}} \tag{2-39}$$

式中，$H_w$ 为水深（m）。

（2）设滑体的平均厚度为 $H_s$（m），计算 $\frac{H_s}{H_w}$ 值。

（3）根据 $\bar{v}$ 和 $\frac{H_s}{H_w}$，查图2-26确定波浪特性。

（4）根据 $\bar{v}$ 值查图2-27，求出滑体落水点（$\alpha=0$）处的最大波高 $h_{max}$ 与滑体平均厚度 $H_s$ 的比值，从而求得 $h_{max}$。

（5）预测距滑体落水点距离 $x$ 处的最大波高 $h'_{max}$，方法是先求出相对距离 $\bar{x}$：

$$\bar{x} = \frac{x}{H_s} \tag{2-40}$$

然后利用 $\bar{x}$ 和 $\bar{v}$ 查图2-28，求出 $\frac{h'_{max}}{H_s}$，进而求得距滑体落水点 $x$ 处的最大波高。

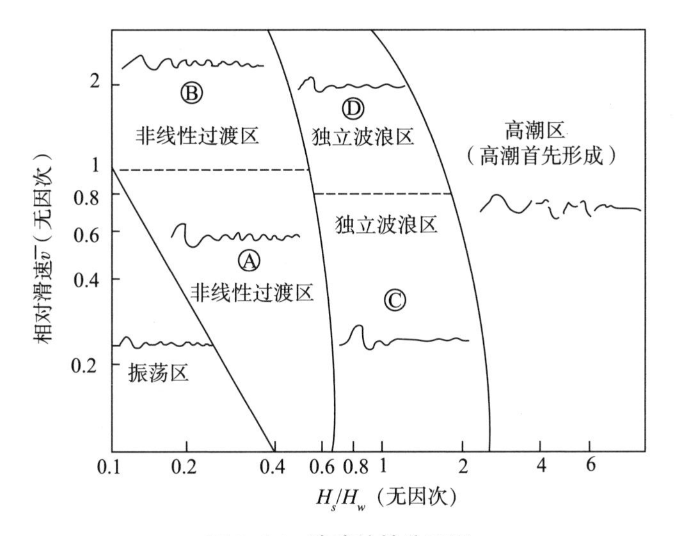


**图 2-26　波浪特性分区图**

根据这一方法得出一重要结论，即当 $\bar{v}=2$ 时，在 $x=0$ 处的最大波高达到极限，其值等于滑体平均厚度，$\bar{v}$ 值增大，波高不变。

我国曾应用上述方法对拓溪水库的涌浪事故进行计算，其计算结果与实际观测值比较接近。

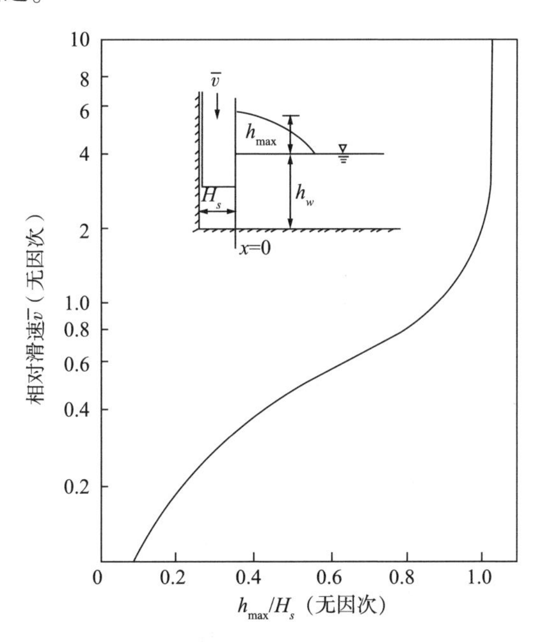


**图 2-27　滑坡落水点 $x=0$ 处最大波高计算图**

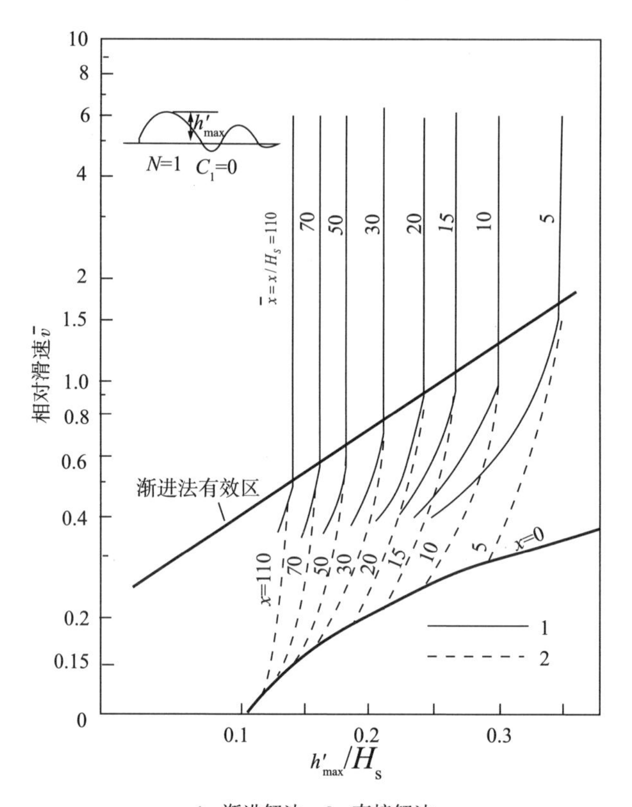


1. 渐进解法；2. 直接解法

**图 2-28　垂直滑坡最大浪高计算图**

## 三、水库浸没

### （一）浸没的成因和类型

水库蓄水后水位抬高，引起水库周围地下水壅高。当库岸比较低平、地面高程与水库正常高水位相差不大时，地下水位可能接近甚至高出地面，产生种种不良后果，称为水库浸没。

浸没对滨库地区的工农业生产和居民生活危害甚大，它能使农田沼泽化或盐渍化；使建筑物的地基强度降低甚至被破坏，影响其稳定和正常使用；使道路翻浆、泥泞，中断交通；使附近城镇居民无法居住，不得不采取排水措施或迁移他处。浸没区还能造成附近矿坑充水，使采矿条件恶化。因此，浸没问题常常影响水库正常高水位的选择，甚至影响到坝址的选择。

低矮的丘陵、山间盆地和平原地区的水库，由于周围地势低平，库岸多由冲洪积松散层组成，最易形成浸没，且其影响范围也较大。如山东东平湖水库系围堤而成的平原水库，蓄水后堤外地下水壅高，使滨库地带的大片农田严重沼泽化和次生盐渍化，因地基条件恶化，房屋毁坏，村镇居民无法居住而被迫迁往他处。

造成水库浸没的原因，除库水顶托壅高地下水位外，库区渗漏也是一个重要的因素。如云南省以礼河水槽子水库渗漏引起的那姑盆地浸没。根据浸没的成因，将浸没分为顶托型和渗漏型两种。

**1. 顶托型浸没**

天然情况下，地下水向河流排泄，水库蓄水后，原来的补给、排泄关系不变，致使地下水位壅高。水库周边产生的浸没现象多属于这种类型，也可称为补给区浸没。

**2. 渗漏型浸没**

水库、渠道运行后产生渗漏，排泄区的地下水位升高，造成浸方，渠道两侧、水库渗漏排泄区的低洼地段，均易产生渗漏型浸没。按照浸没影响的对象，可分为农作物浸没区和建筑物浸没区两类。

### （二）浸没产生的条件

浸没现象的产生，是各种因素综合作用的结果，包括地形、地质、水文气象、水库运行和人类活动等。就地形地质的因素而言，可能产生浸没的条件是：

（1）受库水渗漏影响的邻谷和洼地，平原水库的坝下游和围堤外侧，特别是地形标高接近或低于原来河床的库岸地段，容易产生浸没。高陡的库岸不可能发生浸没。

（2）岩土应具有一定的透水性能。基岩分布地区不易发生浸没。第四纪松散堆积物中的黏性土和粉砂质土，由于毛细性较强，易发生浸没；特别是胀缩性土和黄土类土，浸没的影响更为严重。如果库岸由不透水的岩土体组成或研究地段与库岸之间有不透水岩层阻隔，就不可能发生浸没。

（3）地下水埋深较小，地表水和地下水排泄不畅，补给量大于排泄量的库岸地带或沼泽地带的边缘，容易产生浸没。地下水埋深较大，在水库正常高水位以上的库岸有经常性水流（河沟、泉），且排泄条件良好的地区，一般不会发生浸没。

## 第三节　堤防与引调水建筑物工程地质问题

### 一、概述

人类为了更好地利用水资源和控制洪涝灾害，经常修建一些堤防与引调水建筑物。堤防是世界上最早广为采用的一种重要防洪工程，是防御洪水泛滥、保护居民和工农业生产的主要措施。河堤约束洪水后，将洪水限制在行洪道内，使同等流量的水深增加，行洪流速增大，有利于泄洪排沙。此外，堤防还可以抵挡风浪及抗御海潮。

堤防按其修筑的位置，可分为河堤、江堤、湖堤、海堤以及水库、蓄滞洪区低洼地区的围堤等；按其功能可分为干堤、支堤、子堤、遥堤、隔堤、行洪堤、防洪堤、围堤（圩垸）、防浪堤等；按建筑材料可分为土堤、石堤、土石混合堤和混凝土防洪墙等。

引调水建筑物一般由渠道、输水隧洞、渡槽、倒虹吸管道、闸门、跌水和泻槽等一系列构筑物组成。引调水工程既可以是整个水利枢纽的组成部分，也可以是单独的结构物。它的功能是多方面的，有水力发电、农田灌溉、城市及工矿企业供水、排除内涝、通航等。

渠道是最主要的引调水建筑物，一般为开敞式，按通过的地形条件可将其划分为挖方的、填方的和半挖方半填方的 3 种（见图 2-29）。

当引水线路通过山梁时，若采用盘山明渠，路线太长，不经济，而输水隧洞较为合适。渠系工程中的隧洞一般是无压的。引水线路跨越沟谷、道路时，需修建渡槽或倒虹吸管道这类交叉工程。闸门是为调节流量和水位而设置的。当渠道纵坡度骤然降低时，为了削减水流对渠底的冲刷，应设置跌水和泻槽等构筑物。

堤防与引调水建筑物都是线性工程，往往跨越不同的地形地貌单位，沿途工程地质条件差异大。堤防靠近河道、湖泊、海岸，引调水工程自身就输

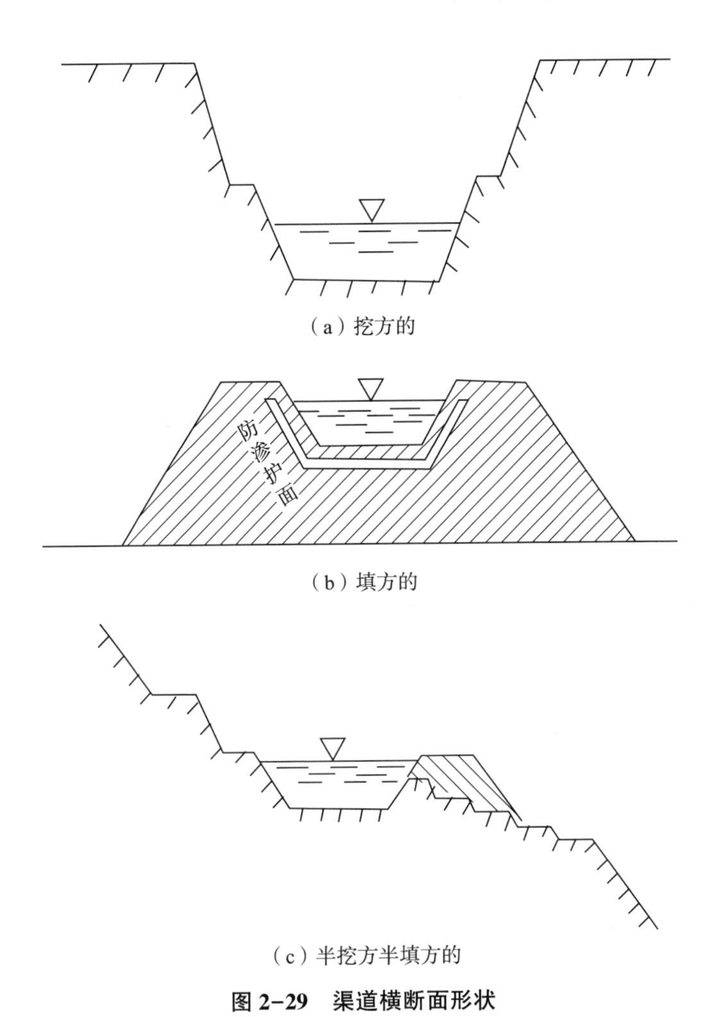


（a）挖方的

（b）填方的

（c）半挖方半填方的

**图 2-29　渠道横断面形状**

送地表水，受地表水与地下水的影响很大，因此存在复杂多样的工程地质问题，如渗透变形问题、不均匀沉降问题、抗滑稳定问题、砂土液化与震陷问题、塌岸问题、渠系渗漏问题、冲刷和淤积问题、输水隧洞围岩稳定问题、渡槽墩基和闸基的稳定问题等。在不良地质区段还存在一些特有的问题，如所利用的采空区与岩溶地区的地面塌陷问题、黄土地区的湿陷问题等。

上述问题的存在对堤防和引调水工程的影响巨大，应引起工程地质工作者的高度重视。在我国历史上，出现过多次严重的堤防溃决事件，巨大的洪水淹没无数良田，造成哀鸿遍野，民不聊生。

## 二、渠道渗漏

堤防与引调水工程往往都存在渗漏问题。但堤防的目的是防止水患，渗漏的存在不会明显影响其功能的发挥，因此不受关注；而修建引调水工程，目的是引水，渗漏问题就严重影响其功能的实现。输水隧洞与渡槽段由于衬砌，渗漏往往不太严重，而渠道段的渗漏就严重得多，会直接减少输水量，影响效益。

此外，渗漏还可能导致堤外、渠道两侧产生沼泽化和次生盐渍化等环境地质问题以及黄土湿陷变形、斜坡滑动破坏等灾害。

### （一）渠道渗漏工程地质分析

渠道渗漏主要取决于岩土的透水性和地下水位。与库坝区渗漏地质条件相似，一般基岩区通过的渠道渗漏不严重，但需注意断层破碎带和岩溶地区的溶洞、落水洞等局部外渗通道，采取绕避或防渗措施。渠道通过地段以第四纪松散堆积物居多，沿途不同成因类型和岩相的堆积物均可能遇到，它们的透水性各异。如我国北方干旱、半干旱地区的渠道大多修建于山前地带，属洪积扇的中上部，由砂砾石或卵砾石层组成，透水性强，渠道渗漏一般较为严重；由细粒物质组成的黄土类土，具大孔隙和垂直节理，透水性较强，故黄土地区的渠道渗漏也较严重；直接引河槽水的渠道常修建于阶地之上，应尽量将渠道开挖于阶地二元结构上层的黏性土中，而避开渗透性很强的下层砂卵石。

渠道渗漏还受地下水位的控制。当地下水位高于渠水位时不仅不会发生渗漏，还能得到地下水的补给；反之，当渠水位高于地下水位时则会发生渗漏，且地下水埋深越大，渗漏越严重。

### （二）渗漏过程

渠道渗漏的特点，可由其渗漏过程来体现。渠道过水的初期，由于要饱和干燥的岩土体，渗入强度较大，随着时间的推移而逐渐减少，到一定时间后，便达到相对稳定状态。根据渠道的这一渗漏特点，对其渗漏过程作如下分析。

如果透水层均匀，地下水埋藏较深，则渠水的渗漏过程大体是：渠道过水初期，渗透水流在重力和毛细力作用下，以竖直下渗为主，并有部分侧渗（见图 2-30），当下渗水流到达地下水面后，转向两侧渗流（见图 2-31）。若渠水向两侧渗出的水量 $Q_{\varphi}$ 大于渗流排走量 $Q_c$ ，渠底下的地下水位逐渐上升，就会形成地下水峰；地下水峰逐渐升高，直至与渠水连接。当上述两个量相等且为一常数时，该地下水面不再上升而趋于稳定，此后渠道即以侧向渗漏为主。由此，可将渠道渗漏过程分为 3 个阶段。

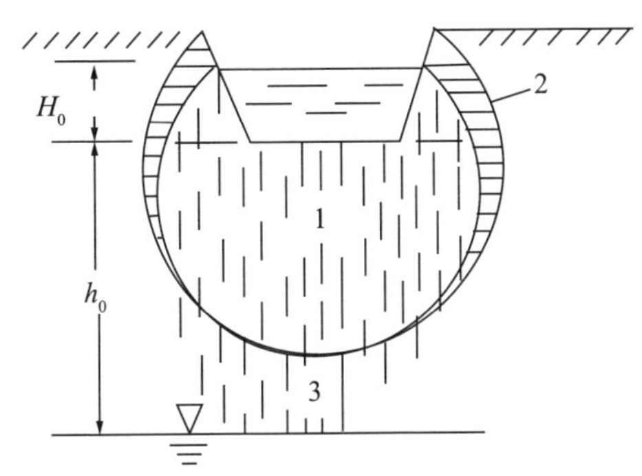


1. 重力水运动；2. 毛细水运动；3. 重力水毛细水运动

**图 2-30　竖向渗漏示意图**

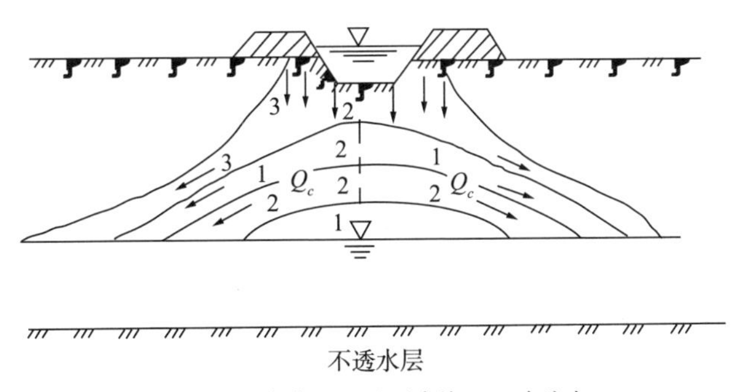


1. 原地下水位；2. 地下水峰；3. 水流向

**图 2-31　回水渗漏示意图**

### 1. 竖向渗漏阶段

即出现地下水峰之前的阶段。

### 2. 回水渗漏阶段

即地下水峰开始出现，水峰逐渐升高至与渠水连成一片之前的阶段。

### 3. 侧向渗漏阶段

即地下水与渠水连成一片之后的阶段。

竖向渗漏和回水渗漏阶段的渗漏量不稳定，$Q_{\varphi} > Q_c$。侧向渗漏阶段的渗漏量稳定，$Q_{\varphi} = Q_c$。据陕西省水利科学研究所的试验，渠水初渗值约为稳定值的 1~5 倍。一般大型渠道放水 10~15 天后渗漏量接近稳定，而小型渠道数天即可稳定。

当地下水埋藏较浅，土层渗透性弱或侧向排水条件较差时，渗水很快由竖向渗漏转为回水渗漏及侧向渗漏。反之，当地下水埋藏很深，土层渗透性很强，或非长年过水的间歇性水流渠道，则可能仅处于竖向渗漏阶段。

## （三）渗漏量计算

渠道渗漏所处的阶段不同，其渗漏边界条件也有差别，因此不同渗漏阶段就应采用不同的渗漏量计算公式。

### 1. 竖向渗漏阶段

此阶段多采用半经验半理论计算公式。

（1）当均质透水层较厚，透水性较强，且地下水埋深相当大时，自渠道中渗出的水流似一竖直垂线（见图 2-32），它的水力梯度接近 1。此时稳定渗漏量计算公式为：

$$q = K(B + H_0 C_1) \tag{2-41}$$

式中，$q$ 为渠道单位时间单位长度渗漏量（$m^3/s \cdot m$）；$K$ 为岩土体渗透系数（m/s）；$B$ 为渠道水面宽度（m）；$H_0$ 为渠水深度（m）；$C_1$ 为与 $B/H_0$ 比值有关的系数，由图 2-33 确定或查表 2-9 获得。

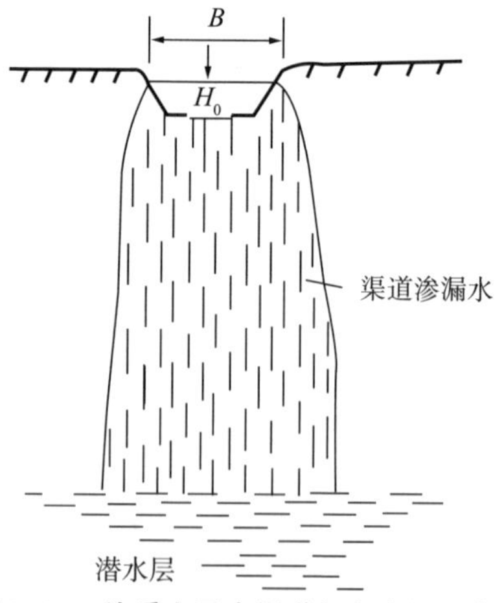


**图 2-32　均质土层中渠道竖向渗漏示意图**

考虑渠道水力要素，稳定渗漏量计算公式为：

$$q = 0.0116K(b + 2aH_0\sqrt{1 + m^2}) \tag{2-42}$$

式中，$b$ 为渠底宽度（m）；$a$ 为考虑到侧渗所加的修正系数，$a = 1.1 \sim 1.4$；$m$ 为渠道边坡系数，即边坡角的余切值；其他符号意义同前。

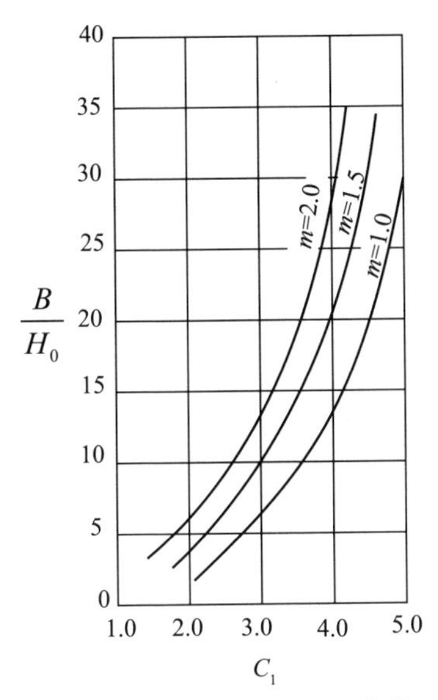


**图 2-33　$C_1$ 与 $B/H_0$ 关系曲线**

**表 2-9　$C_1$ 值与水面宽度、水深及渠坡关系表**

| $B/H_0$ | $C_1$ | | |
|---|---|---|---|
| | $m=1.0$ | $m=1.5$ | $m=2.0$ |
| 2 | 2.0 | | |
| 3 | 2.4 | 1.9 | |
| 4 | 2.7 | 2.2 | 1.8 |
| 5 | 3.0 | 2.5 | 2.1 |
| 6 | 3.2 | 2.7 | 2.3 |
| 8 | 3.4 | 3.0 | 2.7 |
| 10 | 3.7 | 3.2 | 2.9 |
| 15 | 4.0 | 3.6 | 3.3 |

续表

| $B/H_0$ | $C_1$ | | |
|---|---|---|---|
| | $m=1.0$ | $m=1.5$ | $m=2.0$ |
| 20 | 4.2 | 3.9 | 3.6 |

注：①表中 $m$ 为边坡系数，即边坡角的余切值；

②实用时，中间值可内插。

（2）当距渠道深为 $T$ 处有强透水层，且其中有埋藏不深的地下水时，该强透水层成为良好的排水通道（见图 2-34）。其稳定渗漏量计算公式为：

$$q = K(B + H_0C_2) \tag{2-43}$$

式中，$C_2$ 为与 $B/H_0$ 及 $T/H_0$ 有关的系数（见图 2-35）；其他符号意义同前。

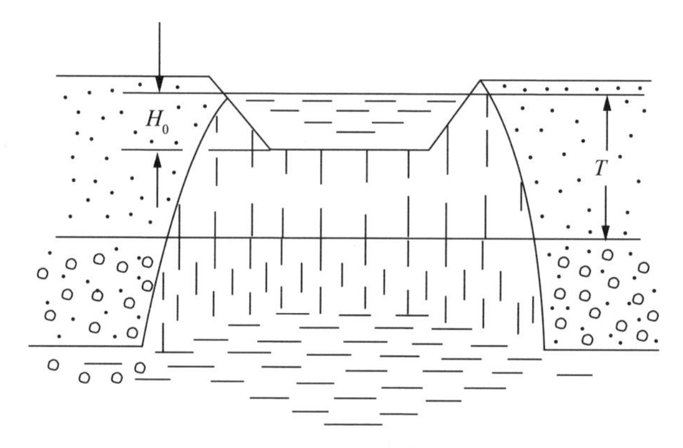


图 2-34　下部有强透水层情况下渠道渗漏

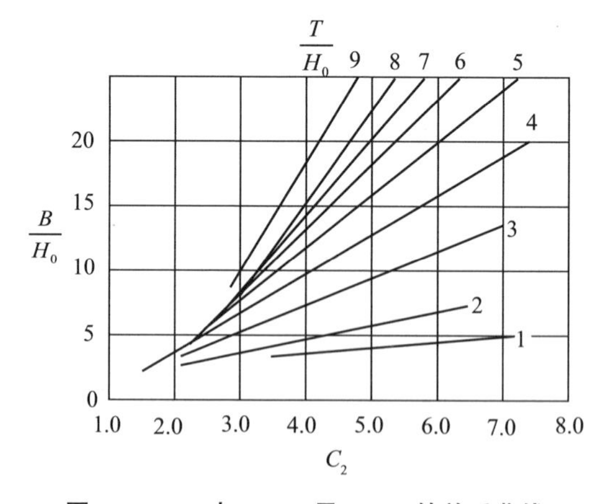


图 2-35　$C_2$ 与 $B/H_0$ 及 $T/H_0$ 的关系曲线

以上计算公式适用于无防渗措施或采用渠槽翻松夯实、黏土护面或浆砌石护坡等简单的防渗形式的渠道。

**2. 回水渗漏阶段**

当出现地下水峰后，即可按式（2-44）计算：

$$Q_h = \beta Q_j \tag{2-44}$$

式中，$Q_h$ 为回水渗漏稳定阶段的渗漏量（$m^3/s$）；$Q_j$ 为竖向渗漏稳定阶段的渗漏量（$m^3/s$）；$\beta$ 为校正系数，与渠道流量及地下水埋深有关，按表 2-10 确定。

**表 2-10　回水渗漏阶段渗漏量校正系数 $\beta$ 值**

| 渠道渗漏（$m^3/s$） | 地下水埋藏深度（m） | | | | |
|---|---|---|---|---|---|
| | <3.0 | 3.0 | 5.0 | 7.5 | 10.0 |
| 1.0 | 0.63 | 0.79 | | | |
| 3.0 | 0.5 | 0.63 | 0.82 | | |
| 10.0 | 0.44 | 0.50 | 0.65 | 0.79 | 0.91 |
| 20.0 | 0.36 | 0.45 | 0.57 | 0.71 | 0.82 |
| 30.0 | 0.35 | 0.42 | 0.54 | 0.66 | 0.77 |
| 50.0 | 0.32 | 0.37 | 0.49 | 0.60 | 0.69 |
| 100.0 | 0.28 | 0.38 | 0.42 | 0.52 | 0.58 |

注：实用时，中间值可内插。

**3. 侧向渗漏阶段**

此阶段一般采用地下水动力学公式按下面两种情况进行计算：

（1）在斜坡地段，当排水点隔水层顶板低于河水位时［见图 2-36（a）］，渗漏量可按式（2-45）计算：

$$q = K\left(\frac{h_1 + h_2}{2}\right)\left(\frac{H_1 - H_2}{L}\right) \tag{2-45}$$

式中，$h_1$、$h_2$ 分别为渠道及排水点处潜水含水层厚度（m）；$H_1$、$H_2$ 分别为渠道及排水点处潜水位（m）；$L$ 为渠道至排水点的水平距离（m）。

（2）在斜坡地段，当排水点隔水层顶板高于河水位时［见图 2-36

(b)]，渗漏量可按式（2-46）计算：

$$q = K \cdot \frac{h_1}{2} \cdot \frac{H_1}{L} \tag{2-46}$$

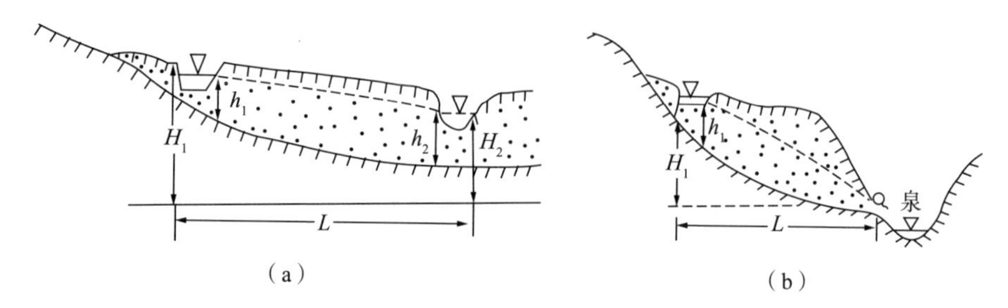


**图 2-36　渠道侧向渗漏计算图解**

上述各渗漏阶段，除了用公式计算，还可采用实测流量的方法计算渗漏量。此法即对某一计算长度 $l$ 的渠道，分别测定流入断面及流出断面的流量，并用渗漏强度这一指标来表征该测段渗漏量的大小。所谓渗漏强度，即是每千米的流量损耗与入流量之比值，用式（2-47）表示：

$$\delta_l = \frac{1}{l} \cdot \frac{Q_{入} - Q_{出}}{Q_{入}} \times 100\% \tag{2-47}$$

式中，$\delta_l$ 为渠道渗漏强度（$m^{-1}$）；$l$ 为渠段长度（m）；$Q_{入}$ 为流入断面的渠道流量（$m^3/s$）；$Q_{出}$ 为流出断面的渠道流量（$m^3/s$）。

测定计算工作应在不同的季节多次进行，且划分为不同的渠段，计算结果可对比多段的渗漏强度。

为了确切地评价渠道所发挥的效益，引入“渠系有效利用系数”这一指标，其是渠尾流量与渠道设计流量之比值，以百分数表示：

$$\delta = \frac{Q_{层}}{Q_{设}} \times 100\% \tag{2-48}$$

此值也可用渗漏强度计算得到。如一干渠长 89.5km，渠道设计流量为 $50m^3/s$，渗漏强度为 0.4，则计算所得每千米渠水漏失的流量为 $50 \times 0.4 = 0.2m^3/s \cdot km$，总漏失流量为 $0.2 \times 89.5 = 17.9m^3/s$。渠系有效利用系数 $\delta = \frac{50 - 17.9}{50} \times 100\% = 64.2\%$。如果 $\delta$ 值过小，则说明渠道渗漏严重，有效利用率低。

## 三、砂土液化与震陷

饱水土体在地震、动荷载或其他外力作用下，受到强烈振动而丧失抗剪强度，使土颗粒处于悬浮状态，致使地基失效的作用和现象，称为砂土液化。这时，土体由固体状态转化为液体状态，这一作用或过程都称为土的液化，如果同时产生了工程上不能允许的变形量则称为液化破坏。若没有产生工程上不能允许的变形，则不认为是破坏，只称为液化。强烈的砂土液化往往会导致喷沙冒水，从而使一定范围内的地面产生不均匀的沉陷，这一现象称为震陷。

砂土液化的机理是：在地震过程中，疏松的饱和砂土在震动引起的剪应力反复作用下，砂粒间相互位置必然产生调整，而使砂土趋于密实。砂土要变密实就势必排水。在急剧变化的周期性地震力作用下，砂土的孔隙度减少而透水性变差。如果砂土透水性不良而排水不通畅，则前一周期的排水尚未完成，下一周期的孔隙度再减小，应排除的水来不及排走，而水又是不可压缩的，于是就产生了剩余孔隙水压力或超孔隙水压力。此时砂土的抗剪强度为：

$$\tau = [\sigma - (u_0 + \Delta u)]\tan\varphi \qquad (2-49)$$

式中，$\sigma$、$\varphi$ 分别为砂土粒间的法向压力（kPa）和内摩擦角（°）；$u_0$ 为总孔隙水压力（kPa）；$\Delta u$ 为超孔隙水压力（kPa）。

显然，此时砂土的抗剪强度随超孔隙水压力的增长而不断降低，直至完全抵消法向压力而使抗剪强度丧失殆尽。此时，地面就有可能出现喷沙冒水和塌陷现象，地基土甚至因丧失承载能力而失效。

影响砂土液化的因素主要有土的类型和性质、饱和砂土的埋藏分布条件以及地震的强度和历时。疏松饱水砂土易液化；饱水砂土埋藏愈浅、砂层愈厚，则液化的可能性愈大。当饱水砂层埋深在 10～15m 以下时就难以液化。地震越强、历时越长，则越容易引起砂土液化，而且波及范围越广，破坏越严重。

砂土液化现象在疏松饱和砂层广泛分布的海滨、湖岸、冲积平原以及河漫滩、低阶地等地区发生，可毁坏水利设施及城镇、港口、村庄、农田、道路、桥梁、房屋等。我国 1966 年邢台地震、1975 年海城地震和 1976 年唐山地震，都发生了大范围的砂土液化，危害严重。

地震时饱和无黏性土和少黏性土的液化破坏，应根据土层的天然结构、颗粒组成、松密程度、地震前和地震时的受力状态、边界条件和排水条件以及地震历时等因素，结合现场勘察和室内实验综合分析判定。

根据《水利水电工程地质勘察规范》（GB50487—2008）和《水力发电工程地质勘察规范》（GB50287—2016），将砂土液化的判别工作分为初判和复判两个阶段。初判主要应用已有的勘察资料或较简单的测试手段对土层进行初步鉴别，以排除不会发生地震液化的土层。初判可能发生地震液化的土层，再进行复判。对于重要工程，则应作更深入的专门研究。

### （一）砂土液化的初判

初判的目的在于排除一些不需要再进一步考虑液化问题的土，以减少勘察工作量。因此，从安全出发，所列判别指标大都选用了临近可能发生液化的上限。

（1）第四纪晚更新世（$Q_3$）或以前的土，判为不液化。

（2）土的粒径小于5mm且颗粒含量的质量百分率小于或等于30时，判为不液化。

（3）对粒径小于5mm且颗粒含量的质量百分率大于30的土，其中粒径小于0.005mm的颗粒含量的质量百分率ρc相应于地震动峰值加速度为0.10g、0.15g、0.20g、0.30g和0.40g分别不小于16、17、18、19和20时，判为不液化；当颗粒含量不满足上述规定时，可通过动三轴试验等试验方法确定。

（4）工程正常运用后，地下水位以上的非饱和土，判为不液化。

（5）当土层的剪切波速大于式（2-50）计算的上限剪切波速 $V_{st}$ 时，判为不液化。

$$V_{st} = 291\sqrt{K_H \cdot Z \cdot r_d} \tag{2-50}$$

式中，$K_H$ 为地震动峰值加速度系数；$Z$ 为土层深度（m）；$r_d$ 为深度折减系数，按式（2-51）计算：

$$r_d=\begin{cases}1.0-0.01Z(Z=0\sim10\text{m})\\1.1-0.02Z(Z=10\sim20\text{m})\\0.9-0.01Z(Z=20\sim30\text{m})\end{cases}\tag{2-51}$$

## （二）砂土液化的复判

砂土液化的复判方法主要有标准贯入锤击数法、相对密度复判法、相对含水量复判法和液性指数复判法等，可根据不同情况选择不同的方法。

### 1. 标准贯入锤击数法

该方法是对可能液化土层进行标准贯入试验，获得土层的标准贯入锤击数 $N$，同时确定该土层的标准贯入锤击数临界值 $Ncr$，当符合式（2-52）时则判为液化土：

$$N<N_{\sigma}\tag{2-52}$$

（1）标准贯入锤击数的校正

当标准贯入试验贯入点深度和地下水位在试验地面以下的深度不同于工程正常运用深度时，实测标准贯入锤击数应按式（2-53）进行校正，以校正后的标准贯入锤击数作为复判依据。

$$N=N'\left(\frac{d_s+0.9d_w+0.7}{d'_s+0.9d'_w+0.7}\right)\tag{2-53}$$

式中，$N'$ 为实测标准贯入锤击数；$d_s$ 为工程正常运用时，标准贯入点在当时地面以下的深度（m）；$d_w$ 为工程正常运用时，地下水位在当时地面以下的深度（m），当地面淹没于水面以下时，$d_w=0$；$d'_s$ 为标准贯入试验时，标准贯入点在当时地面以下的深度（m）；$d'_w$ 为标准贯入试验时，地下水位在当时地面以下的深度（m），当时地面淹没于水面以下时，$d'_w=0$。

校正后标准贯入锤击数和实测标准贯入锤击数均不进行钻杆长度校正。

（2）标准贯入锤击数临界值的确定

液化判别标准贯入锤击数临界值根据式（2-54）计算：

$$N_{cr}=N_0[0.9+0.1(d_s-d_w)]\sqrt{\frac{3\%}{\rho_c}}\tag{2-54}$$

式中，$\rho_c$ 为土的颗粒含量质量百分率（%），当 $\rho_c<3$ 时 $\rho_c$ 取 3；$N_0$ 为液化判别标准贯入锤击数基准值，是指 $d_s=3.0\text{m}$、$d_w=2\text{m}$，$\rho_c<3\%$ 时的标准贯入锤

击数，按表 2-11 取值。

当标准贯入点在地面以下 5m 以内时，应采用 5m 计算。

标准贯入锤击数法适用于标准贯入点在地面以下 15m 以内的深度，大于 15m 的深度内有饱和砂土或饱和少黏性土需要进行地震液化判别时，可采用其他方法判别。

**表 2-11　液化判别标准贯入锤击数基准值**

| 地震动峰值加速度 | 0. 10g | 0. 15g | 0. 20g | 0. 30g | 0. 40g |
|---|---|---|---|---|---|
| 近震 | 6 | 10 | 10 | 13 | 16 |
| 远震 | 8 | 12 | 12 | 15 | 18 |

注：建筑物所在地区的地震设防烈度比相应的震中烈度小 2 度或 2 度以上定为远震，否则为近震。

### 2. 相对密度复判法

当饱和无黏性土（包括砂和粒径大于 2mm 的砂砾）的相对密度不大于表 2-12 中的液化临界相对密度时，判为可能液化土。

**表 2-12　饱和无黏性土液化临界相对密度**

| 地震动峰值加速度 | 0. 05g | 0. 10g | 0. 20g | 0. 40g |
|---|---|---|---|---|
| 液化临界相对密度（%） | 65 | 70 | 75 | 85 |

### 3. 相对含水量复判法

当饱和少黏性土的相对含水量大于或等于 0. 9 时，判为可能液化土。相对含水量 $\omega_u$ 按式（2-55）计算：

$$\omega_u = \frac{\omega_s}{\omega_L} \tag{2-55}$$

式中，$\omega_s$ 为少黏性土的饱和含水率；$\omega_L$ 为少黏性土的液限含水率。

### 4. 液性指数复判法

当饱和少黏性土的液性指数 $I_L$ 大于或等于 0. 75 时，判为可能液化土。

# 第三章　水利水电工程整治加固

## 第一节　岩体坝基处理

在任何地区，都无法找到新鲜完整、没有任何缺陷的基岩作为大坝的地基。加上各种坝型还有不同的结构要求，因此，岩基处理十分必要。同时，岩基处理的大部分工作是在围堰基坑内与洪水抢时间的紧张斗争中完成的，既要快速施工，又要认真细致，确保质量，这就使岩基处理的重要性和紧迫感更加突出。

岩基经过处理后，一般要达到下列要求：①有足够的抗压强度，以承受坝体的压力；②具有整体性、均匀性，以维持坝基抗滑稳定性，不致产生过大的不均匀沉陷；③增强坝体与基岩面及各岩基面之间的抗剪强度，防止坝体滑移；④增强抗渗能力，维持渗透稳定；⑤增强两岸山体稳定，防止塌方或滑坡危及坝体安全；⑥有足够的耐久性，在水的长期作用下不致恶化。

岩基处理的主要方法有开挖、灌浆、排水等，另外，还需要经常对断层破碎带及软弱夹层进行专门处理，对坝肩岩体进行整治以提高坝肩岩体的性能。

### 一、开挖

开挖是岩基处理中最常用的方法，开挖的目的主要有：①清除各种不能满足要求的软弱岩（土）体，如风化层、覆盖层、断层破碎带和影响带及软弱夹层等；②满足各种形式坝体的结构要求或特殊要求。下面就开挖设计中的几个基本方面进行讨论。

### （一）开挖深度

开挖深度应参照基岩利用等高线图来确定，既要满足水工建筑物的结构要求，也要考虑施工的便利与经济。高坝应建在新鲜或微风化岩体之上，中坝宜挖到微风化或弱风化下部的基岩，在两岸地形较高的坝段，利用基岩的标准可比河床部位较宽。

### （二）开挖坡度

基岩面的上下游高差不宜过大，并尽可能使其向上游倾斜。由于地形、地质条件限制而倾向下游或高低悬殊时，宜挖成大台阶状，台阶的高差应与混凝土浇筑块的大小和分缝位置协调，并和坝址处的混凝土厚度相适应。

在平行坝轴线方向上，基坑应尽量平缓，或开挖成由足够宽度平台组成的台阶，或采取其他结构措施，以确保坝体侧向稳定。

### （三）表面处理

岩基表面上影响基岩与混凝土结合的附着物，如方解石、氧化铁（黄绣）、钙质薄膜等均应清除干净。对特别光滑的岩面、节理面要凿毛处理。残留的孤立岩块、尖锐棱角要打掉。有反坡的应尽量修成正坡，避免应力集中。

开挖结束后要全面冲洗并检查。

### （四）基坑边坡

基坑临时边坡开挖时，应先清除上部不稳定岩体或危石，切忌先挖坡脚。对高边坡更要随时注意安全及检查，发现不稳定征兆，应立即加固处理。

### （五）开挖方法

坝基开挖一般不采用大型爆破，而使用小型爆破。大面积开挖，或软弱易风化、崩解岩体的开挖，要注意预留保护层。实践证明，喷水（充水）保护的效果最好。也可以喷混凝土，涂沥青，铺细反滤料，然后上盖小砾石，再覆湿黏土。新鲜完整岩体一般预留 1~2m 厚的保护层，也可以少留或不留，软弱岩体则要多留一些。离保护层 20cm 内，用撬挖清理的方法，将松动、震裂、捶击有哑声的岩块予以清除。

预裂爆破是经常使用的爆破技术，利用岩体抗拉强度小于抗压强度的特性，采用爆破方法造成预裂缝，可以阻隔或减弱震动波，容易爆破成预想的形状。

对形状要求较高的基础开挖可使用光面爆破。爆破孔沿设计轮廓线布置，隔孔装药，采用电力一次起爆，爆破厚度不宜超过 50cm，软弱岩体要留 5cm 的保护层。

### （六）软弱岩层的清除

对断层破碎带、影响带、软弱夹层等，均要开挖清除。当软弱带的倾角较缓时，可以采用洞挖、斜井挖等方法。遇到规模较大、情况复杂的软弱带时，需进行专门处理。

## 二、灌浆

运用液压、气压或电化学原理，通过注浆管把浆液均匀地注入岩土体中，浆液通过填充、渗透、挤密等方式，赶走岩石裂隙或土颗粒中的水气后占据其位置，硬化形成结构新、强度大、防水性能高、化学稳定性良好的结石体的方法，称为灌浆。

灌浆所用的浆液大多由水泥、黏土、沥青以及它们的混合物制成，其中采用最多的为纯水泥浆、水泥黏土浆和水泥砂浆。水泥浆的水灰比一般为 0.6~2.0，常用的水灰比是 1∶1。为了调节水泥浆的性能，还可以加入速凝剂或缓凝剂等附加剂。常用的速凝剂有水玻璃和氯化钙，其用量约为水泥重量的 1~2 倍。常用的缓凝剂有木质碳酸钙和酒石酸，其用量约为水泥重量的 0.2~0.5 倍。

根据灌浆的目的，可将灌浆分为固结灌浆和帷幕灌浆。有时，还采用化学浆液进行灌浆，称为化学灌浆。下面分别对固结灌浆、帷幕灌浆和化学灌浆进行简单介绍。

## （一）固结灌浆

固结灌浆可以改善岩土体的力学性能，提高弹性模量，增进岩体的整体性和均一性，减少变形和不均匀沉陷。同时，还可以加强帷幕的防渗效能。固结灌浆的特点是广、浅、密。

### 1. 灌浆范围

在坝基岩土体性质普遍较差，而坝又较高时，往往进行全面固结灌浆。当基础岩体较好时，只在坝基的上、下游应力大的部位进行固结灌浆。对裂隙发育、岩体破碎和泥化夹层集中的地区要着重进行固结灌浆。拱坝两端坝肩拱座基础要加强固结灌浆。

### 2. 灌浆孔深

一般采用浅孔，孔深 5~8m。国外中型坝孔深在 10m 以内，高坝在 20m 以内。

### 3. 灌浆孔距、排距

孔距和排距主要依据岩石的透水性和可灌性来确定，一般为 3~4m。根据地质条件的差异，可以适当加密或放宽。进行固结灌浆时，要分片围堵，逐步加密。孔位布置成梅花形、六角形、方格形、三角形或三角链锁形等。梅花形与六角形可以多次序插补加密，因此较为常用。

### 4. 灌浆孔

固结灌浆孔一般是铅直孔。当岩层倾斜或需穿过较多高倾角的裂隙时，最好采用斜孔。孔径一般为 55~68mm，可采用风钻打孔。

### 5. 灌浆压力

固结灌浆的压力以不掀动基础岩体为原则，尽量取较大值。通常通过灌浆试验确定。一般无混凝土盖重时，灌浆压力为 200~400kPa；有混凝土盖重时，灌浆压力为 400~700kPa。

灌浆前，对岩体中的裂隙应冲洗干净。若裂隙中有黏土等杂质时会影响灌浆效果，因此冲洗干净是保证固结灌浆质量的关键。

## （二）帷幕灌浆

帷幕灌浆的主要作用是：①减少坝基和绕坝渗漏，防止其对坝基及两岸边坡稳定产生不利影响；②在帷幕和坝基排水的共同作用下，使帷幕后渗透压力降至允许值之内；③防止在软弱夹层、断层破碎带、岩石裂隙充填物以及抗水性能差的岩体中产生管涌。

帷幕灌浆是最常用的、效果可靠的岩基防渗处理措施。其特点是钻孔较深，呈线性排列，灌浆压力也较大，帷幕多由1~3排灌浆孔组成，一般在水库蓄水前完成主帷幕。灌浆材料一般采用水泥，在必要时使用化学材料。

#### 1. 防渗帷幕的深度

防渗帷幕的深度可以根据下列原则确定：

（1）当坝基下存在明显的相对隔水层时，一般情况下，防渗帷幕应深入该岩层内3~5m；不同坝高的相对隔水层的单位吸水量标准如表3-1所示。

**表3-1　相对隔水层的单位吸水量标准**

| 单位吸水量（L/min·mm） | 允许水力坡降 |
| --- | --- |
| <0.05 | 10 |
| <0.03 | 15 |
| <0.01 | 20 |

（2）当坝基下相对隔水层埋藏较深或分布无规律时，帷幕深度应参照渗流计算和已建工程经验确定，通常可在0.3~0.7倍坝高范围内选择；局部裂隙渗漏严重地区应予加深。两岸与河床帷幕界线应保持连续、渐变过渡，不要有太大起伏。

#### 2. 防渗帷幕两岸延伸长度

防渗帷幕两岸延伸长度可以根据下列原则确定：

（1）与相对不透水层相连，从坝前正常高水位起计算其延伸长度。

（2）当地下水位坡降较大，可从正常高水位与地下水位交点计算延伸长度。

（3）无完整的相对隔水层，地下水位较平缓，不能满足上述要求时，可根据流网计算，在允许渗漏量、控制允许坡降和扬压力的条件下设计帷幕长度。

（4）按式（3-1）确定。

$$S = H/3 + C \tag{3-1}$$

式中，$S$ 为自岸边至帷幕终点距离（m）；$H$ 为承受水头（m）；$C$ 为经验值（m）。当 $H<100$m 时，$C=8\sim23$m；当 $H>100$m 时，$C=15\sim45$m。

**3. 防渗帷幕的厚度**

根据工程地质条件、作用水头及灌浆试验资料选定灌浆孔的排数一般按坝高考虑，中、低坝为1~2排，高坝为2~3排。当裂隙密集并有充填或有软弱夹层时，适当增加排数。

单排孔的幕厚为0.7~0.8倍孔距，双排孔为孔中心距加0.6~0.7倍边排孔的孔距。幕厚的设计应通过幕后剩余水头计算允许水力坡降确定。一般规定，当幕厚<1m时，允许水力坡降为10；幕厚1~2m时，允许水力坡降为18；幕厚>2m时，允许水力坡降为25。

根据岩体单位吸水量确定允许水力坡降（见表3-2），与实际水力坡降对比，如不安全，再加宽帷幕。

**4. 防渗帷幕的孔距**

孔距取决于灌浆孔的扩散半径，其确定原则是使各孔的灌浆范围相互搭接。一般根据水头、基岩孔隙率和现场试验确定，约等于单孔灌浆影响半径的1.6~1.8倍，为2~4m。

孔距也可以用式（3-2）确定：

$$R = \sqrt{2Kt\frac{u_1\sqrt{Hr}}{nu_2}} \tag{3-2}$$

式中，$K$ 为灌浆前岩石的渗透系数（m/s）；$n$ 为灌浆前岩石的孔隙率；$u_1$、$u_2$ 为水和水泥浆的运动黏滞系数；$t$ 为灌浆的持续时间（s）；$H$ 为灌浆压力（MPa）；$r$ 为灌浆孔的半径（m）。

**表3-2 允许水力坡降的确定**

| 坝高（m） | 要求的单位吸水量（L/min·mm） |
|---|---|
| >70 | <0.01 |
| 30~70 | 0.01~0.03 |
| <30 | 0.03~0.05 |

5. **灌浆孔的方向**

灌浆孔方向应尽可能多地穿过裂隙面，在河床部位，如果主要裂隙的倾角较平，最好采用垂直钻孔；如裂隙倾角较陡而倾向下游，亦可将钻孔稍微倾向上游。但钻孔角度过缓（小于75°）时施工不便，质量难以保证。特别是深孔，方向稍有偏离，将会使深部帷幕不能形成连续的整体。

6. **帷幕灌浆的压力**

通过试验来确定。在帷幕表层段不宜小于1~1.5倍坝前静水头，在孔底段不宜小于2~3倍坝前静水头，但以不破坏岩体为原则。帷幕灌浆必须在坝体浇筑一定高度后施工，可用混凝土作为盖重。

## （三）化学灌浆

化学灌浆是一种将化学材料制成的浆液灌入细微裂隙，经胶凝固化后起堵漏、防渗作用的技术措施。优点是可灌性比水泥灌浆好，可灌入0.1mm以下的细微裂隙或粒径小于0.1mm的粉砂层，具一定的黏结强度。对坝基断层带、节理密集带、粉细砂层大量渗水的处理以及在动水压力下堵漏，均有良好效果。缺点是在配制浆液或灌浆过程中有一定毒性，当地下水温太低或被水稀释而不聚合时，反应物被析出，会污染环境。

目前，我国已经比较广泛地应用在大坝基础防渗处理上面的是丙凝灌浆。有的工程采用丙凝灌浆来处理坝基渗漏，还多将甲凝灌浆、环氧树脂灌浆用于坝体混凝土裂隙的补强处理。对聚氨酯（氰凝）等新型灌浆材料也有一定应用。

1. **丙凝**

水溶性好，黏度低，防渗性强，聚合时间可准确控制，用于岩基防渗处理效果显著。但凝胶体的抗压强度低，固结砂的抗压强度只有0.5MPa，不适用于补强或固结灌浆。

2. **丙强**

丙强是在丙凝基础上发展起来的，主要以脲醛树脂与丙凝混合而成。丙强浆液及其聚合体兼具丙凝和脲醛树脂的优点，克服了脲醛树脂的抗渗性能差和丙凝强度低的缺陷。因此，具有防渗和固结的双重作用。

### 3. 甲凝

以甲基丙烯酸甲酯为主体，加入引发剂等组成。黏度低，可灌性好，渗透力很强，硬化时间可以控制，聚合后的强度和黏结力很高，适用于岩体内细裂缝的补强处理。

### 4. 环氧树脂

是以环氧树脂为主体，加入一定比例的固化剂、稀释剂等。能灌入宽0.2mm的裂隙，硬化后黏结强度高（可达1.4~1.9MPa），收缩性小，稳定性好，常温固化。在抗渗、抗冲、抗气蚀方面亦有良好效果。对一般缝隙均有黏合力，但缝内如有夹泥层则效果较差，用以加固岩石裂缝效果较好。

### 5. 聚氨酯（氰凝）

氰凝防渗堵漏能力强，遇水不会被稀释或冲走，固结强度较高，固结砂的抗压强度大都在13MPa以上，可进行单液灌浆，操作简便。对断层破碎带性能的改进有较好效果。

## 三、排水

对于良好的坝基，在帷幕下游设置排水设施，可以充分降低坝基渗透压力并排除渗水。对于地质条件较差的基础，设置排水孔应注意防止管涌。

坝基排水设施一般设置一排主排水孔。对能充分利用排水作用的基础，除设主排水孔外，高坝可设辅助排水孔2~3排，中坝可设辅助排水孔1~2排，必要时可沿横向排水廊道或宽缝设置排水孔（见图3-1）。

主排水孔的位置一般设在基础灌浆廊道内防渗帷幕的下游，在坝基面上排水孔与帷幕孔的距离不宜小于2m。辅助排水孔常设在基础纵向排水廊道内。

主排水孔孔距一般为2~3m，辅助排水孔则为3~5m。主排水孔的深度一般为防渗帷幕深度的0.4~0.6倍，高、中坝的坝基主排水孔的深度不应小于10m。辅助排水孔的深度一般为6~12m。

为降低岸坡部位渗透压力，保证岸坡稳定，一般在岸坡坝段的坝体内设横向排水廊道，并向岸坡内钻设排水孔和设置专门排水设施，使渗水尽量靠近基础面排出坝体外，必要时可在岸坡山体内设排水隧洞，并钻设排水孔。

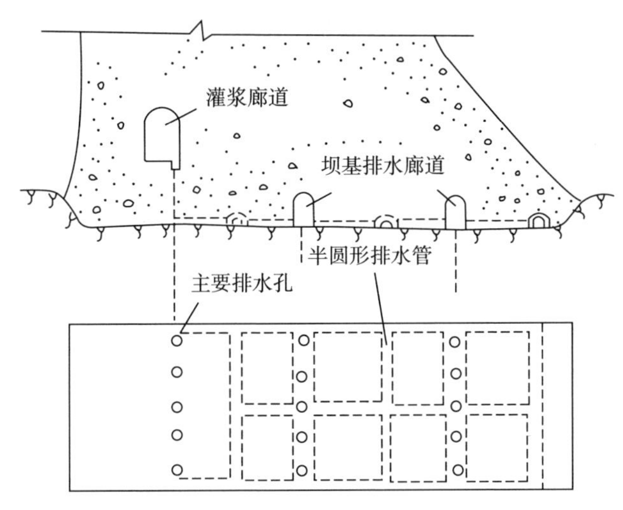


图 3-1　坝基排水系统

当排水孔的孔壁有塌落危险或排水孔穿过软弱夹层、夹泥裂隙时，应采取相应的保护措施，既保证排水效果，又避免恶化地基的工作条件。

排水孔内应投放反滤料，防止管涌。

## 四、断层破碎带及软弱夹层的处理

断层破碎带及软弱夹层一般都充填了一定厚度的各种各样的构造破碎产物，也称为软弱带。软弱带通常强度低、易变形、透水性强而抗水性差，与两侧岩体的物理力学特性有显著的差异，必须进行专门处理。

由于地质构造复杂，几乎没有一个工程不遇到软弱带处理的课题。国内外大量的水电工程建设既积累了丰富的经验，也吸取了深刻的教训。

软弱带的处理主要是补强与防渗。具体包括以下几项基本要求。

（1）使软弱带具有与两侧坚硬岩石相近的弹模和足够的强度，在坝体承受最大荷载时不致产生过大的应力集中，并使软弱带的绝对沉陷量和相对沉陷量都限制在允许范围内，防止大坝因不均匀沉陷而造成破坏。

（2）增大软弱带的抗剪强度，防止坝基岩体沿软弱带发生剪切破坏。

（3）减弱软弱带的透水性和增强其抗水性能，防止在蓄水后沿软弱带渗透产生过大扬压力，防止渗流使软弱带组成物质软化而使强度进一步降低，防止发生管涌。

处理软弱带的主要方法有开挖回填、混凝土塞（拱）、锚固、防沉井与防渗井、开挖回填、钢筋混凝土垫层（梁）及封闭等。

## （一）混凝土塞（拱）

采用混凝土塞加固的基本设想是通过塞的作用，将坝体应力传至破碎带两侧的坚硬岩石上。设计时，假定塞子是两端固定的梁，将坝体的铅直应力作为荷载，不考虑坝体刚度的影响。显然，当梁的荷载一定时，梁愈深，梁底的沉陷或拉应力愈小。

## （二）锚固

利用穿过软弱结构面至完整岩体内一定深度的钻孔，插入钢棒、钢索、预应力钢筋及回填混凝土，借以提高岩体的摩阻力、整体性与抗剪强度。

## （三）防沉井与防渗井

当软弱带的倾角较小时，沿软弱带倾斜方向，每隔一定距离打斜井回填混凝土用以支撑上盘岩石。这时上盘岩层好似一个大跨度的梁，每个井都是一个支撑点，跨度减小，防止沉陷。同时，防止沿软弱面剪切而错动。

软弱带中的泥质充填物难以冲洗，灌浆效果不好，因此在软弱带所通过的帷幕部位上，循帷幕线在断层倾斜方向的铅直投影上开挖防渗井，其深度满足渗透压力要求，与帷幕组成一个整体，将防渗井与防沉井结合起来使用，可以取得较好的效果。

新安江工程坝基内有 F1 和 F3 两条断层，破碎带最宽 1.5~2.0m，但倾角较缓。右坝头还有两层 1~2m 厚的页岩，风化剧烈，质地松软，力学强度低。采用了防沉井、防渗井的处理措施，在第三坝段厚层页岩内设置 3 个防沉井，F1 断层设置 3 个防沉井，F3 断层设置 4 个防沉井。另外，在断层 F1 和 F3 处共设 4 个防渗井，处理效果良好。

## （四）开挖回填

对于倾角较大的断层破碎带，或埋藏较浅的软弱夹层和倾角较小的断层破碎带，或规模不大的断层破碎带，都应当在适当的深度内将软弱带及其两侧风化岩石挖除，或挖至较完整岩体，回填混凝土等材料。

### （五）钢筋混凝土垫层

钢筋混凝土垫层适用于范围不明确且宽度较大的断层带，可以解决因拉应力而严重开裂的问题，但对防止不均匀沉陷作用较小，且计算困难，使用钢筋较多，一般只作为改善坝基应力条件的辅助措施。

### （六）封闭

当软弱夹层埋藏较深，难以挖除，且该处地基应力不大，不会因软弱夹层存在而滑动时，可以采用封闭的方法。法国日埃尼西河坝和印度巴克拉坝即采用了此方法。

根据新中国成立以来的大量实践，最广泛应用的方法是用混凝土塞加固，辅以相应的防渗措施，其次是采用防沉井与防渗井、锚固等方法，而大多数情况下都是几种方法综合应用。风滩空腹重力拱坝坝肩断层的处理便是如此。

风滩空腹重力拱坝坝高 112. 5m，左坝肩有较单薄的三角面山体，坝肩为长石石英砂岩及砂岩。坚硬岩层中有多层泥化夹层，并以 33~39°角倾向河床偏下游，发育有北西向断层 $F_{22}$、$F_{1}$、$F_{23}$、$F_{25}$、$F_{100}$、$F_{14}$等。

深挖清除的目的是挖除影响深层稳定的软弱夹层和 $F_{23}$、$F_{25}$组合的上部岩体，最大垂直挖深为 38m，水平挖深为 45m。采用混凝土塞，对 $F_{22}$、$F_{1}$、$F_{23}$、$F_{25}$、10#夹层沿走向刻槽回填混凝土塞，$F_{1}$、$F_{100}$采用混凝土井塞。灌浆帷幕采用帷幕孔两排，排距 1m，孔距 3m，孔深一般为 40m，最大深度为 96. 5m，在泥化夹层处的两排水泥灌浆帷幕中间加一排化学灌浆孔。排水孔设置一排，斜孔孔距 6m，孔深为帷幕深的 2/3，排水孔在夹层处设置反滤花管。坝基和坝肩岩体中设排水洞 3 条，洞内钻设放射状排水孔。

## 五、提高拱坝坝肩稳定的工程措施

由于拱坝对坝肩岩体的稳定性要求甚高，当坝肩岩体性质较差、坝肩抗滑稳定性达不到要求时，需对坝肩岩体采取工程措施以提高其稳定性，满足设计要求。除可以采用固结灌浆、排水减压外，还有几种常用的工程措施。

### （一）坝端嵌入基岩

为使坝肩与岸坡牢固连接，应将坝端嵌入基岩一定深度内，且要求接头处的基岩新鲜、坚硬、完整。

### （二）处理易滑软弱结构面

对坝肩岩体中的易滑软弱结构面（带），必须进行严格的处理，主要措施有：

（1）开挖回填。以多层平洞或竖井将软弱层（破碎带）挖除，然后回填混凝土。

（2）支撑加固。在可能滑移体下游修建挡墙和支撑柱，或用预应力锚杆（锚索）锚固。

（3）修建传力墙。通过修建传力墙，可使拱的推力大部分传入深部稳定岩体中，以保证岸坡附近易滑岩体的抗滑稳定性。

### （三）改变建筑物结构

改变建筑物结构也是常采取的措施。主要包括：

（1）布置拱圈时，尽量使坝的水平推力合力方向垂直于主要结构面的走向，以减小滑移力而增加抗滑力。

（2）当地形不对称时，在较低矮一侧修建重力墩或支挡墙等，以增加坝肩支撑力。

（3）若河谷两岸的地质条件对修建拱坝有影响，也可考虑修建重力拱坝，由坝基承担一部分荷载。

## 第二节　松散土体坝基处理

在松散沉积物上建坝（闸）、堤防、渠道等，经常遇到砂卵石、砂层地基的渗漏和渗透破坏，软土、流沙的压密变形和不稳定，黄土地基的湿陷等问题，需要进行工程地质处理。下面分别介绍对这些问题的处理方法和要求。

## 一、松散土体坝基防渗处理与渗透变形防治

砂层、砂砾石层等松散土体坝基防渗处理的目的，主要是保证渗透坝基稳定、控制渗透流量并结合考虑防止下游沼泽化。

当松散土体不厚时，可全部大开挖清除（即清基），将坝体坐落于其下的可靠基岩和不透水层之上。若松散土体较厚，大开挖清基工作量太大，则可采取垂直截渗、水平铺盖、排水减压和反滤盖重等措施防治渗漏及渗透变形。

### （一）垂直截渗

垂直截渗常用的方法有黏土截水槽、灌浆帷幕和混凝土防渗墙。

黏土截水槽常用于隔水层埋藏较浅的砂卵石坝基，其结构视土石坝的结构而定。砂卵层深度在 10~15m，适宜采取明挖回填黏土（截水墙）的防渗措施。截水墙截断砂砾石层，使土坝的心墙或斜墙通过截水墙与不透水层连接。截水墙应采用和坝身防渗体相同的黏性土碾压填筑，且达到与坝身防渗体相同的压实密度。截水墙底宽除应满足施工要求外，从渗透稳定出发，一般不小于坝上下游水头差的 1/5~1/10，太薄则难以起到防渗作用。

截水墙底一般要穿过砂卵石层达到不透水基岩，否则坝底仍有强透水部分，建坝后仍会漏水，甚至引起渗透破坏。

砂砾石层太厚，开挖截水墙亦有困难，则可用灌浆办法做成帷幕。灌浆帷幕适用于大多数松散土体坝基。砂卵石坝基采用水泥和黏土的混合浆灌注效果较好，中细砂层必须采用化学浆液（如丙凝）灌注。由于灌浆压力较大，这种方法最好在冲积层较厚的情况下使用。

帷幕厚度（$B$）可按式（3-3）计算：

$$B = \frac{H}{I_a} \tag{3-3}$$

式中，$H$ 为上下游水头差；$I_a$ 为灌浆帷幕允许水力坡降，该值一般小于或等于 3~4。

砂砾石的可灌性一般通过现场试验确定。灌浆孔间距可根据地基砂砾石组成情况和可灌性来选择，一般为 2.5~4m，灌浆孔呈梅花等形状排列，一般排距可大于或等于孔距。灌浆压力通过现场灌浆试验来确定。

混凝土防渗墙适用于隔水层埋藏较深的砂卵石坝基。当坝基为上细下粗的深厚砂卵石时，上部可采用此法，而下部采用灌浆帷幕，再结合下伏基岩的处理，效果较好。密云水库坝基中覆盖层深厚的河床部分，即采用此法。

混凝土防渗墙的施工机械化程度高，故主要在中大型水库中应用。根据国内外常用的造孔机性能，混凝土防渗墙的厚度一般为0.6~0.9m。防渗墙的顶端应插入坝身防渗体内，一般插入深度为1/6水头。防渗墙底部应与基岩结合好，其插入基岩深度视地质条件而异，一般为0.5~1m。

若坝端土层中有砂砾石透水层，为防止绕坝渗漏，可将截水墙插入两岸，截断砂和砂砾石层即可。例如，河北某水库，右岸为黏性土与砂砾石互层，水库蓄水后漏水严重，下游岸坡和河滩大面积沼泽化，表层稀软，严重危及坝头稳定。后采用黏土截水墙的方案处理，截水墙平行坝轴线插入右岸，长80m，宽3m，深8~12m，截断砂砾石层，与弱透水性的土层相接，效果很好。

### （二）水平铺盖

当透水层很厚，垂直截渗措施难以奏效时，常采用水平铺盖措施。其方法是在坝上游设置黏性土铺盖，并与坝体的防渗斜墙搭接起来。这种措施只是起到加长渗径而减小水力梯度的作用，并不能完全截断渗流。水平铺盖分人工铺盖和天然铺盖两种。

#### 1. 人工铺盖

人工铺盖应有一定长度与厚度，铺盖填土及垫层的质量应合乎要求，以达到防渗和有效控制渗透稳定的目的。合理的铺盖长度受一系列因素控制，与铺盖材料的透水性、施工质量、透水层厚度及水头等有关。一般在水头差较小、透水层较浅时，铺盖的长度为5~8倍水头差；水头差较大、透水层较深时，铺盖的长度应为8~10倍水头差。

铺盖厚度主要取决于所用土料和地基的性质，如土料含黏土粒的多少、碾压后土料的渗透系数，以及地基砂卵石层的性质，特别是地基砂卵石的级配及其透水性。人工铺盖首端厚度多采用1.0m，末端厚度采用2.5~3.0m。

人工铺盖只要设计得当，严格控制施工质量，并在下游渗流出口处做好反滤排水，其防渗效果是显著的。例如，吉林某水库，坝高12m，地基是透水的砂层（含少量砾石），厚度大于18m。第一次处理时，在上游端作30m长的黏土铺盖，坝基下仅挖了60cm深截水沟。水库建成后一直未能蓄起水来，且发现在坝背水坡脚处常出现浑水，并有管涌和流土现象，造成土坝的不均匀沉陷。此后进行第二次处理，在原来的基础上延长黏土铺盖至70m，约为水头的6倍，水库漏水问题基本得到解决。

**2. 天然铺盖**

当坝前河谷中表层有分布稳定且厚度较大的黏性土覆盖时，则可将它作为天然的防渗铺盖，施工时严禁破坏。采用天然防渗要研究其效果。若防渗效果不明显，可考虑加厚天然土层、碾压密实或做人工铺盖补充。此外，还可将水库淤积物当作防渗铺盖。由于防渗铺盖不能完全截断渗流，所以必须在坝下游设置相应的排水减压设施，以防止渗透变形。

对于多泥沙河流，水库淤积也能起到一定防渗作用。对于岸坡较平缓，透水层是砂层或裂隙发育的岩层，有时也可用水中抛土铺盖。

### （三）排水减压

常用的方法有排水沟和减压井，它们的作用是吸收渗流和减小溢出段的实际水力梯度。排水减压措施应根据具体地质情况选择。如果坝基为单一透水结构或透水层上覆黏性土较薄的双层结构，可以在下游坡脚附近开挖排水沟，使之与透水层连通，以有利于降低浸润曲线和水头。如果双层结构的上层黏性土厚度较大，则应采用排水沟与减压井相结合的方法。

减压井的位置，在不影响坝坡稳定的情况下，应尽量靠近坝脚，并且与坝轴线平行。井距一般为15~30m，井径为200~300mm，管外应设置反滤层。井管以深入透水层厚度的50%以上为宜。

### （四）反滤盖重

此措施对保护渗流出口效果很好，它既可保证排水通畅，降低逸出水力梯度，又起到压重的作用。其方法是在渗流逸出段分层铺设粒径不同的砂砾石层，层界面应与渗流方向正交，且沿渗流方向粒径由细到粗，常设置3层，作为反滤层。反滤层的粒径以及各相邻层间的粒径比，视被保护层的颗粒组成而定。

专门的盖重措施，则是在坝后用土或碎石填压，增加土体自重，以防止渗透变形的发生。

## 二、软土地基的加固处理

软土地基（如淤泥质土、软黏土）的承载力小，压缩性高，抗剪强度低，含水量大，有时还可能呈流动状态，施工中应尽量查清，并采取一定的措施。下面是常用的软土处理方法。

### （一）砂层置换法

当建筑物地基为较厚的软黏土、淤泥时，如无法完全清除，则可以挖去基底下一定深度的软土层，而代之以人工填筑砂垫层。砂垫层的作用主要是扩大基础底面积，加大基础砌置深度。

采用砂垫层法既可以就地取材，又不需要大型机械设备，施工速度快，操作方法简单。

砂垫层作为基础的一部分，其强度、密实度及施工质量应达到基础的要求。根据国内一些实践经验，用级配略好的中粗砂或颗粒更粗的材料（可用试验合格的石屑、炉渣等）作垫层就能满足要求。由于粉细砂抗剪强度低、抗震稳定性不好、压缩性较大，最好不用，非采用不可时（如缺中粗砂地区）则应掺入一定数量的卵石或碎石。

### （二）预压加固法

先用预压荷载对地基加压使之固结，以减少土的含水量和孔隙比，使软土强度加大，然后去掉预压荷载，在地基上进行建筑，这样地基强度和变形将满足建筑物要求。修堤坝时，若放慢施工速度，则堤坝本身重量就起一定的预压作用。

预压加固分有砂井的和无砂井的两种。无砂井的是在地面直接加预压；有砂井的则是在预压荷载之前，在地基中先设置砂井。砂井起加速固结的作用，在砂垫层下设置砂井群（内填中粗砂）。当砂井间距很大时，起加速地基排水、加快软土固结的作用。当砂井距离很近时（井距为井径 5 倍以内），则起承重作用，这时就叫砂桩。

### （三）桩基法

桩基分两类，一种是端承桩，其下端直接支撑在硬土层上。另一种是摩擦桩，桩身均在软黏土层内，利用桩身表面与土间摩擦作用，将建筑物的重量传到它四周土层上去。钱塘江下游两岸海塘工程的地基中，即打有很密的摩擦桩群（桩入土1~4m）。软土层较浅，用短桩即能解决问题时，采用桩基是经济的。当地基软土层很厚，闸身过高过重，采用砂垫层需换砂很深或仍不能满足基础设计荷重时，采用桩基也是较经济合理的。

### （四）镇压层法

镇压层法是在水工建筑物一侧或两侧做成矮而宽的压重层。软黏土是否从建筑物下挤出，除取决于基底压力和地基土强度外，还与基础周围（软土可能挤出范围内）竖向荷载有关，后者越大，越不易挤出。设置镇压层的目的就是增加基础周围的竖向荷载，使地基土不易从建筑物底下挤出。

镇压层的优点是它不需要特殊的材料，用黏性土、砂土、石料都可以，同时施工简单。它的缺点是工作量大，并增加基础沉降。

### （五）放缓边坡和挤淤法

在淤泥地基上修建土堤或其他海滩围垦等水利工程，若遇上淤泥较厚的地基，进行挖除或其他处理有困难时，可采用放缓边坡法。放缓边坡法即设计很缓的边坡，以加大基础底面积，然后在较大的基础底范围内往淤泥中填土，填土下陷，随陷随填，直至填方达一定厚度并能承受一定重量而不致下沉，再继续于其上填土筑堤。

挤淤法与上述方法稍微不同，当淤泥不太厚时，先于坝轴线位置填土（由岸边向深水方向填筑），边填边夯，将淤泥向两旁压挤，待淤泥被挤出后，填上的土体即可直接到达坚实的地基上，逐渐扩大所填的土体与河床硬土层接触面，就会将淤泥排挤出坝基，坝体便能得到稳定。

## 三、湿陷性黄土地基处理

黄土湿陷常引起坝体裂缝、渠底下沉和边坡破坏等，故应处理。处理方法主要有以下几种。

### （一）土垫层及灰土垫层

这是地基处理的传统方法之一，适用于具有一定压缩性的非湿陷性地基、厚度小于8m的弱湿陷性黄土地基及湿陷起始压力较大的非自重湿陷性黄土地基。

土垫层即将建筑物基础底面下的原土翻夯一定厚度，或用性质较好的土换填，夯实至干容重大于1.6g/cm$^3$，换填的厚度为2m左右。灰土垫层是换填石灰与黄土（或黏性土）的配合土，配合比常为8∶7或2∶8，夯实至干容重为1.5g/cm$^3$以上，换填厚度一般在1m之内。灰土垫层的防渗和抗冻性能较好，在水工建筑物地基处理中应用较广。

### （二）桩基

这是一种古老的方法，目前仍是处理黄土地基的有效方法之一。桩基的种类很多，适用的条件不同。为防止黄土地基湿陷破坏建筑物，常用灌注桩将建筑物的荷载传递至下部的砂砾石层、非湿陷性土层或基岩层，使建筑物得到可靠的支撑。当桩周黄土发生自重湿陷时，易产生负摩阻力，对桩基承载力产生不利影响。为了防止桩周自重湿陷使桩顶部在无侧限土压下工作，导致桩顶部受剪或有压碎的可能，所以无论哪种桩基均需在顶部浇筑厚度大于湿陷总量的混凝土桩帽。

### （三）预浸水法

这种方法早已被人们注意，从理论上说，采用此法将改变大厚度的自重湿陷黄土的结构，使之在工程施工以前基本完成湿陷性。此法费用低、处理范围广、影响程度大，而且操作简便，同时对黄土陷穴、鼠洞、暗缝、墓坑等又可及时发现及时处理，消除隐患。缺点是工期长、耗水量大，浸水后地基承载力因土体结构变弱、变形模量减小、强度下降而有所降低，故除非大厚度的自重湿陷性黄土地基一般不宜采用。

在浸水时，基坑应当大一些，以使饱水土体的自重压力能够大于坑周边上层的阻滑力，完成其湿陷量。预浸水后的地基土上部5m内的土层，仍具二次湿陷及外荷湿陷性，即该厚度内的土在浸水自重湿陷时因受到的自重压力很小或未受压，所以晾干后再次浸水时或在外荷作用下仍具湿陷性。为了消除这种湿陷性，工业、民用建筑部门多采用灰土垫层、土桩压密等办法。而在水利部门，由于渠系建筑物基础埋深一般较大，所以在挖坑进行预浸水时，不要挖到设计地基面，而是在其上预留 5m 厚的土层，作为浸水压重，凉干后施工时再挖掉，则二次湿陷土层就不存在了。为了加快浸水速度，可在预留土层内设置砂砾芯透水孔，并布置成梅花形，效果更好。

### （四）强夯法

这也是一种使用广泛、效果良好的老方法，多用于处理厚度不大的Ⅱ、Ⅲ级湿陷性黄土地基。较适用于底面积较小的工程，如渡槽基础。强夯法一般用重量为 10t 的重锤、十余米的落距进行地基夯实，效果良好，夯实的深度较大，但需研究地基土的动荷载特征，以确定最优含水量和适宜的击实能。若翻松后再夯实，防渗效果更好。不过，黄土渠道夯实防渗作用只在头一年明显（可减少 80%~90%渗漏量），以后效果则逐年降低，这是因为夯实黄土容易湿胀干裂，抗冻性能差，耐冲刷力弱。如若将石灰与翻松黄土拌合后再夯实，情况就会大大改变。但由于设备笨重，运输困难，故而限制了在水利工程上的应用。

上文仅介绍了一些常用的方法，尚有化学处理方法（如硅化法）等，因造价昂贵，仅用于处理已有建筑物的事故。对于明渠渠床湿陷性黄土的处理，主要是用预浸水法和翻夯法。

## 第三节　水工洞室施工地质超前预报与锚喷支护

### 一、地质超前预报分类

水工洞室施工地质超前预报，就是利用一定的技术和手段，收集地下工程所在岩土体的有关信息，运用相应的理论和规律对这些资料和信息进行分析、研究，对施工掌子面前方的岩土体情况、不良地质体的工程部位及成灾可能性作出解释、预测和预报，从而有针对性地进行地下工程的施工。施工地质超前预报的目的是查明掌子面前方的地质构造、围岩性状、结构面发育特征，特别是溶洞、断层、各类破碎带、岩体含水情况，以便提前、及时、合理地安排安全施工进度、修正施工方案，采取有效的对策，避免塌方、涌（突）水（泥）、岩爆等灾害，确保施工安全、加快施工进度，保证工程质量，降低建设成本，提高经济效益。

如前所述，隧道是地质条件最为复杂的地下工程，其施工地质超前预报是当今地下工程施工地质超前预报的重点、难点和热点。以下以隧道工程为例，讨论地下工程的施工地质超前预报问题。

**1. 根据如何获取所用资料，地质超前预报的常用方法有地质法和物探法**

地质法地质超前预报包括地面地质调查法、钻探法、断层参数法、掌子面地质编录法、隧道钻孔法、导洞法等。物探法地质超前预报法包括电法、电磁波法、地震波法、声波法和测井法等。

**2. 按照预报采用资料和信息的获得部位，可分为地面地质超前预报和隧道掌子面地质超前预报**

地面地质超前预报指通过地面工作对隧道掌子面前方作出预报，以地质方法和物探方法为主，以化探方法为辅。在隧道埋深不是很大的情况下（小于 100m），地面预报能获得较为理想的预报结果。掌子面超前预报主要指掌握硐口到掌子面地质条件的变化规律后，参考勘察设计资料和地面预报成果，采用多种方法和手段，获得相应的地质、物探或化探成果资料，经综合分析处理，对掌子面前方的地质条件及其变化作出预报。

**3. 按所预报地质体与掌子面的距离，可分为长距离地质超前预报和短距离地质超前预报**

长距离地质超前预报的距离一般大于 100m，最远可达 250~300m，甚至更远。其任务主要是较准确地查明工作面前方较大范围内规模较大、严重影响施工的不良地质体的性质、位置、规模及含水性，并按照不良地质体的特征，结合预测段内出露的岩石及对涌水量的预测，初步预测围岩类别。短距离地质超前预报的距离一般小于 20m，其任务是在长距离超前预报成果的基础上，依据导硐工作面的特征，通过观测、鉴别和分析，推断掌子面前方 20~30m 范围内可能出现的地层、岩性情况，推断掌子面的各种不良地质体向掌子面前方延伸的情况；通过对掌子面涌水量的观测，结合岩性、构造特征，推断工作面前方20~30m范围内可能的地下水涌出情况；并在上述推断的基础上，预测工作面前方20~30m范围内的隧道围岩类别，提出准确的超前支护建议，并对施工支护提出初步建议。目标是为隧道施工提供较为准确的掌子面前方近距离内的具体地质状况和围岩类别情况。

**4. 按照预报阶段，施工地质超前预报可分为施工前地质超前预报和施工期地质超前预报服务，其实质是传统意义上的工程地质勘察**

施工期地质超前预报是在施工前地质超前预报所提供资料的基础上进行的，它直接为工程施工服务。通常意义上的施工地质超前预报即施工阶段的地质超前预报，但需明确的是，勘察设计阶段的地质工作也属超前预报，是地下工程施工地质超前预报的重要组成部分。

## 二、地质超前预报的内容

### （一）地质条件的超前预报

由于地下工程的设计和施工受围岩条件的制约，地质条件是施工地质超前预报的首要内容和任务。预报内容包括地层岩性及其工程地质特性、地质构造及岩体结构特征、水文地质条件、地应力状态等。

**1. 地层岩性及其工程地质性质**

地层岩性是地质超前预报必须包含的内容，其中尤应注意对软岩及具有泥化、膨胀、崩解、易溶和含瓦斯等特殊岩土体及风化破碎岩体的预报，如灰岩、煤系地层、含油层、石膏、岩盐、芒硝、蒙脱石等。它们常导致岩溶、塌方、膨胀塑流及腐蚀等事故。

**2. 断层破碎带与岩性接触带**

断层不同程度地破坏了岩体的完整性和连续性，降低了围岩的强度，增强了导水和富水性。施工实践表明，严重的塌方、突水和涌泥（硐内泥石流）多与断层及其破碎带有关。

岩性接触带包括接触破碎变质带和岩脉侵入形成的挤压破碎带、冷凝节理、接触变质带等。它们易软化，工程地质条件差，并常常被后期构造利用而进一步恶化。岩脉本身易风化，强度低，是隧道易于变形破坏的重要部位。如军都山隧道、陆浑水库泄洪洞和瑞士弗卡隧道等，遇到煌斑岩脉时都发生了大塌方。

3. 岩体结构

实践表明，贯穿性节理是地下工程塌方和漏水的重要原因之一。受多组结构面切割，当其产状对隧道轴向组合不利时，易产生塌方、顺层滑动和偏压。因此，必须准确预报掌子面前方岩体结构面的部位、产状、密度、延展性、宽度及充填特征，通过赤平极射投影、实体比例投影和块体理论，预报可能发生塌方的位置、规模以及隧道漏水情况。向斜轴部的次生张裂隙向上汇聚，形成上小、下大的楔形体，对围岩稳定十分不利。如达开水库输水隧道的 9 处塌方，都发生在较缓的向斜轴部。

4. 水文地质条件

大量工程实践表明，地下水是隧道地质灾害的罪魁祸首之一，水文地质条件是地下工程地质超前预报的重要内容。工作要点是：①向斜盆地形成的储水构造；②断层破碎带、不整合面和侵入岩接触带；③岩溶水；④强透水和相对隔水层形成的层状含水体。

5. 地应力状态

地应力是隧道稳定性评价和支护设计的重要条件，高地应力和低地应力对围岩稳定性不利。然而隧道工程很少进行地应力测量，因此，在施工过程中，应注意与高、低地应力有关的地质现象，据此对地应力场状态作出粗略的评价，并预报相应的工程地质问题，如高地应力区的岩爆和围岩大变形，低地应力区塌方、渗漏水甚至涌水等。

### （二）围岩类别的预报

围岩分类是通过分析已掘硐段或导硐工程地质条件，包括软硬岩划分、受地质构造影响程度、节理发育状况、有无软弱夹层和夹层的地质状态、围岩结构及完整状态、地下水和地应力等，结合围岩稳定状态以及中长期预报成果，依据隧道工程类型的划分标准，准确预报掌子面前方的围岩类别。

### （三）地质灾害的监测、判断与防治

各类不良地质现象的准确识别以及各类地质灾害的监测、判断和防治是地下工程施工地质工作最重要的内容。

隧道施工中，塌方、涌水突泥、瓦斯突出、岩爆和大变形等地质灾害的发生，是多种因素综合作用的结果，既有地质因素，也有人为因素。人为因素可以避免，但其前提是充分和正确认识围岩地质条件。为此，应在掌握围岩地质条件特征和规律的基础上，预报可能存在的不良地质体和可能发生地质灾害的类型、位置、规模和危害程度，并提出相应的施工方案或抢险措施，从而最大限度地避免各类地质灾害的发生，为进一步开挖施工和事故处理提供科学依据。

## 三、地质超前预报常用方法

### （一）地质预报法

#### 1. 地面地质调查

主要针对有疑问的地段或问题开展补充地质测绘、必要的物探或少数钻孔等。地质调查的重点是查明地层岩性、构造地质特征、水文地质条件及工程动力地质作用等。

#### 2. 隧道地质编录

隧道地质编录是隧道施工期间最主要的地质工作，它是竣工验收的必备文件，还可为隧道支护提供依据。

隧道地质编录应与施工配合，内容包括两壁、顶板和掌子面的岩性、断层、结构面、岩脉、地下水，同时根据条件和要求，开展必要的简单现场测试以及岩土样和地下水试样的采集。编录成果以图件、表格和文字的形式展示出来，供计算分析和预报之用。

#### 3. 资料分析及地质超前预报

通过及时分析处理地质编录资料，并与施工前隧道纵横剖面对比，对围岩类别进行修正，在此基础上对可能出现的工程地质问题进行超前预报。

### （二）超前勘探法

#### 1. 超前导硐法

（1）平行导硐法

平行导硐一般距主硐 20m 左右。导硐先行施工，对导硐揭露出的地质情况进行收集整理，并据此对主体工程的施工地质条件进行预报。与此类似，利用已有平行隧道地质资料进行隧道地质预报是隧道施工前期地质预报的一种常用方法，特别是当两平行隧道间距较小时预报效果更佳。如在秦岭隧道施工中就对此进行了有益的尝试，利用二线隧道施工所获取的岩石（体）强度资料对一线隧道将遇到的岩体强度进行预测，为一线隧道掘进机施工提供了科学的依据；军都山隧道也部分使用了平行导硐预报方法。

（2）先进导硐法

先进导硐法是将隧道断面分成几个部分，其中一部分先行施工，并进行资料收集。其预报效果比超前平行导硐法更好。

**2. 超前水平钻孔法**

超前水平钻孔法是最直接的隧道施工地质超前预报方法之一，不仅可直接预报前方围岩条件，而且对富水带超前探测、排放，控制突水和硐内泥石流的发生有重要作用。该方法是在掌子面上用水平钻孔打数十米或几百米的超前取芯探孔，根据钻取的岩心状况、钻井速度和难易程度、循环水质、涌水情况及相关试验，获得精度很高的综合柱状图，获取隧道掌子面前方岩石（体）的强度指标、可钻性指标、地层岩性资料、岩体完整程度指标及地下水状况等诸多方面的直接资料，预报孔深范围内的地质状况。

## （三）物探法

**1. 电法**

电法勘探分为电剖面法和电测深法，根据工程具体情况进行选择。电法勘探是在地表沿硐轴线进行，因此不占用施工时间。

**2. 电磁波法**

电磁波法包括频率测深法、无线电波透视法和电磁感应法。其中，在隧道施工地质超前预报中应用最多的是电磁感应法。尤其是地质雷达，瞬变脉冲电磁主要用于地面勘探，目前在隧道预报中较少应用。

地质雷达（Ground Penetration Radar，简称 GPR）探测的基本原理是电磁波通过天线向地下发射，遇到不同阻抗界面时，将产生反射波和透射波，雷达接收机利用分时采样原理和数据组合方式把天线接收到的信号转换成数字信号，主机系统再将数字信号转换成模拟信号或彩色线迹信号，并以时间剖面的形式显示出来，供解译人员分析，进而用解析结果推断诸如地下水、断层及影响带等对施工不利的地质情况。

### 3. 地震波法

地震勘探主要通过测试受激地震波在岩体中的传播情况，来判断前方岩体的情况。它分为直达波法、折射波法、反射波法和表面波法，其中反射波法在隧道超前预报中应用最普遍，其次为表面波法，直达波法和折射波法应用相对较少。

地震反射波法可在地面布置，也可在隧道内开展。地面适合进行缓倾角地质界面的探测，得出构造界面距地面的距离，确定施工掌子面前方可能存在断层的位置。在我国，隧道内的反射地震波法分为 TVSP（Tunnel Vertical Seismic Profiling）和 CTSP（Cross Tunnel Seismic Profiling），前者是将地震波震源（激发器）与检波布置于隧道的同一壁，并相距一定距离；后者是将激发器和接收器分别布置于隧道不同壁面。在国外，隧道内的反射地震波法被称为 TSP（Tunnel Seismic Profiling），它可以同时采用上述两种布置方法。TSP 地质超前预报系统主要用于超前预报隧道掌子面前方不良地质的性质、位置和规模，设备限定有效预报距离为掌子面前方 100m（最大探测距离为掌子面前方 500m），最高分辨率为≥1m 的地质体。通过在掘进掌子面后方一定距离内的浅钻孔（1.0~1.5m）中施以微型爆破来人工制造有规则排列的轻微震源，形成地震源断面。

震源发出的地震波遇到地层层面、节理面，特别是断层破碎带界面和溶洞、暗河、岩溶陷落柱、淤泥带等不良地质界面时，将产生反射波；这些反射波信号传播速度、延迟时间、波形、强度和方向均与相关面的性质、产状密切相关，并通过不同数据表现出来。用此种方法可确定施工掌子面前方可能存在的反射界面（如断层）的位置、与隧道轴线的交角以及与隧道掘进面的距离，同样也可以将隧道周围存在的岩性变化带的位置探测出来。

## 四、锚喷支护

锚喷支护是锚杆喷射混凝土支护的简称，即喷射混凝土与锚杆相结合的一种支护结构，在水工地下硐室岩石加固中经常运用。它是把岩体本身作为承受应力的结构体，加强岩体的结构性和力学强度，充分发挥岩体的作用，以承受各种荷载。因此，它可以主动加固围岩，发挥围岩的支承能力。现在，它已广泛地用在水利水电工程领域内的地下厂房、有压与无压引水隧道、基坑和闸室开挖等工程中。

锚喷支护速度快、工期短、节约材料、可降低工程造价，因此被广泛应用。

### （一）锚杆的类型与作用

锚杆是一种安设在岩土层深处的受拉杆件，它的一端与工程构筑物相连，另一端锚固在岩土层中，必要时对其施加预应力，以承受岩土压力、水压力等所产生的拉力，用以有效地承受结构载荷，防止结构变形，从而维护构筑物的稳定。

工程上所指的锚杆，通常是对受拉杆件所处的锚固系统的总称。它由锚固体（或称内锚头）、拉杆及锚头（或称外锚头）3个基本部分组成。锚头是构筑物与拉杆的连结部分，它的作用是将来自构筑物的力有效地传给拉杆。拉杆要求位于锚杆装置中的中心线上，其作用是将来自锚头的拉力传递给锚固体，一般用抗拉强度较高的钢材制成。锚固体在锚杆的尾部，与岩土体紧密相连，它将来自拉杆的力通过摩阻抵抗力（或支撑抵抗力）传递给稳固的地层。

#### 1. 锚杆的类型

按锚杆的作用原理，可以把锚杆划分为全长黏结型锚杆、端头锚固型锚杆、摩擦型锚杆、预应力锚杆等4种类型。

（1）全长黏结型锚杆

全长黏结型锚杆是一种不能对围岩施加预应力的被动型锚杆，适用于围岩变形量不大的各类地下工程的永久性系统支护。根据锚固剂的不同，可分为普通水泥砂浆锚杆、早强水泥砂浆锚杆、树脂卷锚杆、水泥卷锚杆等。

（2）端头锚固型锚杆

端头锚固型锚杆安装后可以立即提供支护抗力，并能对围岩施加不大于100kN的预应力，适用于裂隙性的坚硬岩体中的局部支护。端头锚固型锚杆结构形式如图3-2所示。其中机械式锚固适用于硬岩或中硬岩；黏结式锚固除用于硬岩及中硬岩外，也可用于软岩。端头锚固型锚杆的作用主要取决于锚头的锚固强度。在选定锚头后，其锚固强度是随围岩情况变化而变化的。因此，为了获得良好的支护效果，使用前应在现场进行锚杆拉拔试验，以检验所选定的锚头是否与围岩条件相适应。

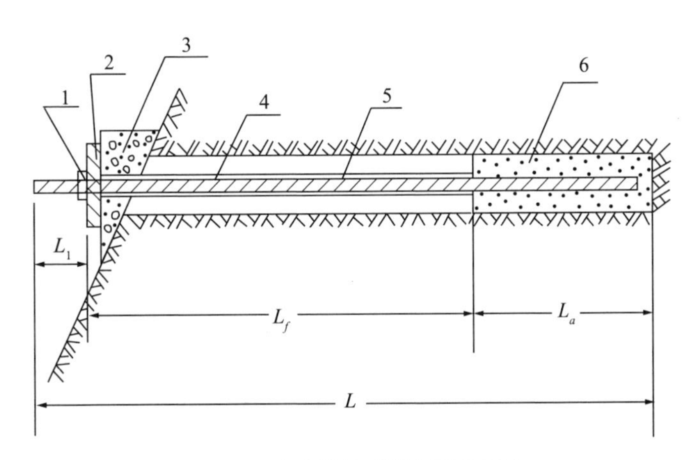


图 3–2　端头锚固型锚杆结构形式

（3）摩擦型锚杆

摩擦型锚杆安装后可立即提供支护抗力，并能对围岩施加三向预应力，韧性好，适用于软弱破碎、塑性流变围岩及经受爆破震动的矿山巷道工程。目前国内摩擦型锚杆有全长摩擦型（缝管式）和局部摩擦型（楔管式）两种。摩擦型锚杆是一根沿纵向开缝的钢管，当将它装入比其外径小 2~3mm 的钻孔时，钢管因受到孔壁的约束力而收缩，同时，沿管体对孔壁施加弹性抗力，从而锚固其周围的岩体。这类锚杆的特点是安装后能立即提供支护抗力，有利于及时控制围岩变形；能对围岩施加三向预应力，使围岩处于压缩状态；而且，锚固力还能随时间推移而提高。在某些特定条件下，需要提高摩擦型锚杆的初锚固力时，可采用带端头锚楔的缝管锚杆或楔管锚杆。工程实践表明，在硬岩条件下，采用带端头锚楔的缝管锚杆或楔管锚杆，可使初始锚固力增加 50kN 以上。

（4）预应力锚杆

预应力锚杆是指预拉力大于 200kN、长度大于 8.0m 的岩石锚杆。它能对围岩施加大于 200kN 的预应力，且能处理深部的稳定问题，适用于大跨度地下工程的系统支护及局部大的不稳定块体的支护。与非预应力锚杆相比，预应力锚杆有许多突出的优点。它能主动对围岩提供大的支护抗力，有效地抑制围岩位移；能提高软弱结构面和塌滑面处的抗剪强度；按一定规律布置的预应力锚杆群使锚固范围内的岩体形成压应力区而有利于围岩的稳定。此外，这种锚杆施工中的张拉工艺，实际上是对每根工程锚杆的检验，有利于保证工程质量。因而，近年来国内外在地下工程及边坡工程中预应力锚杆的应用获得迅速发展。

目前，国内普遍采用的预应力锚杆是一种集中拉力型锚杆，大量的研究资料已经证实这种锚杆固定长度上的黏结应力分布是极不均匀的，固定段的最近端应力集中现象严重，随着荷载的增大，并在荷载传至固定长度最远端之前，杆体—灌浆体界面或者灌浆体—地层界面就会发生黏脱。这种被黏结作用逐步破坏的锚杆一般都会大大降低地层强度的利用率，特别在软岩和土层中，当固定长度大于 8~10m 时，其承载力的增量很小或无任何增加。

国内已开发出一种单孔复合锚固系统，即压力分散型或拉力分散型锚杆。这种锚固系统是在同一个钻孔中安装几个单元锚杆，而每个单元锚杆都有自己的杆体、锚固长度，而且承受的荷载也是通过各自的张拉千斤顶施加的。由于组合成这类锚杆的单元锚杆锚固长度很小，所承受的荷载也小，锚固长度上的轴力和黏结应力分布较均匀，不会产生逐步黏脱现象，从而能最大限度地调用地层强度。从理论上讲，使用这类锚杆对整个锚固长度并无限制，锚杆承载力可随着整个锚固长度的增加而提高，适用于软岩或土体工程。特别是压力分散型锚杆，其单元锚杆的预应力筋采用无黏结钢绞线，在荷载作用下灌浆体受压，不易开裂，因而能大大提高锚杆的耐久性。

另外，还有一种特殊的自钻式锚杆。它是一种钻进、注浆、锚固三位一体的锚杆，适用于钻孔过程易塌孔，必须采用套管跟进的复杂地层。在工作空间狭小的条件下，施工简便，锚固效果较好。这种锚杆将钻孔、注浆及锚固等功能一体化，在隧道超前支护系统及高地应力、大变形巷道的变形控制等工程中均取得了良好效果。

**2. 锚杆的作用**

（1）悬吊作用

锚杆是借助锚头固定于稳定岩层而产生锚固力，靠孔口的垫板承托重量，使塌落拱内不稳定岩体通过锚杆悬吊在塌落拱外的稳定岩层上，故锚杆主要为受拉构件。

(2) 组合作用

在水平层状岩层中，将数层薄的岩层用锚杆组合成整体结构，类似锚针加固的组合梁，以提高岩层整体的抗震、抗剪、抗弯能力。

(3) 加固作用

锚入围岩的锚杆，将相邻岩体串联在一起，阻止了不稳定岩体的滑移，促使岩体裂隙面挤压紧密，使围岩形成具有承受荷载能力的整体岩拱。

砂浆锚杆支护的围岩，当砂浆硬化以后，每根锚杆周围形成稳定岩体，其形状大致是个锥体。多根锚杆联合，使围岩形成一个拱圈。锚杆间的岩体，互相支撑而形成次生拱，其最大厚度为 $d/2$，由于拱端的岩石处于平衡状态，而使岩体保持稳定。

对于预应力锚杆，由于预应力作用，锚杆周围形成了两头为圆锥的压缩区，彼此联结形成一个均匀压缩带（加固拱），如图 3-3 所示。

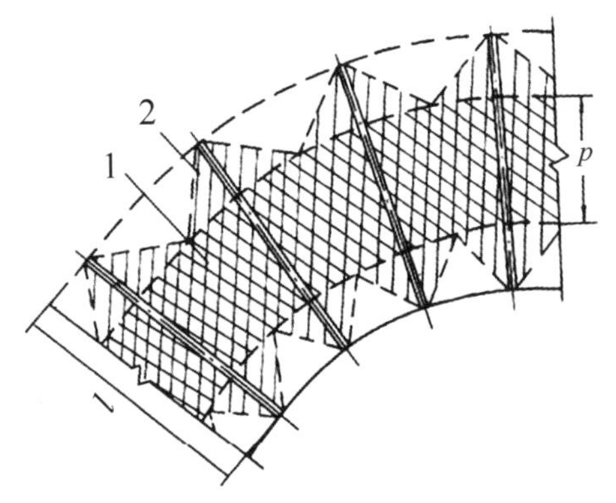


*l*. 锚杆长度；*p*. 压力锥相重叠联结形成的压缩带和被加强的岩石环

1. 压力锥；2. 压缩带

**图 3-3　预应力锚杆对围岩的支护作用**

## （二）喷射混凝土的作用

喷射混凝土是利用压缩空气或其他动力，将按一定配比拌制的混凝土混合物沿管路输送至喷射机喷头处，以较高速度垂直喷射于受喷面，依赖喷射过程中水泥与骨料的连续撞击，压密而形成的一种混凝土。它与围岩紧密粘在一起，从而起到支护与加固作用。

1. 喷射混凝土的支护作用

喷射混凝土支护围岩能在开挖后迅速有效地控制与防止围岩表层岩体的松动坍落，而且使一定厚度的围岩形成承载拱，与喷射混凝土层共同承担荷载。

2. 喷射混凝土的加固作用

喷射混凝土层对岩体的加固作用包括：

（1）喷射混凝土支护能紧跟工作面，速度快，因而缩短了掘进与支护的间隔时间，及时地填补了围岩表面的超挖部分，使围岩的应力状态得到改善，可避免产生应力集中。喷层与围岩非常紧密，又有相当高的早期强度，在洞室开挖后围岩应力的重分布还没完成、应力降低区尚未充分发展之时，喷层就及时地加固了岩体。

（2）喷射的混凝土有较高的喷射速度和压力，因此浆液能充填张开的裂隙。当裂隙宽度为0.5~2cm时，射入深度能达到裂隙宽度的4~11倍，裂隙越宽，射入越深（据冶金建筑研究院的试验资料），因而加固了围岩。

（3）喷层与围岩紧密黏结和咬合，有较高的黏结力与抗剪强度，能在结合面上传递各种应力（如拉应力、剪应力和压应力）。当喷射混凝土层的黏结强度和剪切强度足以抵抗局部不稳定岩体的破坏时，就起到了承载拱的作用。

### （三）钢筋网的作用

在大跨度的地下工程中，锚喷联合支护中一般都配有钢筋网，成为锚杆—喷射混凝土—钢筋网的联合支护形式。在地质条件差的地段，不论跨度大小都配有钢筋网。设置钢筋网有以下作用：

（1）能使混凝土应力均匀分布，加强喷射混凝土的整体工作性能。

（2）提高喷射混凝土的抗震能力。

（3）承受喷射混凝土的收缩压力，防止因收缩而产生的裂缝。

（4）在喷射混凝土与围岩的组合拱中，钢筋网承受拉应力。

# 第四节　水工边坡防治与岩溶防渗处理

## 一、水工边坡/岸坡防治

### （一）防治原则

为了预防和控制水工边坡与岸坡可能发生的破坏，需要采取必要的措施。防治的总原则是“以防为主，及时治理”。

“以防为主”，即在勘察研究的基础上，对一些不稳定的边坡、岸坡必须提前采取措施，消除和改变不利于稳定的因素，以防止发生变形破坏；在设计人工边坡时选择合理的布置和开挖方案。例如，在高地应力区的斜坡上设计人工边坡时应尽可能使边坡走向与该地区最大主应力方向一致。此外，工程布置应尽量避开严重不稳定斜坡地段（如活动性的大型滑坡或严重崩塌地段），以绝后患。总之，以防为主就是尽量做到防患于未然。

“及时治理”，即针对已经发生变形破坏的边坡及岸坡，及时采取必要的措施进行整治，以提高其稳定性，使之不再继续恶化。

防治设计的具体原则可概括为以下几点：

（1）以查清工程地质条件和了解影响水工边坡/岸坡稳定性的因素为基础。查清水工边岸坡稳定性的主要及次要因素，并有针对性地采取防治措施。

（2）整治前必须查清水工边坡/岸坡变形破坏的规模和边界条件。变形破坏的规模不同，处理措施也不相同，要根据水工边坡/岸坡变形的规模大小采取相应的措施。此外，还须掌握变形破坏面的位置和形状，以确定其规模和活动方式，否则就无法确切地布置防治工程。

（3）按工程的重要性采取不同的防治措施。水工边坡/岸坡失稳后果严重的重大工程，势必要求提高稳定安全系数，防治工程的投资大；而非重大工程和临时工程，则可采取较简易的防治措施。同时，防治措施要因地制宜，适合当地情况。

## （二）防治措施

由于水工边坡/岸坡的具体情况复杂多样，治理措施也应该因地制宜。针对水工边坡/岸坡的具体工程地质条件，应采取不同的治理措施。防治思路分为两大方面：一是提高抗滑力 $\tau f$，如增强岩土体的抗剪能力或者提供外加抗力；二是减小下滑力 $\tau$，如排水、削去某些部位的滑体等。任何防治措施都必须完成上述两项任务，并使 $\tau f/\tau$ 大于规范要求的安全系数 $Fs$。能完成上述任务的防治工程措施可分为 4 类，即：①改变边坡几何形态；②排水；③设置支挡结构物；④内部加固。

### 1. 改变边坡的几何形态

主要是削减推动滑坡产生区的物质和增加阻止滑坡产生区的物质，即通常所谓的砍头压脚，或减缓边坡的总坡度，即通称的削方减载。这种方法在技术上简单易行且加固效果好，所以应用广泛且应用历史悠久，特别适用于滑面深埋的边坡。整治效果则主要取决于削减和堆填的位置是否得当。

### 2. 排水

排水包括将地表水引出滑动区外的地表排水和降低地下水位的地下排水。地表排水因其技术上简单易行且加固效果好、工程造价低，所以应用极广，几乎所有的滑坡整治工程都包含地表排水工程。运用得当，仅用地表排水即可整治滑坡。

### 3. 设置支挡结构物

在改变水工边坡/岸坡几何形态和排水不能保证水工边坡/岸坡稳定的地方，常采用支挡结构物如挡墙、抗滑桩、沉井、拦石栅，或水工边坡/岸坡内部加强措施如锚杆（索）、土锚钉、加筋土等来防止或控制水工边坡/岸坡岩土体的变形破坏运动。经过恰当的设计，这类措施可用于稳定大多数体积不大的滑坡或者没有足够空间而不能用改变水工边坡/岸坡几何形态方法来治理的滑坡。

支挡结构或水工边坡/岸坡内部加强措施的一些典型例子如图 3-4 所示。砌石圬工重力式挡墙是使用最广的支挡结构物，但仅适用于规模小、滑面浅的滑坡。铜街子水电站左坝肩红色地层中的滑坡就是用一排沉井进行支挡。挡墙体也可以是原地浇灌钢筋混凝土连续墙，必要时还可在墙前加斜撑或用锚索在墙后拉锚固［见图 3–4（c）、(d)］以增强其支挡效果。

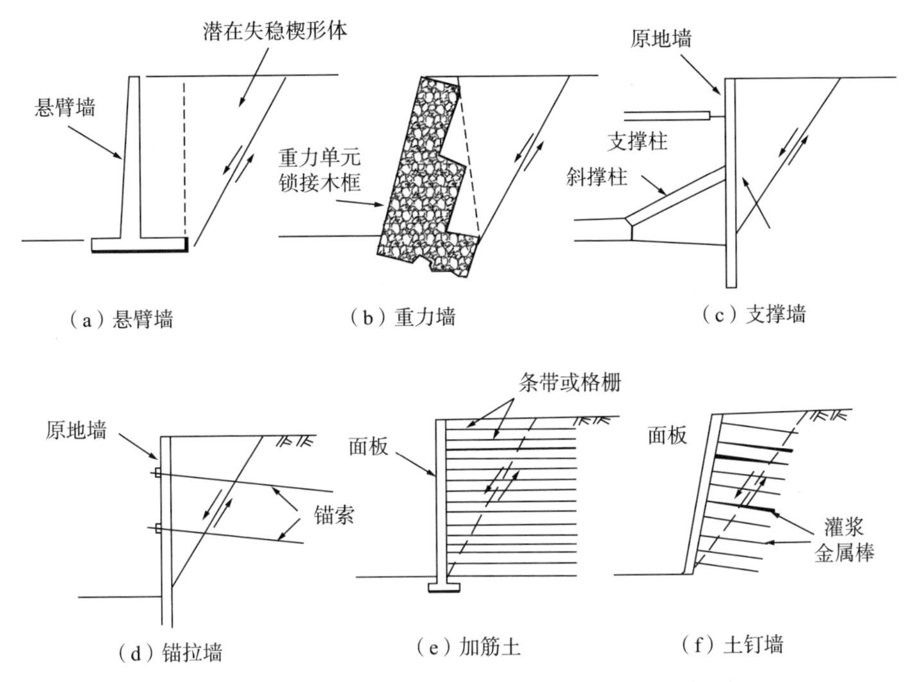


**图 3–4　支挡结构物和水工边坡/岸坡内部加固系统示例**

当滑坡规模较大时常采用抗滑桩进行治理（见图 3–5）。抗滑桩是支挡滑体下滑力的桩柱，一般集中设置在滑坡的前缘附近。它施工简便，可灌注，也可锤击灌入。桩柱的材料有混凝土、钢筋混凝土、钢等。这种支挡工程对正在活动的浅层和中层滑坡效果好。为使抗滑桩更有效地发挥支挡作用，根

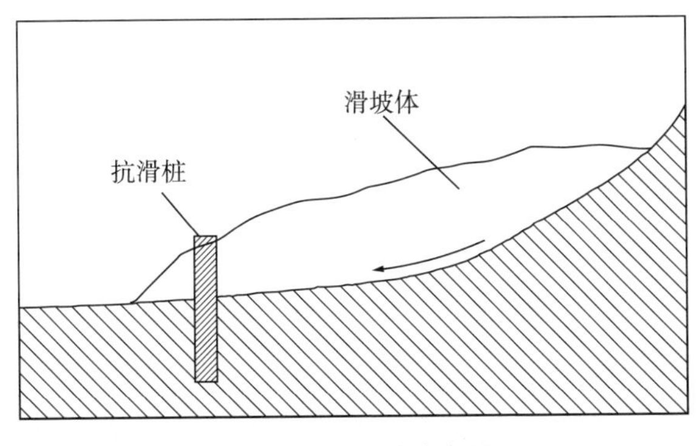


**图 3–5　抗滑桩的布置**

据经验应将桩身全长的1/3、1/4埋置于滑坡面以下的完整基岩或稳定土层中，并灌浆使桩和周围的岩土体构成整体，而且设置于滑体前缘厚度较大的部位为好。抗滑桩能承受相当大的土压力，所以成排的抗滑桩可防止住巨型的滑坡体。

还有一类支挡结构物并不阻止灾害的发生，而仅阻止其可能造成的危害，即被动防护。例如设置于水工边坡/岸坡上一定部位处的刚性拦石格栅或柔性钢绳网，可以拦截或阻滞顺坡滚落的石块，从而使保护对象免遭破坏。试验证明，链条连接的栅栏可以阻止直径达0.6m的滚落石块，但往往受到强烈损坏不能阻拦直径更大的石块。所以，欧洲式的安全网系统在高山、高陡坡崩塌落石严重的地区得到较广泛的应用。该系统由钢绳网、固定系统（拉锚和支撑绳）、减压环和钢柱4部分组成（见图3-6）。钢绳网是首先受到冲击的系统主体部分，它有很高的强度和弹性内能吸收能力，能将落石的冲击力传递到支撑绳再传到拉锚绳最终到锚杆。在绳的特定位置设有摩擦式“减压环”，它能通过塑性位移吸收能量，是一种消能元件，可对系统起过载保护作用。钢柱是系统的直立支撑，它与基座间的可动连接确保它受到直接冲击时地脚螺栓免遭破坏，锚杆将拉绳锚固在岩石地基中并将剩余冲击荷载均匀地传递到地基之中。

**4. 内部加固**

水工边坡/岸坡内部加固多采用锚固工程，将张拉的锚杆或锚索的内锚固端固定于潜在滑面以下的稳定岩土之中，施加的张应力增加锚拉方向的正应力，从而增大了破坏面上的阻滑力。为了改善荷载分布，近年来开发了在一个锚固孔中置入多个单元锚索的单孔多锚索体系，每个锚索都单独密封于抗腐蚀系统中，各锚索的密封囊用本身的预应力千斤顶加载，并将荷载分别传递到预定深度。这种锚索完全消除了传统锚索的累进性破坏机制，几乎动用了整个钻孔长度的岩体强度。

在土体中进行边坡/岸坡内部加固，有赖于通过剪力传递发挥密集地埋于土体内的加强单元的抗张能力。这一概念提出后，开始越来越多地使用金属或高分子聚合物等加强单元进行土体内部加固，或用递增埋置法创建加筋土支挡体系或原地系统打入加强单元，即土锚钉加固，参见图3-4（e）、（f）。加筋土是在土体中埋入具有抗拉功能的单元以改善土体的总体强度，稳定天

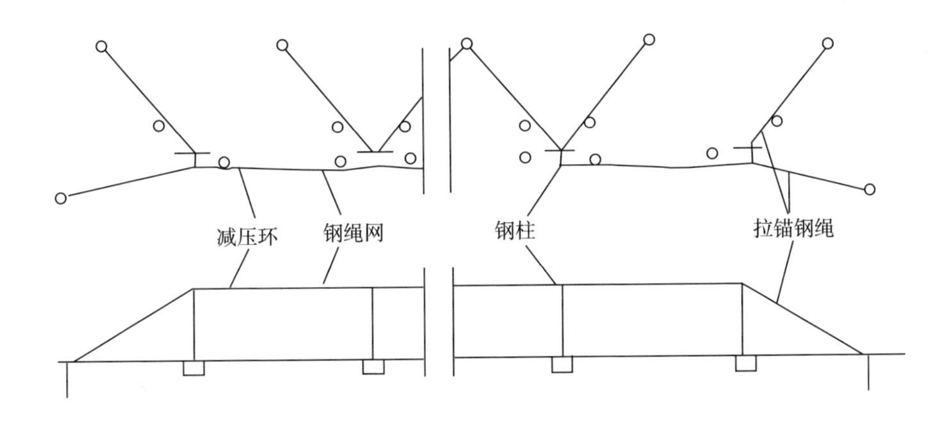


（a）正视图

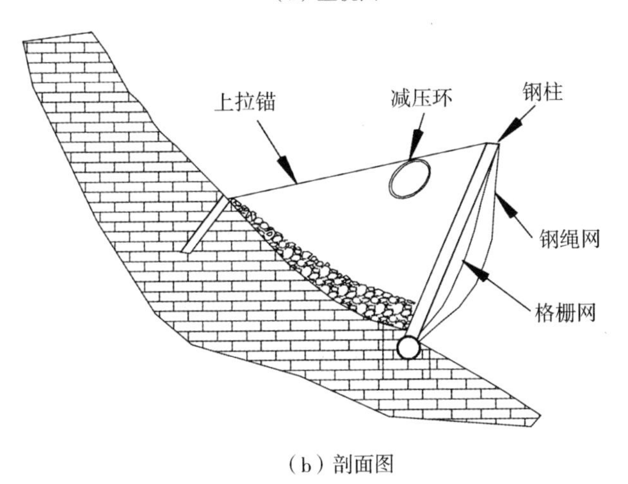


（b）剖面图

**图 3-6　钢绳网崩塌落石拦挡系统前视、俯视、剖面示意图**

然或堆填水工边坡/岸坡、支挡开挖边坡都可用加筋土挡墙。相比传统挡墙它的优势在于：①既有黏聚性又有韧性，故能承受大变形；②可使用的填料范围很广；③易于修建；④耐地震荷载；⑤已有多种面板形式，可以建成赏心悦目的结构；⑥比传统挡墙或桩造价低。有护面板的加筋土可做成很陡的坡，从而降低新建运输线路的宽度，特别适用宽度受限的已有道路的加宽。

最常用的土中加筋材料是能承受张荷载的金属（钢或铝）条带、钢或聚合物格栅等。为防金属条带锈蚀破坏而开发了镀锌防锈腐钢条带或外包环氧树脂的金属条带。近年来非金属加筋材料如土工布、玻璃纤维、塑料等新合成材料已被广泛应用于加筋土，这些材料抗腐蚀，但长期埋置是否会产生化学或生物的老化，有待进一步研究。土工布类片状加筋物一般是水平置于加筋层之间形成复合加筋土（见图 3-7），其中土填料可用从粉土直到砾石的颗粒土。护面单元可用土工布在坡面附近将土包起来（见图 3-8）并在露出地表的土工布表面喷水泥砂浆、沥青乳胶或覆以土壤和植被以防紫外线对土工布的破坏。

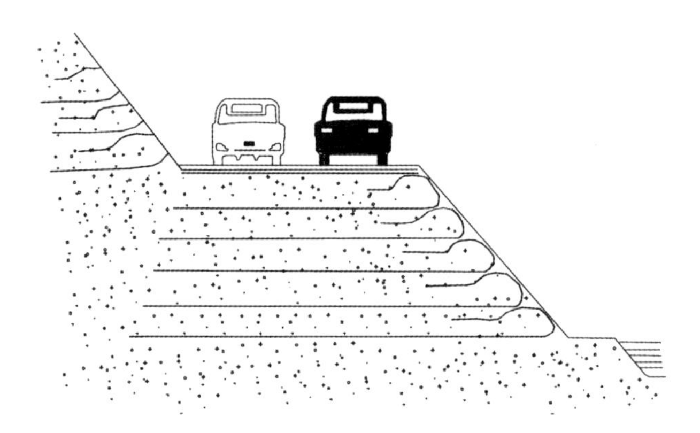

图 3-7 土工布加筋挡墙剖面示意图

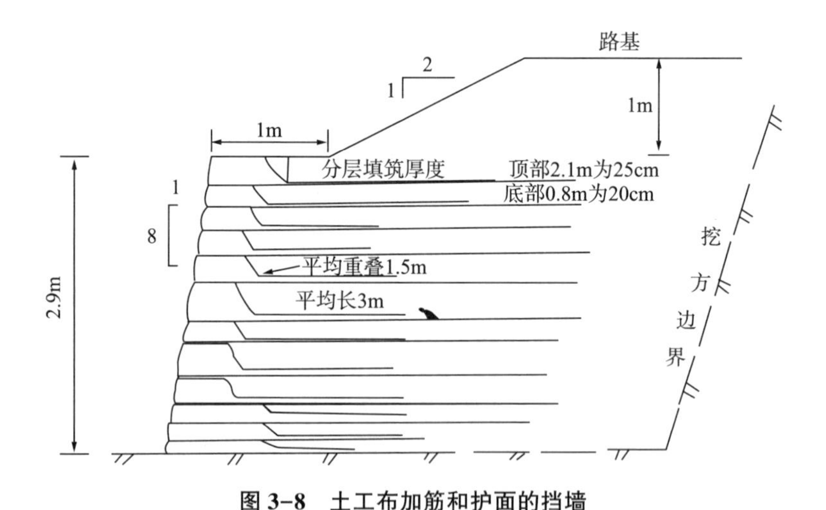


图 3-8 土工布加筋和护面的挡墙

土锚钉是将金属棒、杆或管打入原地土体或软岩或灌浆置入土或软岩中预先钻好的钻孔中，它们和土体共同构成有黏聚力的土结构物，可以阻止不稳定水工边坡/岸坡的运动或支撑临时挖方边坡。锚钉属被动单元，打入或置入后不再施加拉张应力。锚钉间距较密，通常每 1~6m$^2$应有一个锚钉。锚钉间地面稳定性由薄层（10~15cm）挂金属网的喷混凝土提供。土锚杆可以支撑潜在不稳定水工边坡/岸坡或蠕动水工边坡/岸坡，最适用于密实的颗粒土或低塑性指数坚硬粉质黏土。由于金属棒、杆锈蚀速度的不确定性，土锚钉主要用于临时结构物。但抗锈蚀的新的加筋类型和加筋护面类型也在研制开发之中，如德国曾用玻璃纤维锚钉支挡近垂直的边坡。土锚钉的一种新技术是以土工布、土工格栅或土工网覆盖地面。土工材料在多个结点上加强，并以长的钢杆将这些结点锚固起来（见图 3-9）。

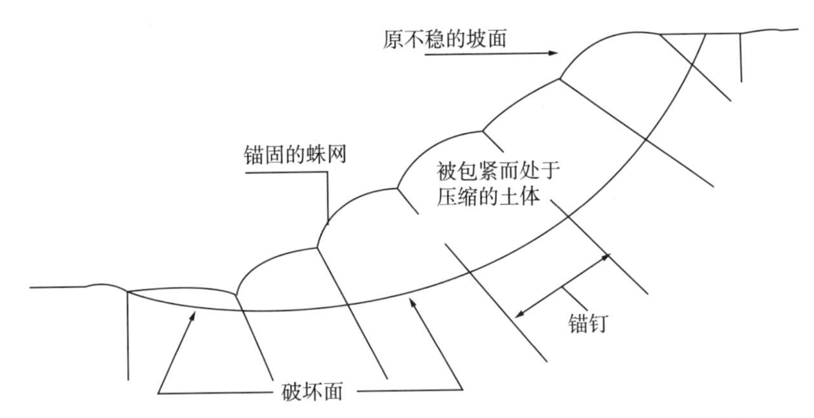


**图 3-9 以土锚钉锚固的土工聚合物“蛛网”加固边坡剖面示意图**

这些锚钉恰当地紧固后，将地表网拉入土中，使网处于拉伸状态而网下的土则处于压缩状态。土锚钉系统既有柔韧性又有整体性，故可抗地震荷载。

土质改良的目的在于提高岩土体的抗滑能力，主要用于土体性质的改善。常用方法有电渗排水法和焙烧法等。电渗排水法对粉砂土和粉土质亚砂土效果较好，它能使土内含水量降低而提高其抗剪强度。但费用昂贵，一般很少采用。焙烧法可用来改善黄土和一般黏性土的性质，它的原理就是通过焙烧将滑坡体特别是滑带土烧得像砖一样坚硬，从而大大提高其抗剪强度。采用这种方法一般是对坡脚的土体进行焙烧，使之成为坚固的天然挡土墙。我国宝成铁路线上某些滑坡曾采用过这种方法，取得了良好的效果。对于岩质水工边坡/岸坡可采用固结灌浆等措施加固。

## 二、岩溶防渗处理

### （一）防渗处理的基本方法

为了防止岩溶渗漏，往往需要在发育有各种溶蚀渗漏通道的大范围内进行大工程量的防渗处理。岩溶发育程度不同则渗漏通道的形式和规模不同，所以防渗处理也有灌、铺、截、围、喷、塞、引、排等多种方法。以前 5 种应用最广，有时需多种方法联合。主要防渗处理方法如表 3-3 所示。

**表 3-3　岩溶水库坝址主要防渗处理方法简表**

| 处理方法 | 主要类型 | 示意图 | 处理说明 |
| --- | --- | --- | --- |
| 帷幕灌浆 | 全帷幕 | 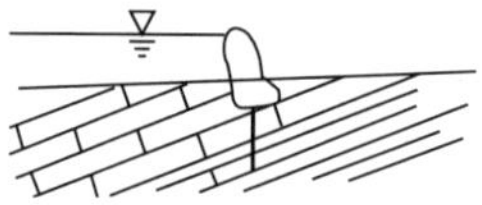  | 坝下防渗帷幕至可靠隔水层，若两岸帷幕边界接隔水层则为全封闭式 |
|  | 弱帷幕 | 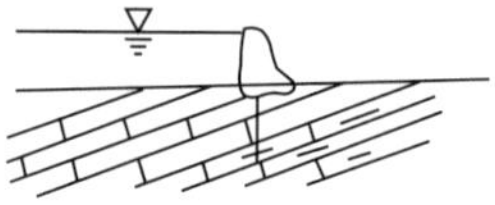  | 坝下防渗帷幕至相对隔水层 |
|  | 悬帷幕 | 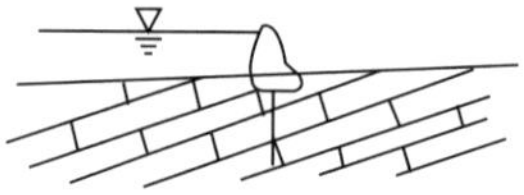  | 坝下防渗帷幕无隔水层或相对隔水层衔接，幕底利用相对弱隔水层 |
| 铺盖 | 黏土铺盖 | 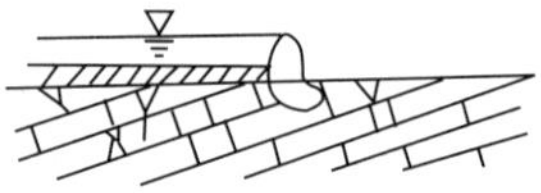  | 库底或库岸岩溶裂隙渗漏，用黏土铺盖，或铺以土工织物 |
|  | 混凝土铺盖 | 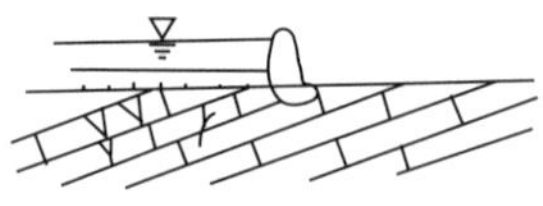  | 用混凝土或钢筋混凝土铺盖 |
| 堵洞 | 混凝土堵体 | 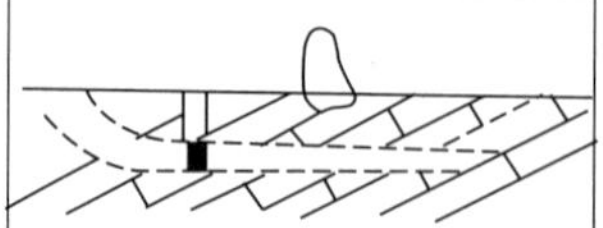  | 在河床或库岸岩溶管道漏水处，用混凝土堵塞漏水溶洞 |
|  | 级配料堵体 | 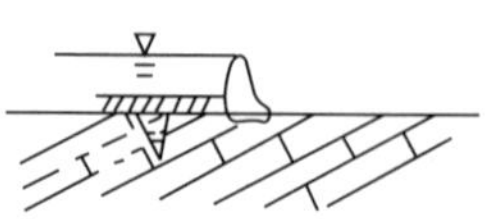  | 用多种级配料包括反滤料堵洞，结合用黏土铺盖 |

续表

| 处理方法 | 主要类型 | 示意图 | 处理说明 |
| --- | --- | --- | --- |
| 截水墙 | 河床截水墙 |  | 在河床存在渗漏通道，用混凝土防渗墙堵截 |
|  | 岸坡截水墙 |  | 在库岸存在漏水通道，用混凝土或浆砌石截水墙，安装排气孔 |
| 围隔 | 河床围隔 |  | 在河床有漏水通道或反复泉，用混凝土或浆砌石围井，将其包围 |
|  | 岸坡围隔 |  | 在岸坡，为防止库水流入下游溶蚀洼地，在地表做隔坝 |
| 帷幕加排水 | 坝内排水 |  | 为防止坝基渗漏扬压力及发生管涌，降低扬压力，在坝基防渗帷幕后面设排水孔 |
|  | 坝下游排水 |  | 在坝下游或厂坝间设排水孔 |

### 1. 帷幕灌浆

帷幕灌浆是通过钻孔向地下灌注水泥浆或其他浆液，填塞岩溶岩体中的渗漏通道，形成阻水帷幕，以达到防渗的目的。帷幕灌浆用于裂隙性岩溶渗漏具有显著的防渗效果。对规模不大的管道性岩溶渗漏采用填充性灌浆也有一定效果。

一般在坝基和坝肩部位都设置灌浆帷幕，以防止绕坝渗漏。坝肩帷幕的布置：在无相对隔水层分布的坝址，以垂直（或有较大的交角）谷坡地下水等水位线及岸坡地形线为宜，利用相对隔水层防渗的坝址，帷幕在深入岸坡一定程度后，即转向相对隔水层，与相对隔水层连接。帷幕深度及向两岸的延伸范围则根据防渗处理范围确定。

帷幕的灌浆压力、孔距、排距、排数等，根据变水高度、建筑物特点、岩溶发育特点和灌浆试验结果确定。对有泥质填充的裂隙岩体，可试用高压灌浆处理。另外一种观点则主张采用一般灌浆压力，起压密填充作用，不会再被渗透水流带走。过高的灌浆压力会使岩体产生宽 0.5～0.8mm 的细微裂隙，故应对其适用性进行研究。

2. 堵洞

选择集中漏水的洞口用适当的建材堵塞，是防止岩溶通道渗漏的有效方法。对裸露基岩中的漏水洞，只要清除其充填物和洞壁的风化松软物质，然后用混凝土封堵，即可获得良好效果。在覆盖型岩溶河段，由于基岩中岩溶管道埋藏于覆盖层之下，要消除覆盖层，应找到基岩中岩溶管道的入口，加以封堵。如覆盖层太厚，彻底清除确有困难，也应尽可能深挖扩大，清除其中的松软物质，然后加以堵塞。一般的堵洞结构是下部作反滤层，上部以混凝土封堵，再以黏土回填。在覆盖层中堵洞，有时要进行多次才能成功。

国内外的经验表明，堵洞后封存在溶洞中的空气在水位变动时会产生不利的影响。当地下水位迅速上升时，空洞中的空气压力升高，高压气体可能突破管道的薄弱部分或堵洞工程，向外排气。随后，这一排气洞可能成为水库的漏水洞。而当地下水位迅速下降时，被封闭的溶洞又成为负压区，也可能导致上部盖层或堵洞工程被破坏，成为漏水洞。因此堵洞时应留有高出水库水面的排气孔、排气管、排气活门或调压井等。

3. 铺盖

在坝上游或水库的某一部分，以黏土层或钢筋混凝土板作成铺盖，覆盖漏水区，以防止渗漏，称为铺盖。铺盖防渗主要适用于大面积的孔隙性或裂隙性渗漏。库底大面积渗漏，常用黏土铺盖；对于库岸斜坡地段的局部渗漏，用混凝土铺盖。为防止坝基、坝肩渗漏而设置的铺盖，最好使坝体与上游的隔水岩层衔接，或铺盖的范围扩大使绕过铺盖的水流比降和流量控制在允许范围以内。

一般情况下，铺盖工程应在蓄水前或水库放空以后施工，以保证质量。但有些情况下，用水中抛土方法形成铺盖，也可起到一定的防渗作用。

4. 隔离

在库岸基岩上修筑隔水围坝，将范围不大的集中渗漏区与库水隔离，以减少水量损失的方法称为隔离。例如，猫跳河二级水库坝前右岸向下游伸展的黄家山岩溶洼地，洼地内有峰林及岩溶漏斗分布。水库蓄水后数小时，在洼地内发现5~6个铺盖土层上的塌陷漏斗和基岩中的落水洞，渗漏水流在下游河道岸坡上的枇杷洞（K58）出露，出水点距黄家山洼地1100m，低于水库水位约30m，渗漏量达1~2$m^3/s$。选用隔离方案进行防渗处理，在黄家山垭口建一高9m、长37.5m的砌石坝（隔堤），使漏水洼地与水库隔离，该副坝建成后，下游再未发现漏水现象。

**5. 导排**

使建筑物基础下及其周围的承压地下水或泉水通过有反滤设备的减压井、导管及排水沟（廊道）等，将承压地下水引导排泄至建筑物范围以外，以降低渗透压力的方法称为导排。减压井或其他排水设施一般设置在防渗帷幕后面和两岸边坡。如官厅水库左坝肩下游岸坡设置排水孔及山东岸堤水库右坝肩设置排水洞，对边坡稳定和坝肩稳定均有显著效果。

### （二）防渗处理方案的选择

防渗处理措施应在查清渗漏边界条件的前提下因地制宜地选定。对复杂的处理工程，事先还要进行试验（如灌浆试验），以取得必要的技术资料，作为防渗处理设计的依据。此外，不少国内外的工程实例表明，岩溶渗漏的防渗往往要进行几次处理后才能达到预期的效果，因此在工程设计中，最好能预留放空底孔或制定大幅度降低水库水位的措施，给进一步防渗处理留有余地。

防渗处理方案主要根据渗漏类型和工程对象选择。对于管道性集中漏水，多选择堵洞等防渗处理方案。对于裂隙性分散渗漏，多选择帷幕、铺盖或天然淤积的防渗方案。大多数情况下，既有集中的管道漏水，又有分散的裂隙渗漏，因此防渗也应采用综合处理方案，如铺盖与堵洞相结合、帷幕与截水墙相结合、帷幕与堵洞相结合等。

对于坝址的防渗处理，一般以帷幕灌浆和排水结合为主，辅以堵、截等方法，有时也可采用铺盖方案。

库区防渗处理，对集中的漏水通道，多用堵、截或隔离方案。对于分散的大片漏水，可考虑铺淤方案。

# 第四章　测绘技术基础

## 第一节　测量学与工程测量学

### 一、测量学定义与分类

#### （一）测量学定义

测量学是研究地球整体及其表面和外层空间中的各种自然和人造物体上与地理空间分布有关的信息，并对这些信息进行采集处理、管理、更新和利用的科学和技术。

其主要任务有 3 个：

（1）研究确定地球的形状和大小，为地球科学提供必要的数据和资料。

（2）将地球表面的地物地貌测绘成图。

（3）将图纸上的设计成果测设至现场。

#### （二）分类

测量学是研究如何测定地面点的平面位置和高程，将地球表面上的地形及其他信息测绘成图，以及确定地球的形状和大小等的科学。包括普通测量学、大地测量学、大地天文学、重力测量学、地形测量学、摄影测量学、工程测量学和海洋测绘学等学科。

**1. 普通测量学**

普通测量学是研究地球表面小范围测绘的基本理论、技术和方法，不顾及地球曲率的影响，把地球局部表面当作平面看待，是测量学的基础。

**2. 大地测量学**

大地测量学是研究和确定地球形状、大小、重力场、整体与局部运动和地表面点的几何位置以及它们的变化的理论和技术的学科。其基本任务是建立国家大地控制网，测定地球的形状、大小和重力场，为地形测图和各种工程测量提供基础起算数据；为空间科学、军事科学及研究地壳变形、地震预报等提供重要资料。按照测量手段的不同，大地测量学又分为常规大地测量学、卫星大地测量学及物理大地测量学等。

**3. 海洋测绘学**

海洋测绘学是以海洋和陆地水域为对象进行的测量和海图编绘工作，属于海洋测量学的范畴。

**4. 地图制图学**

地图制图学是研究模拟和数字地图的基础理论、设计、编绘、复制的技术、方法以及应用的学科。它的基本任务是利用各种测量成果编制各类地图，其内容一般包括地图投影、地图编制、地图整饰和地图制印等。

**5. 摄影测量学**

摄影测量学是研究利用电磁波传感器获取目标物的影像数据，从中提取语义和非语义信息，并用图形、图像和数字形式表达的学科。其基本任务是通过对摄影相片或遥感图像进行处理、量测、解译，以测定物体的形状、大小和位置进而制作成图。根据获得影像的方式及遥感距离的不同，本学科又分为地面摄影测量学、航空摄影测量学和航天遥感测量等。

**6. 工程测量学**

定义一：工程测量学是研究各项工程在规划设计、施工建设和运营管理阶段所进行的各种测量工作的学科。

各项工程包括工业建设、铁路、公路、桥梁、隧道、水利工程、地下工程、管线（输电线、输油管）工程、矿山和城市建设等。一般的工程建设分为规划设计、施工建设和运营管理三个阶段。工程测量学是研究这三个阶段所进行的各种测量工作的学科。

定义二：工程测量学主要研究在工程、工业和城市建设以及资源开发各个阶段所进行的地形和有关信息的采集和处理、施工放样、设备安装、变形监测分析和预报等的理论、方法和技术，以及研究对测量和工程有关的信息进行管理和使用的学科，它是测绘学在国民经济和国防建设中的直接应用。

定义三：工程测量学是研究地球空间（包括地面、地下、水下、空中）中具体几何实体的测量描绘和抽象几何实体的测设实现的理论、方法和技术的一门应用性学科。它主要以建筑工程、机器和设备为研究服务对象。

**7. 测量仪器学**

研究测量仪器的制造、改进和创新的学科。

**8. 地形测量学**

地形测量学是研究如何将地球表面局部区域内的地物、地貌及其他有关信息测绘成地形图的理论、方法和技术的学科。按成图方式的不同地形测图可分为模拟化测图和数字化测图。

## 二、工程测量学的发展展望

仪器的进步和测量精度的提高，使工程测量的领域日益扩大，除传统的工程建设三阶段的测量工作外，在地震观测、海底探测、巨型机器、车床、设备的荷载试验、高大建筑物（电视发射塔、冷却塔）变形观测、文物保护，甚至在医学上和罪证调查中，都应用了最新的精密工程测量仪器和方法。1964 年，国际测量师联合会（FIG）为了促进和繁荣工程测量事业，成立了工程测量委员会（第六委员会）。从此，工程测量学在国际上作为一门独立的学科开展活动。

现代工程测量已经远远突破了为工程建设服务的狭义概念，而向所谓的“广义工程测量学”发展。一切不属于地球测量，不属于国家地图集范畴的地形测量和不属于官方的测量，都属于工程测量。

从工程测量学的发展历史可以看出，它的发展走过了从简单到复杂，从手工操作到测量自动化，从常规测量到精密测量的历程。它的发展始终与当时的生产力水平同步，并且能够满足大型特种精密工程对测量所提出的越来越高的要求。

工程测量的发展趋势和特点可概括为：测量内外业作业的一体化；数据

获取及处理的自动化；测量过程控制和系统行为的智能化；测量成果和产品的数字化；测量信息管理的可视化；信息共享和传播的网络化。现代工程测量发展的特点可概括为精确、可靠、快速、简便、连续、动态、遥测、实时。

测量内外业作业的一体化指测量内业和外业工作已无明确的界限，过去只能在内业完成的事情现在在外业可以很方便地完成。测图时可在野外编辑修改图形，控制测量时可在测站上平差和得到坐标，施工放样数据可在放样过程中随时计算。

数据获取及处理的自动化主要指数据的自动化流程。电子全站仪、电子水准仪、GPS 接收机都是自动化地进行数据获取，大比例尺测图系统、水下地形测量系统、大坝变形监测系统等都可实现或都已实现数据获取及处理的自动化。用测量机器人还可实现无人观测即测量过程的自动化。

测量过程控制和系统行为的智能化主要指通过程序实现对自动化观测仪器的智能化控制。

测量成果和产品的数字化是指成果的形式和提交方式，只有数字化才能实现计算机处理和管理。

测量信息管理的可视化包含图形可视化、三维可视化和虚拟现实等。

信息共享和传播的网络化是在数字化基础上的进一步发展，包括在局域网和国际互联网上实现。从整个学科的发展来看，精密工程测量的理论技术与方法、工程的形变监测分析与灾害预报、工程信息系统的建立与应用是工程测量学研究的 3 个主要方向。

展望未来，工程测量学在以下几个方面将得到显著发展。

（1）测量机器人将作为多传感器集成系统在人工智能方面得到进一步发展，其应用范围将进一步扩大，影像、图形和数据处理方面的能力将进一步增强。

（2）在变形观测数据处理和大型工程建设中，将发展基于知识的信息系统，并进一步与大地测量、地球物理、工程与水文地质以及土木建筑等学科相结合，解决工程建设中以及运行期间的安全监测、灾害防治和环境保护的各种问题。

（3）工程测量将从土木工程测量、三维工业测量扩展到人体科学测量，如人体各器官或部位的显微测量和显微图像处理。

（4）多传感器的混合测量系统将得到迅速发展和广泛应用，如 GPS 接收机与电子全站仪或测量机器人集成，可在大区域乃至国家范围内进行无控制网的各种测量工作。

（5）GPS、GIS 技术将紧密结合工程项目，在勘测、设计、施工管理一体化方面发挥重大作用。

（6）大型和复杂结构建筑、设备的三维测量、几何重构以及质量控制将是工程测量学发展的一个热点。固定式、移动式、车载、机载三维激光扫描仪将成为快速获取被测物体乃至地面建筑物、构筑物及地形信息的重要仪器。

（7）数据处理中数学物理模型的建立、分析和辨识将成为工程测量学专业教育的重要内容。

综上所述，工程测量学的发展主要表现在：从一维、二维到三维乃至四维，从点信息到面信息获取，从静态到动态，从后处理到实时处理，从人眼观测操作到机器人自动寻标观测，从大型特种工程到人体测量工程，从高空到地面、地下以及水下，从人工量测到无接触遥测，从周期观测到持续测量。测量精度从毫米级到微米级乃至纳米级。一方面，随着人类文明的进步，对工程测量学的要求越来越高，服务范围不断扩大；另一方面，现代科技新成就，为工程测量学提供了新的工具和手段，从而推动了工程测量学的不断发展。而工程测量学的发展又对改善人们的生活环境，提高人们的生活质量具有重要作用。

## 第二节　测量基础与误差

### 一、测量基础

#### （一）测量学的任务、分类和作用

##### 1. 测绘学的任务和分类

测绘是指对自然地理要素或者地表人工设施的形状、大小、空间位置及其属性等进行测定、采集、表述以及对获取的数据、信息、成果进行处理和提供的活动。

测量学是一门研究地球的形状、大小以及确定地面（包括空中、地下和海底）点位的科学。它的任务包括测绘和测设两个部分。

测绘：使用测量仪器和工具，通过观测和计算，得到一系列数据，把地球表面的地形按一定比例缩绘成地形图，供经济建设、规划设计、科学研究和国防建设使用，测绘也称测定。

测设：把图纸上规划设计好的建筑物、构筑物的位置用测量方法标定在地面上，作为施工的依据，测设也称放样。

按照研究的范围、研究对象及采用技术手段的不同，一般把测量学分为以下几大类。

（1）大地测量学

大地测量学是研究和确定地球的形状、大小、重力场、整体与局部运动和地表面点的几何位置以及它们的变化理论和技术的学科。现代大地测量学包括三个基本分支：几何大地测量学、物理大地测量学和空间大地测量学。

（2）摄影测量与遥感学

摄影测量与遥感学是研究利用电磁波传感器获取目标物的影像数据，从中提取语义和非语义信息，并用图形、图像和数字形式去表达的学科。根据获得影像的方式及遥感距离，又分为地面摄影测量学、航空摄影测量学和航天遥感测量学。

（3）地图学

地图学是研究模拟和数字地图的基础理论、设计、编绘、复制的技术方法以及应用的学科。地图学由理论部分、制图方法和地图应用三部分组成。地图是测绘工作的重要产品形式。学科发展促使地图产品从模拟地图向数字地图转变，从二维静态向三维立体、四维动态转变。利用遥感技术获得的信息进行遥感图像制图，利用虚拟现实技术实现对现实环境的模拟，借助特殊装备可使用户有身临其境的感觉。计算机制图技术和地图数据库的发展，促使地理信息系统（GIS）产生。数字地图的发展及宽广的应用领域为地图学的发展和地图的应用展示了光明的前景，使数字地图成为21世纪测绘工作的基础和支柱。

（4）工程测量学

工程测量学是研究工程建设和自然环境开发中，在规划、勘探设计、施工和运营管理各阶段进行的控制测量、大比例尺地形图测绘、不动产测量、施工放样、设备安装、变形监测及分析与预报等的理论和技术的学科。

工程测量学是一门应用学科，按其研究的对象可分为建筑工程测量、水利工程测量、公路工程测量、桥梁工程测量、铁路工程测量、矿山测量、输电线路与输油管道测量、隧道工程测量、港口工程测量、军事工程测量、城市建设测量以及三维工业测量、精密工程测量、工程摄影测量等。

（5）海洋测绘学

海洋测绘学是以海洋水体和海底为对象，研究海洋定位，测定海洋大地水准面和平均海水面、海底和海面地形、海洋重力、海洋磁力、海洋环境等自然和社会信息的地理分布及编制各种海图的理论和技术的学科。内容包括海洋大地测量、海道测量、海底地形测量和海图编制。

（6）地形测量学

地形测量学是研究地球表面较小区域内测绘工作的基本理论、技术、方法及应用的学科。地形测量学又称普通测量学或测量学。它是测绘各个专业的基础课。由于是在地球表面的一个小区域内进行测绘工作，地球半径较大，地球表面曲率较小，故可以把这块球面看作平面忽略地球曲率的影响。地形测量学的主要内容包括角度测量、距离测量、高程测量、控制测量、地形图测绘及地形图的应用。

**2. 测绘科学技术的地位和作用**

测绘科学技术的应用范围非常广阔，测绘科学技术在国民经济建设、国防建设以及科学研究等领域都占有重要的地位。测绘工作者常常被称为社会发展规划中国民经济建设的“尖兵”，不论是国民经济建设还是国防建设，其勘测、设计、施工、竣工及运营等阶段不仅都需要测绘工作，而且都要求测绘工作“先行”。

测绘工作是一项精细而严谨的工作。测绘成果、成图质量的好坏对各项建设有着重大影响。我国幅员辽阔，物产丰富，建设事业蓬勃发展，测绘任务十分繁重。为了适应时代的发展和现代化测绘技术的需要，我们必须努力学习专业知识，勇于实践，培养刻苦钻研的良好学风；要树立同心协力，不畏艰辛，对人民高度负责任的思想作风；要发扬测绘技术人员真实、准确、细致、及时完成任务的优良传统，担负起艰辛而光荣的测绘使命，为祖国的现代化建设贡献力量。

### （二）地球的形状和大小

测量工作研究的主要对象是地球的自然表面（地球在长期的自然变化过程中形成的表面）及岩石圈的表面。它是一个形状极其复杂而又不规则的曲面。地面上有高山、丘陵、平原、江河、湖泊、海洋等。

通过长期的测绘工作和科学调查，人们了解到地球上的海洋面积约占地球表面积的71%，陆地面积约占地球表面积的29%。我们可以把地球看成一个被海水包围的形体，也就是设想一个静止的海水面（即没有波浪、没有潮汐的海水面）向大陆内部延伸，最后连接起来的闭合形体。我们将海水在静止时的表面叫作水准面（水在静止时的表面）。水准面有无穷个，其中一个与平均海平面重合并延伸到大陆内部，且包围整个地球的特定重力等位面，叫作大地水准面，如图 4-1 所示。它是一个没有皱纹和棱角的、连续的封闭曲面。大地水准面是决定地面点高程的起算面。由大地水准面包围的形体称为大地体，通常认为大地体可以代表整个地球的形状。

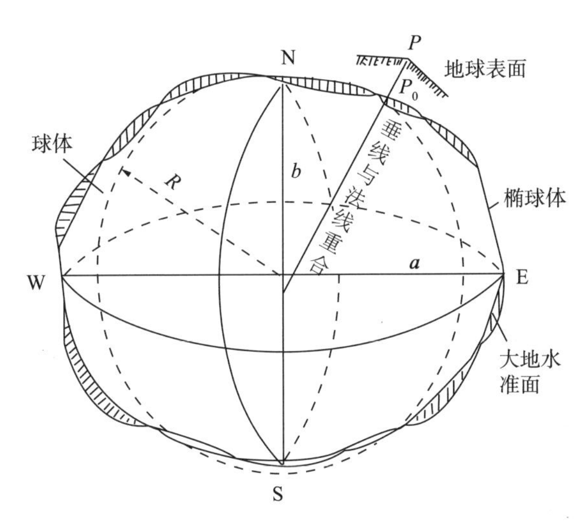


**图 4-1 大地水准面示意图**

水准面是一个曲面，通过水准面上某一点而与水准面相切的平面称为过该点的水平面。水平面的物理特征：处处都与其铅垂线方向垂直。铅垂线方向又称为重力方向。

由于地球内部质量分布不均匀，致使地面上各点的铅垂线方向产生不规则变化，故大地水准面是一个不规则的无法用数学式表述的曲面，在这样的面上是无法进行测量数据的计算及处理的。因此，人们进一步设想，用一个与大地体非常接近的又能用数学式表述的规则球体即旋转椭球体来代表地球的形状，它是由椭圆 NESW 绕短轴 NS 旋转而成。旋转椭球体的形状和大小由椭球基本元素确定，其长半轴为 $a$，短半轴为 $b$，其扁率 $f$ 为：

$$扁率 f=\frac{|a-b|}{a} \tag{4-1}$$

某一国家或地区为处理测量成果而采用与大地体的形状大小最接近，又适合本国或本地区要求的旋转椭球，这样的椭球体称为参考椭球体。确定参考椭球体与大地体之间的相对位置关系，称为椭球体定位（见图 4-2）。参考椭球体面只具有几何意义而无物理意义，它是严格意义上的测量计算基准面。

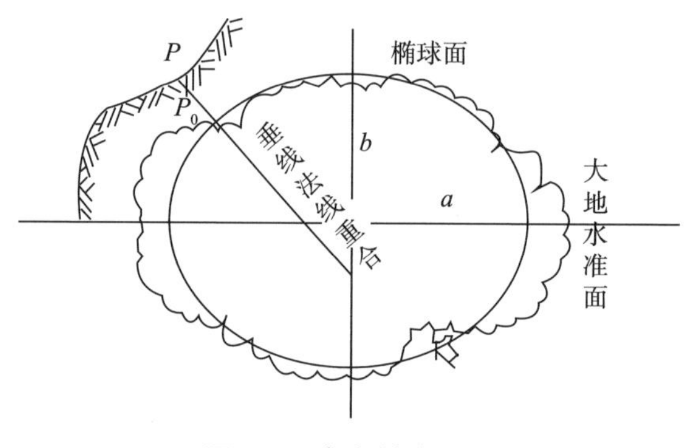


**图 4-2　参考椭球定位**

## （三）测量坐标系

### 1. 测绘基准

国家设立和采用全国统一的大地基准、高程基准、深度基准和重力基准，其数据由国务院测绘行政主管部门审核，并与国务院其他有关部门、军队测绘主管部门会商后，报国务院批准。一是国家设立全国统一的测绘基准；二是设立测绘基准要有严格的审核审批程序，测绘基准数据由国务院测绘行政主管部门审核，并与国务院其他有关部门、军队测绘主管部门会商，报国务院批准后方可设定；三是从事测绘活动，应当采用国家规定的测绘基准。

### 2. 测绘系统

《测绘法》规定："国家建立全国统一的大地坐标系统、平面坐标系统、高程系统、地心坐标系统和重力测量系统。"

即：一是国家设立全国统一的测绘系统；二是从事测绘活动，应当采用国家统一的测绘系统。

测量学的根本任务是确定地面点的位置。要确定地面点的空间位置，通常是求出该点相对于某基准面和基准线的三维坐标或二维坐标，由于地球自然表面高低起伏变化较大，要确定地面点的空间位置，就必须有一个统一的坐标系统。在测量工作中，通常用地面点在基准面（如参考椭球面）上的投影位置和该点沿投影方向到大地水准面的距离三个量来表示。

投影位置通常用地理坐标或平面直角坐标来表示，到大地水准面的距离用高程表示。

### 3. 地理坐标系

当研究和测定整个地球的形状或进行大区域的测绘工作时，可用地理坐标来确定地面点的位置。地理坐标属球面坐标系，依据球体的不同，分为天文地理坐标系和大地地理坐标系。

（1）天文地理坐标系

以大地水准面为基准面，地面点沿铅垂线投影在该基准面上的位置，称为该点的天文地理坐标，又称天文坐标。该坐标用天文经度 $\lambda$ 和天文纬度 $\varphi$ 表示。如图 4-3 所示，将大地体看作地球，NS 即地球的自转轴，N 为北极，S 为南极，$O$ 为地球体中心。包含地面点 $P$ 的铅垂线且平行于地球自转轴的平面称为 $P$ 点的天文子午面。天文子午面与地球表面的交线称为天文子午线，也称经线。而将通过英国格林尼治天文台埃里中星仪的子午面称为起始子午面，相应的子午线称为起始子午线或零子午线，并作为经度计量的起点。过点 $P$ 的天文子午面与起始子午面所夹的两面角就称为 $P$ 点的天文经度，用 $\lambda$ 表示，其值为 0~180°，在起始子午线以东的称为东经，以西的称为西经。

通过地球体中心 $O$ 且垂直于地轴的平面称为赤道面。它是纬度计量的起始面。赤道面与地球表面的交线称为赤道。其他垂直于地轴的平面与地球表面的交线称为纬线。过点 P 的铅垂线与赤道面之间所夹的线面角就称为 $P$ 点的天文纬度，用 $\varphi$ 表示，其值为 0~90°，在赤道以北的叫北纬、以南的叫南纬。

天文坐标（$\lambda$，$\varphi$）是用天文测量的方法实测得到的。

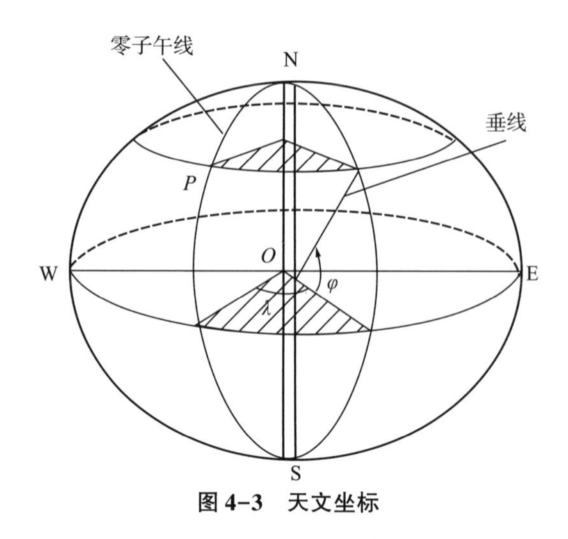


图 4-3　天文坐标

（2）大地地理坐标系

大地地理坐标系用大地经度 $L$ 和大地纬度 $B$ 表示地面点投影在地球椭球面上的位置。地面上一点的空间位置可用大地坐标（$L$，$B$，$H$）表示。如图 4-4 所示，包含地面点 $P$ 的法线且通过椭球旋转轴的平面称为 $P$ 的大地子午面。过 P 点的大地子午面与起始大地子午面所夹的两面角就称为 $P$ 点的大地经度，用 $L$ 表示，其值分为东经 0～180°和西经 0～180°。过点 $P$ 的法线与椭球赤道面所夹的线面角就称为 $P$ 点的大地纬度，用 $B$ 表示，其值分为北纬 0～90°和南纬 0～90°。我国 1954 年北京坐标系和 1980 年国家大地坐标系就是分别依据两个不同的椭球建立的大地坐标系。

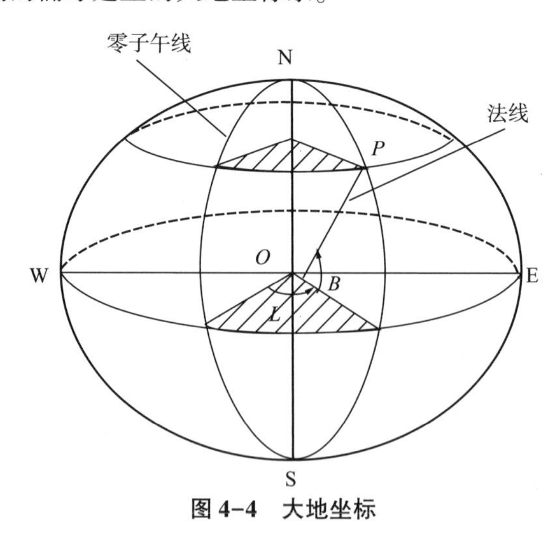


图 4-4　大地坐标

大地坐标（$L$，$B$）因所依据的椭球体面不具有物理意义而不能直接测得，只可通过计算得到。它与天文坐标有以下关系式：

$$
\begin{aligned}
L &= \lambda - \frac{\eta}{\cos\varphi} \\
B &= \varphi - \xi
\end{aligned}
\tag{4-2}
$$

式中，$\eta$ 为过同一地面点的垂线与法线的夹角在东西方向上的垂线偏差分量；$\xi$ 为在南北方向上的垂线偏差分量。

地形图上的经纬度一般都用大地坐标表示。

**4. 平面直角坐标系**

在实际测量工作中，若用以角度为度量单位的球面坐标来表示地面点的位置是不方便的，通常是采用平面直角坐标。测量工作中所用的平面直角坐标与数学上的直角坐标基本相同，只是测量工作以 $x$ 轴为纵轴，一般表示南北方向，以 $y$ 轴为横轴一般表示东西方向，象限为顺时针编号，直线的方向都是从纵轴北端按顺时针方向度量的，如图 4-5 所示。这样的规定，使数学中的三角公式在测量坐标系中完全适用。

（1）独立测区的平面直角坐标

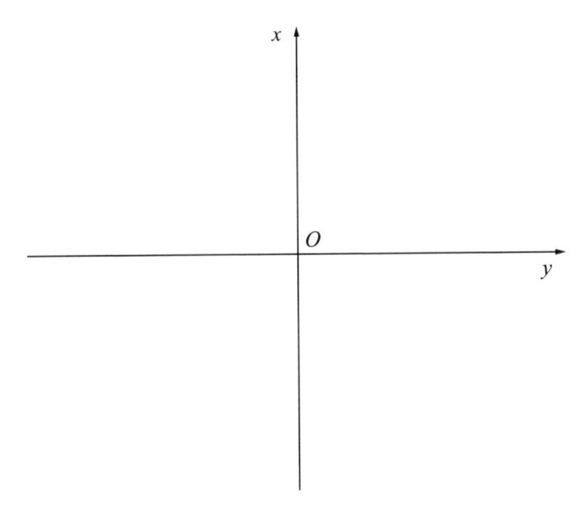


**图 4-5　测量平面直角坐标系**

当测区的范围较小，能够忽略该区地球曲率的影响而将其当作平面看待时，可在此平面上建立独立的直角坐标系。一般选定子午线方向为纵轴，即 $x$

轴，原点设在测区的西南角，以避免坐标出现负值。测区内任一地面点用坐标（$x$，$y$）来表示，它们因与本地区统一坐标系没有必然的联系而成为独立的平面直角坐标系。如有必要可通过与国家坐标系联测而纳入统一坐标系。经过估算，在面积为300km²的多边形范围内，可以忽略地球曲率影响而建立独立的平面直角坐标系，当测量精度要求较低时，这个范围还可以扩大数倍。

（2）高斯平面直角坐标系

当测区范围较大时，要建立平面坐标系，就不能忽略地球曲率的影响，为了解决球面与平面这对矛盾，则必须采用地图投影的方法，将球面上的大地坐标转换为平面直角坐标。目前我国采用的是高斯投影，高斯投影是由德国数学家、测量学家高斯提出的一种横轴等角切椭圆柱投影，该投影解决了将椭球面转换为平面的问题。从几何意义上看，就是假设一个椭圆柱横套在地球椭球体外，并与椭球面上的某一条子午线相切，这条相切的子午线称为中央子午线。假想在椭球体中心放置一个光源，通过光线将椭球面上一定范围内的物象映射到椭圆柱的内表面上，然后将椭圆柱面沿一条母线剪开并展开成平面，即获得投影后的平面图形，如图4-6所示。

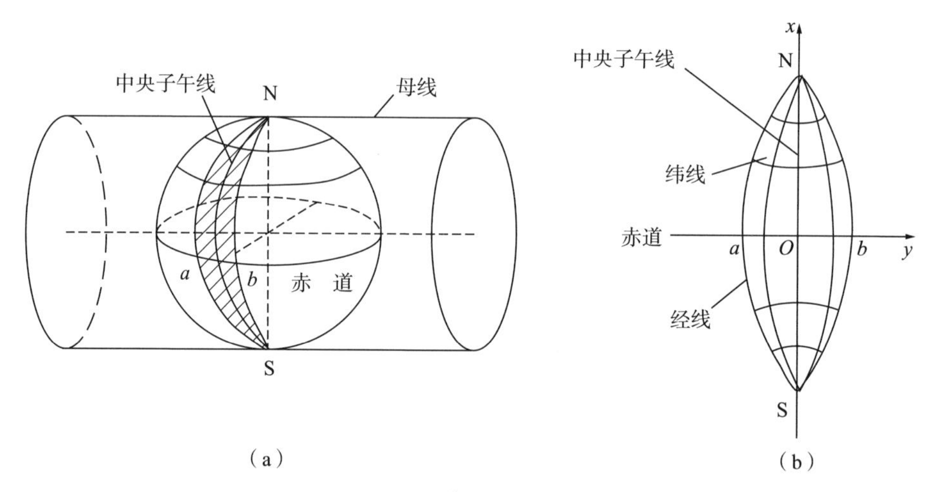


**图4-6　高斯投影概念**

该投影的经纬线图形有以下特点。

①投影后的中央子午线为直线，无长度变化。其余的经线投影为凹向中央子午线的对称曲线，长度较球面上的相应经线略长。

②赤道的投影也为一直线，并与中央子午线正交。其余的纬线投影为凸向赤道的对称曲线。

③经纬线投影后仍然保持相互垂直的关系，说明投影后的角度无变形。

高斯投影没有角度变形，但有长度变形和面积变形，离中央子午线越远，变形就越大。为了对变形加以控制，测量中采用限制投影区域的办法，即将投影区域限制在中央子午线两侧一定的范围内，这就是所谓的分带投影，如图 4-7 所示。投影带一般分为 6°带和 3°带两种，如图 4-8 所示。

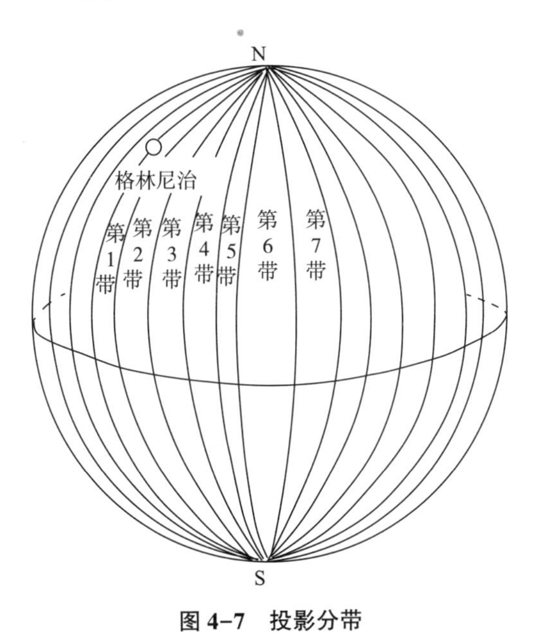


**图 4-7　投影分带**

6°带投影是从英国格林尼治起始子午线开始，自西向东，每隔经差 6°分为一带，将地球分成 60 个带，其编号分别用阿拉伯数字 1，2，…，60 表示，东经 0°~6°为第一带、6°~12°为第二带……位于各带中央的子午线称为该带的中央子午线，第一带的中央子午线的经度为 3°，第二带中央子午线的经度为 9°，依此类推，第 $N$ 带的中央子午线的经度 $L_0$ 可用式（4-3）计算：

$$L_0 = 6N^{\circ} - 3^{\circ} \tag{4-3}$$

$N$ 为 6°带的带号。6°带的最大变形在赤道与投影带最外一条经线的交点上，长度变形为 0.14%，面积变形为 0.27%。

3°投影带是在 6°带的基础上划分的。每 3°为一带，共 120 带，其中央子午

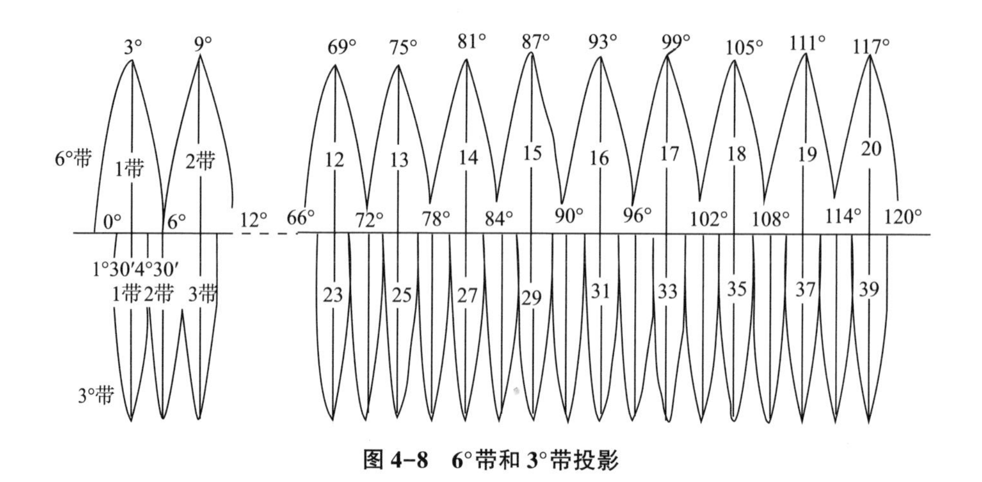


**图 4-8　6°带和 3°带投影**

线在奇数带时与 6°带中央子午线重合，每带的中央子午线经度可用式（4-4）计算：

$$L_0 = 3N^{\circ} \tag{4-4}$$

式中，$N$ 为 3°带的带号。3°带的边缘最大变形缩小为长度 0.04%，面积 0.14%。

如果投影精度要求更高，还可以采用 1.5°分带和任意带。1.5°分带和任意带不必全球统一划分，任意带可以将中央子午线的精度设置在测区的中心。

我国位于东经 72°~136°，共包括了 11 个 6°投影带，即 13~23 带；22 个 3°投影带，即 24~45 带。成都位于 6°带的第 18 带，中央子午线经度为 105°。

通过高斯投影，将中央子午线的投影作为纵坐标轴，用 $x$ 表示，将赤道的投影作为横坐标轴，用 $y$ 表示，两轴的交点作为坐标原点，由此构成的平面直角坐标系称为高斯平面直角坐标系，如图 4-9 所示。每一个投影带，都有一个独立的高斯平面直角坐标系，区分各带坐标系则利用相应投影带的带号。

我国位于北半球，$x$ 坐标均为正值，而 $y$ 坐标值有正有负，这对计算和使用均不方便，为了使 $y$ 坐标都为正值，将纵坐标轴向西平移 500km（半个投影带的最大宽度不超过 500km），并在 $y$ 坐标前加上投影带的带号。如图 4-9 中的 A 点位于 18 投影带，其自然坐标为 $x=3395451$m，$y=-82261$m，它在 18 带中的高斯通用坐标则为：$X=3395451$m，$Y=18417739$m。

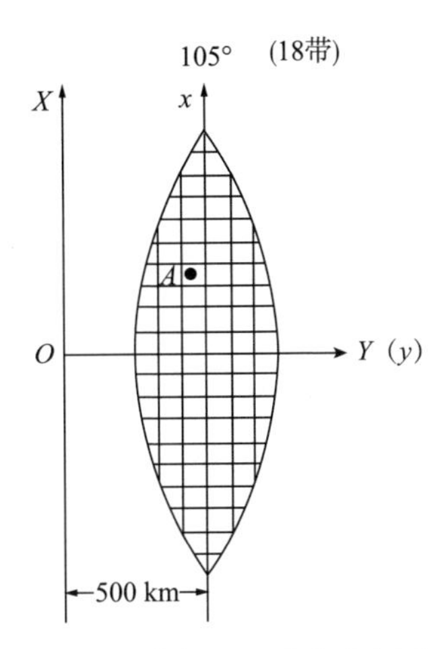


图 4-9　高斯平面直角坐标系

### 5. 地心坐标系

卫星大地测量是利用空中卫星的位置来确定地面点的位置。由于卫星围绕地球质心运动，所以卫星大地测量中需采用地心坐标系。该系统一般有两种表达式，如图 4-10 所示。

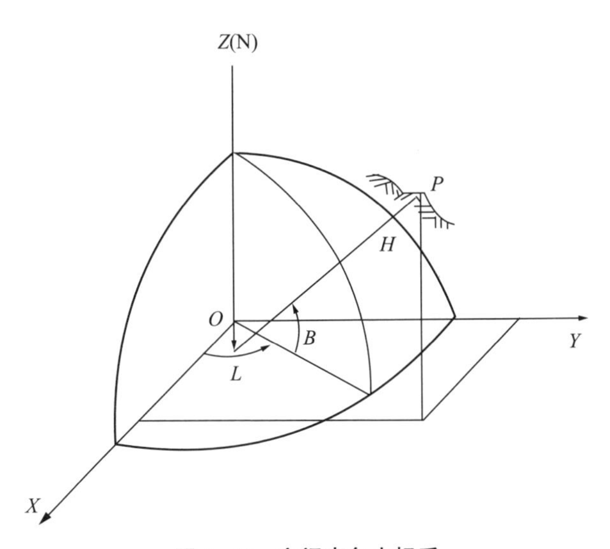


图 4-10　空间直角坐标系

地心空间直角坐标系：坐标系原点 $O$ 与地球质心重合，$Z$ 轴指向地球北极，$X$ 轴指向格林尼治平子午面与地球赤道的交点 $E$，$Y$ 轴垂直于 $XOZ$ 平面构成右手坐标系。

地心大地坐标系：地球椭球中心与地球质心重合，椭球短轴与地球自转轴重合，大地经度 $L$ 为过地面点的椭球子午面与格林尼治平大地子午面之间的夹角，大地纬度 $B$ 为过地面点的椭球法线与椭球赤道面的夹角，大地高 $H$ 为地面点沿法线至椭球面的距离。

于是，任一地面点 $P$ 在地心坐标系中的坐标，可表示为（$X$，$Y$，$Z$）或（$L$，$B$，$H$），二者之间有一定的换算关系。我国的 2000 国家大地坐标系、美国的全球定位系统（GPS）用的 WGS-84 坐标就属于地心坐标系。

## （四）高程

地理坐标或平面直角坐标只能反映地面点在参考椭球面上或某一投影面上的位置，并不反映其高低起伏的差别。为此，需建立一个统一的高程系统。

首先要选择一个基准面，在一般测量工作中都以大地水准面作为基准面。因而地面上某一点到大地水准面的铅垂距离称为该点的绝对高程或海拔，又称绝对高度、真高，简称高程，用 $H$ 表示。当测区附近暂没有国家高程点可联测时，可临时假定一个水准面作为该测区的高程起算面。到任一假定水准面的垂直距离称为该点的假定高程或相对高程，用 $H'$ 表示，如图 4-11 所示。假定高程必须在成果表中加以说明。

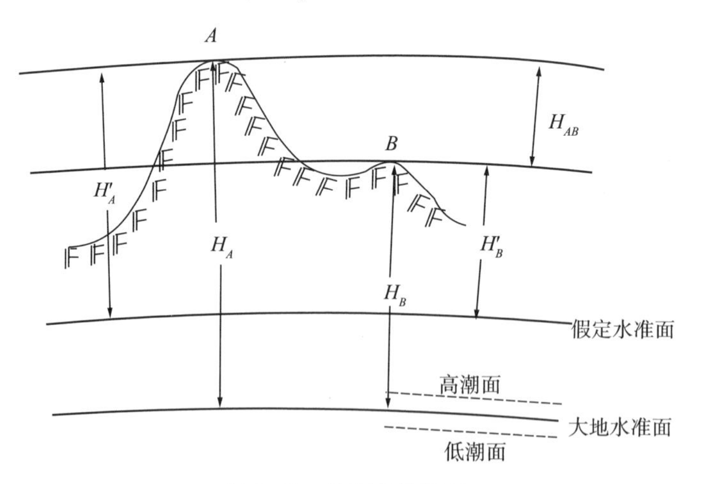


图 4-11　地面点的高程

地面上两点之间的高程之差称为高差，用 $h$ 表示。例如，$A$ 点至 $B$ 点的高差可写为：

$$h_{AB} = H_B - H_A = H'_B - H'_A \tag{4-5}$$

由式（4-5）可知，高差有正、有负，并用下标注明其方向。在土木建筑工程中，又将绝对高程和相对高程统称为标高。

我国先后采用两套高程系统。

### （五）测量工作概述

#### 1. 测量工作的基本任务

测量工作的基本任务是确定地面点的几何位置。地面点间的相互位置关系，是以水平角（方向）、距离和高差来确定的，故测角、量距、测高程是测量的基本工作，观测、计算和绘图是测量工作的基本技能。

#### 2. 测量工作的基本原则

为了保证测量成果的精度及质量，需遵循一定的原则。

测量工作的目的之一是测绘地形图。地形图是通过测量一系列碎部点（地物点和地貌点）的平面位置和高程，然后按一定比例，应用地形图符号和注记缩绘而成。测量工作不能一开始就测量碎部点，而是先在测区内统一选择一些起控制作用的点，将它们的平面位置和高程精确地测量计算出来，这些点被称为控制点，由控制点构成的几何图形被称为控制网。然后根据这些控制点分别测量周围的碎部点，进而绘制成图。

测量工作的基本原则应遵循：

（1）在测量布局上“由整体到局部”；

（2）在测量精度上“由高级到低级”；

（3）在测量工序上“先控制后细部”；

（4）上一步工作未做检核之前，不进行下一步工作。

## 二、测量误差

### （一）测量误差的概念

研究测量误差的来源、性质及其产生和传播的规律，解决测量工作中遇到的实际问题而建立起来的概念和原理的体系，称为测量误差理论。

观测值存在观测误差有下列3个方面原因。

（1）观测者：由于观测者感觉器官的鉴别能力的局限性，在仪器安置、照准、读数等工作中都会产生误差。同时，观测者的技术水平及工作态度也会对观测结果产生影响。

（2）测量仪器：测量工作所使用的仪器都具有一定的精密度，从而使观测结果的精度受到限制。另外，仪器本身构造上的缺陷，也会使观测结果产生误差。

（3）外界观测条件：是指野外观测过程中外界条件的因素，如天气的变化、植被的不同、地面土质松紧的差异、地形的起伏、周围建筑物的状况，以及太阳光线的强弱、照射的角度大小等。

观测者、测量仪器和观测时的外界条件是引起观测误差的主要因素，通常称为观测条件。观测条件相同的各次观测，称为等精度观测；观测条件不同的各次观测，称为非等精度观测。任何观测都不可避免地要产生误差。为了获得观测值的正确结果，就必须对误差进行分析研究，以便采取适当的措施来消除或削弱其影响。

以上原因使观测值偏离观测量的真值或理论值而产生的真误差或闭合差，统称为测量误差，简称误差。

观测误差按其性质，可分为系统误差、偶然误差和粗差。

**1. 系统误差**

（1）定义

在相同观测条件下，对某量进行一系列观测，如误差的符号、大小均表现出系统性，或在观测过程中按一定的规律变化，或者为一常数，这种误差称为系统误差。系统误差一般具有累积性，又称累积误差。

（2）特点

具有累积性，对测量结果的影响大，可通过一般的改正或一定的观测方法加以消除。

（3）消除（减弱）方法

对系统误差，可以采取以下措施来消除或尽量减少其对测量结果的影响。

①检校仪器：在测量工作开始前，对仪器进行检验和校正，把仪器的系

统误差降到最小。

②求改正数：对观测结果进行必要的改正，如对钢尺进行检定，求出尺长改正数，在计算成果时加入尺长改正数。

③对称观测：使系统误差对观测成果的影响互为相反数。例如，水准测量采用中间法使前后视距尽量相等来消减水准仪的 $i$ 角误差；水平角测量采用盘左盘右观测来消减经纬仪的 $2C$ 误差等，都是为了达到消除或减弱系统误差的目的。

**2. 偶然误差**

（1）定义

在相同观测条件下，对某量进行 $n$ 次观测，如误差出现符号和大小均不一定，呈偶然性，单个表面看没有规律性，大量的偶然误差具有一定的统计规律，这种误差称为偶然误差或随机误差，又称真误差。

（2）特点

在相同的观测条件下，对358个三角形的内角进行了观测。由于观测值含有偶然误差，致使每个三角形的内角和不等于180°。设三角形内角和的真值为 $X$，观测值为 $L$，其观测值与真值之差为真误差 $\Delta_i$。用式（4-6）表示为：

$$\Delta_i = L_i - X(i = 1,\ 2,\ \cdots,\ 358) \tag{4-6}$$

由式（4-6）计算出358个三角形内角和的真误差，并取误差区间为 $d\Delta = 3''$，以误差的大小和正负号，分别统计出它们在各误差区间内的个数 $k$ 和频率 $k/n$，结果列于表4-1中。

**表4-1　偶然误差统计结果**

| 误差区间 dΔ/(″) | 负误差 | | 正误差 | | 误差绝对值 | |
|---|---|---|---|---|---|---|
| | $k$ | $k/n$ | $k$ | $k/n$ | $k$ | $k/n$ |
| 0~3 | 45 | 0.126 | 46 | 0.128 | 91 | 0.254 |
| 3~6 | 40 | 0.112 | 41 | 0.115 | 81 | 0.226 |
| 6~9 | 33 | 0.092 | 33 | 0.092 | 66 | 0.184 |
| 9~12 | 23 | 0.064 | 21 | 0.059 | 44 | 0.123 |
| 12~15 | 17 | 0.047 | 16 | 0.045 | 33 | 0.092 |
| 15~18 | 13 | 0.036 | 13 | 0.036 | 26 | 0.073 |

续表

| 误差区间 dΔ/(″) | 负误差 | | 正误差 | | 误差绝对值 | |
|---|---|---|---|---|---|---|
| | $k$ | $k/n$ | $k$ | $k/n$ | $k$ | $k/n$ |
| 18~21 | 6 | 0.017 | 5 | 0.014 | 11 | 0.031 |
| 21~24 | 4 | 0.011 | 2 | 0.006 | 6 | 0.017 |
| 24 以上 | 0 | 0 | 0 | 0 | 0 | 0 |
| $k$ | 181 | 0.505 | 177 | 0.495 | 358 | 1.000 |

根据统计结果，可以得出偶然误差具有以下特性。

①有限性：在一定的观测条件下，偶然误差的绝对值不会超过一定限度。

②密集性：绝对值小的误差比绝对值大的误差出现的可能性大。

③对称性：绝对值相等的正误差与负误差出现的机会相等。

④抵偿性：当观测次数无限增多时，偶然误差的算术平均值趋近于零。即：

$$\lim_{n \to \infty} \frac{[\Delta]}{n} = 0 \tag{4-7}$$

上述第 4 个特性说明，偶然误差具有抵偿性，它是由第 3 个特性导出的。

由表（4-1）中所反映的误差分布可知，误差概率分布曲线呈正态分布（见图 4-12）。偶然误差要通过一定的数学方法（测量平差）来处理。掌握了偶然误差的特性，就能根据带有偶然误差的观测值求出未知量的最可靠值，并衡量其精度。同时，也可应用误差理论来研究最合理的测量工作方案和观测方法。

（3）减弱方法

对偶然误差，可以采取以下措施来减弱对测量结果的影响。

①多次观测：对观测量进行多次观测，对测量结果取平均值。

②使用更精密的测量仪器。

③采取更严谨的测量方式。

在观测过程中，系统误差和偶然误差总是相伴而生。当系统误差占主导地位时，观测误差就呈现一定的系统性；反之，当偶然误差占主导地位时，观测误差就呈现一定的偶然性。

由于系统误差具有明显规律性，容易发现也容易控制，所以在测量过程

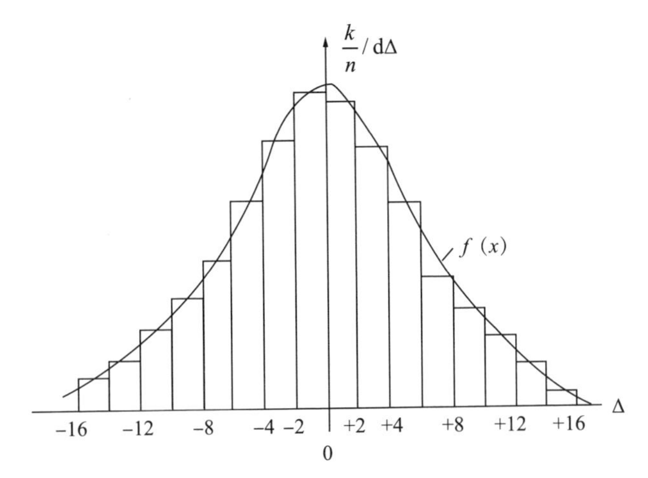


图 4–12　偶然误差分布频率直方图

中总是可以采取各种办法消除其影响，使其处于次要地位。而偶然误差则不然，不能完全消除，所以，测量观测中所讨论的测量误差均指偶然误差。

3. 粗差

粗差是一些不确定因素引起的误差，是指比在正常的观测条件下可能出现的最大误差还要大的误差。粗差是由于观测者的疏忽大意而造成的错误或电子测量仪器产生的伪观测值，所以又称为粗大误差或疏失误差。

例如，观测者由于判断错误而瞄错目标；量距时不细心，将钢尺上的数字“6”看成“9”；观测者吐字不清或记录者思想不集中，导致听错或记错数据等。

粗差非常有害，它不仅影响测量成果的可靠性，造成返工浪费，严重的甚至会对工程造成难以估量的损失，所以，应尽量将粗差剔除。有些粗差可以通过分析观测值中的异常值发现；有些粗差可以通过检核（如进行多余观测）计算发现；而有些小粗差很难发现，对测量成果的精度影响极大，已引起人们的高度重视，形成现代误差理论中的一个重要内容，叫作“粗差探测”。

所以，测量人员在进行测量工作时，要有高度的责任感和认真负责的态度，除组织好观测和记录工作外，还应加强检核，严格执行“规范”，及时发现和避免粗差。

## （二）衡量精度的指标

测量上常见的衡量观测值的精度指标有中误差、容许误差、相对误差。

### 1. 中误差

在等精度观测列中，各真误差平方的平均数的平方根，称为中误差，也称均方误差，即：

$$m = \pm \sqrt{\frac{[\Delta\Delta]}{n}} \tag{4-8}$$

式中，$\Delta$ 为某量的真误差；[ ] 为求和符号。

必须指出，在相同观测条件下所进行的一组观测，由于它们对应着同一种误差分布，对于这一组中的每一个观测值，虽然各真误差彼此并不相等，有的甚至相差很大，但它们的精度均相同，即都为同精度观测值。

### 2. 容许误差

由偶然误差的第一特性可知，在一定的观测条件下，偶然误差的绝对值不会超过一定的限值。这个限值就是容许误差或称极限误差。根据误差理论和大量的实践，在一系列的同精度观测误差中，真误差绝对值大于中误差的概率约为 32%；大于 2 倍中误差的概率约为 5%；大于 3 倍中误差的概率约为 0. 3%。也就是说，大于 3 倍中误差的真误差实际上是几乎不可能出现的。因此，通常以 3 倍中误差作为偶然误差的极限值。在测量工作中一般取 2 倍中误差作为观测值的容许误差，即：

$$\Delta_{容} = 2m \tag{4-9}$$

当某观测值的误差超过了容许的 2 倍中误差时，将认为该观测值含有粗差，应舍去不用或重测。

### 3. 相对误差

对于某些观测结果，有时单靠中误差还不能完全反映观测精度的高低。例如，分别丈量了 100m 和 200m 两段距离，中误差均为±0. 02m。虽然两者的中误差相同，但就单位长度而言，两者精度并不相同，后者显然优于前者。为了客观反映实际精度，常采用相对误差。

观测值中误差 $m$ 的绝对值与相应观测值 $D$ 的比值称为相对中误差。它是一个无名数，常用分子为 1 的分数表示，即：

$$K = \frac{|m|}{D} = 1: \frac{D}{|m|} \tag{4-10}$$

对于真误差或容许误差，有时也用相对误差来表示。例如，距离测量中的往返测较差与距离值之比就是所谓的相对真误差，即：

$$\frac{|D_{往} - D_{近}|}{D_{平均}} = \frac{1}{\frac{D_{平均}}{\Delta D}} \tag{4-11}$$

与相对误差对应，真误差、中误差、容许误差都是绝对误差。

# 第三节　遥感技术

遥感技术可以通过无人机、卫星影像和解译工作等方式获取丰富的地表信息，从而为水土保持监测、方案设计、措施布设和评价等提供准确的数据支持。因而，通过本研究，可进一步加强遥感技术研究和应用，提升水土保持工作的效率和质量。

## 一、遥感技术在水土保持监测中的应用

### （一）无人机在水土保持监测中的角色

无人机在水土保持监测中发挥着重要的作用。无人机具有灵活性和机动性，可以便捷地获取各类地形、地貌和植被等信息。通过搭载遥感设备，无人机能够实时获取高分辨率的图像和数据，并在大范围内进行高精度的水土保持监测。且无人机可以飞越难以到达和危险的地区，如陡崖、山谷和河流等，提供全方位的监测覆盖。此外，无人机搭配多光谱和热红外传感器等技术，能够检测土壤植被覆盖率等关键参数，为水土保持工作提供科学依据。另外，无人机具备高效性和低成本的优势，相比传统的调查方法，它能够更加快速地完成大范围的监测任务，并减少人力和时间成本。综上所述，无人机作为一种先进的监测工具，可为水土保持工作提供高质量的监测数据，提高工作效率并指导水土保持措施的制定与实施。

### （二）卫星影像在水土保持监测中的应用

卫星影像在水土保持监测中的应用十分广泛且重要。卫星影像具有高分辨率和多光谱优势，可以获取详细且多样化的地表特征，如植被状况、土壤类型和水体分布等，从而对水土保持工作进行细致地分析和评估。此外，卫星可以定期获取影像数据，实现长期和连续的监测，帮助了解水土保持状况

的变化趋势，及时发现并应对潜在的水土流失问题。另外，卫星影像所提供的可视化的展示效果有利于水土保持工作的观察，增强了决策的科学性。作为一种遥感技术，卫星影像在水土保持监测中具有全面、精确、及时的特点，为决策者提供了重要的信息支持，促进了水土保持工作的科学性和效率。

### （三）遥感图像解译工作在水土保持监测中的作用

遥感图像解译可以提取出地表的关键信息，通过解译工作，可以获取详细的空间分布信息，为水土保持工作的决策提供准确的数据支持。遥感图像解译也可以进行多期图像对比分析，以掌握土地利用和土地覆盖的变化情况，了解水土保持措施的实施效果以及环境影响。此外，通过遥感图像解译，还可以及时发现水土流失隐患，并制定相应的水土保持策略。解译工作可以与其他地理信息系统（GIS）数据进行集成，实现更加深入的空间分析和模型建立，进一步优化水土保持规划和管理。综上所述，遥感图像解译工作在水土保持监测中具有关键的作用，能够提供丰富、准确的地表信息，进而辅助策划和管理水土保持工作，并促进可持续土地利用的实现。

## 二、遥感技术在水土保持方案中的应用

### （一）无人机在水土保持方案设计中的应用

无人机通过搭载多种传感器能够测量地形高程、土壤侵蚀程度等关键参数，为方案设计提供准确的基础数据。且无人机可以对地形进行全方位拍摄和测绘，快速获取各个部位的详细特征，并有针对性地制定水土保持防护措施。此外，无人机可以通过获取动态变化的数据，跟踪和分析方案的实施效果，及时发现并修正潜在的问题。综上所述，无人机在水土保持方案设计中能够提供高质量的数据支持，帮助识别风险区域和制定精确的保护措施，为实施合理有效的水土保持方案提供有力的技术支持。

### （二）卫星影像在水土保持方案设计中的应用

卫星影像具有高分辨率的特点，可以提供详细精准的地表特征，如土地坡度、地形起伏等，并结合 GIS 技术进行空间分析，从而定量评估水土保持措施的可行性和效果。此外，卫星影像还具备多时相监测的功能，能够及时

了解土地利用和土地覆盖的变化趋势，为方案设计动态调整和改进方案提供参考依据。卫星影像可以与其他环境因素数据进行集成分析，帮助了解水土保持问题的综合影响因素，从而对方案设计进行综合考虑和协调。综上所述，卫星影像在水土保持方案设计中发挥着重要的作用，利用全球覆盖、高分辨率和多时相等优势，能够提供全面、准确的地表信息，为制定科学合理的水土保持方案提供有力支持。

### （三）遥感图像解译工作在水土保持方案中的角色

通过遥感图像解译，可以获取地表的详细特征和属性信息。遥感图像解译可以帮助识别出潜在的水土流失和侵蚀风险区域。通过解译分析，与土地利用相结合，确定是哪些区域存在着水土流失隐患，并根据这些风险区域来制定相应的水土保持措施，以减少土壤侵蚀和水土流失的风险。此外，遥感图像解译还能提供历史时期的土地变化数据，包括土地利用的变化趋势和植被覆盖的变化情况等。遥感图像解译可以与 GIS 相结合，进行空间分析和模型建立。遥感数据与其他环境因素数据相结合，可以建立水土保持评估模型，并预测潜在的水土流失风险。这也有助于根据具体区域的特点和需求，制定出更为科学和有效的水土保持方案。

## 三、遥感技术在水土保持措施布设中的应用

### （一）无人机在水土保持措施布设中的应用

无人机可以进行快速和灵活的勘察，能够在短时间内获取大范围的地理数据。通过搭载高分辨率相机，无人机可以准确地获取土地利用、地表覆盖、植被状况等信息，为水土保持措施的布设提供精准的基础数据。且无人机可以监测和评估水土保持工程的实施效果，通过定期的航拍和图像比对，可以及时发现并纠正工程中的不足之处，以确保水土保持措施的有效性。无人机的应用可以大大提高工作效率和降低成本。相比传统的勘测方法，无人机能够快速覆盖大面积，并通过自动化的飞行路径规划和图像采集，减少人力资源和时间成本。

### （二）卫星影像在水土保持措施布设中的应用

卫星影像可以识别潜在的水土流失和侵蚀风险区域。通过对比不同时期的卫星影像，可以检测出土地利用变化、坡度和地形起伏等关键因素，从而确定哪些区域需要优先考虑实施水土保持措施。此外，卫星影像可以进行定量的土地评估和风险分析。通过遥感图像解译和 GIS 技术，可以计算出土地的坡度、坡向，推测土壤侵蚀速率，制定合理的水土保持措施，以最大限度减少水土流失和侵蚀风险。卫星影像也可以进行动态监测和评估。通过定期获取卫星影像并进行变化检测，及时发现水土保持措施实施效果的变化，有助于评估工程的有效性，并进行调整和改进。

### （三）遥感图像解译工作在水土保持措施布设中的角色

通过对遥感图像进行解译，可以获取土地利用、植被覆盖、土壤类型等关键信息，在区域尺度上提供全面准确的地表特征数据。这些信息可用于确定水土保持措施的布设区域，识别潜在的水土流失和侵蚀风险区域。遥感图像解译还有助于评估土地的变化情况，通过比较多个时期的遥感图像，可以识别土地利用的变化和植被覆盖的演变趋势，了解不同时期土地利用变化对水土保持的影响，为制定适应性的措施提供依据。此外，遥感图像解译还可以帮助分析土地的地貌特征和水文条件，并结合 GIS 技术进行空间分析，为水土保持措施的布设提供定量的科学依据。通过定期获取遥感图像，并与之前的解译结果进行对比，可以评估措施实施的效果和变化，以动态调整和改进现有的水土保持措施。

## 四、遥感技术在水土保持评价中的应用

### （一）无人机在水土保持评价中的应用

无人机能够提供高分辨率的图像数据，包括正射影像、红外图像等。这些图像可以用于评估地表覆盖状况、植被生长情况等因素对水土保持的影响，并从空间角度提供详细的信息，有助于制定有效的保护策略。且无人机能够进行高效、灵活的图像采集和监测。通过无人机的航拍，可以覆盖大面积的

土地并获取实时的图像数据。这使无人机在监测水土流失、侵蚀、泥石流等灾害的发生及演变过程中起到了重要的作用，为预警和采取应急措施提供了及时的数据支持。此外，无人机还可以搭载多光谱传感器，获取不同波段的图像数据。这些数据可以用于提取土地覆盖类型、植被指数等指标，进而对水土保持进行评价。例如，通过计算植被 NDVI（归一化植被指数）可以评估地表植被的生长状况，从而判断土壤的固持能力。无人机的应用还可以结合 GIS 技术进行空间分析和模型建立。无人机获取的图像数据可以与其他环境因素、地形数据等进行整合分析，如计算坡度、坡向、土壤侵蚀速率等指标，从而对水土保持效果进行量化评估和预测。综上所述，无人机的高分辨率图像采集、灵活性和高效率的特点在获取详细地表信息、监测灾害演变、提取植被指数等方面具有独特优势，能够为水土保持评价提供准确、全面的数据支持，并为制定和优化保护措施提供科学依据。

### （二）卫星影像在水土保持评价中的应用

卫星影像可以提供大范围、高分辨率的地表信息，包括土地利用/覆盖、植被状况、水体分布等。这些数据可以用于评估不同区域的水土保持状况，并为制定有效的保护措施奠定基础。通过对比不同时期的卫星影像，能够检测出土地利用变化、植被覆盖程度变化等关键因素，了解水土保持状况的演变趋势。这也有助于及时发现问题并采取相应的调整措施。此外，卫星影像还能结合遥感技术和 GIS 技术进行空间分析。通过解译影像数据并与其他环境因素、地形数据等进行整合，可以计算坡度、土壤侵蚀速率等指标，量化评估水土保持状况。通过处理卫星影像数据，可以生成图层叠加、影像分类等可视化的分析结果，并以此为基础制定相应的保护策略。综上所述，卫星影像的高分辨率数据、长期监测能力以及结合 GIS 技术的空间分析能力，为评估水土保持状况、监测演变趋势和预测风险提供了可靠的数据支持，也为制定科学合理的保护措施提供了科学依据。

### （三）遥感图像解译工作在水土保持评价中的角色

通过解译遥感图像，可以获取土地利用/覆盖、植被状况、水体分布等关键信息，用于分析不同区域的水土保持状况，识别潜在的风险和问题，并为制定相应的保护策略提供科学依据。遥感图像解译可以提供大范围和全面的信息，有助于评估区域的风险程度。通过对比多时期的遥感图像，可以观察到土地利用的变化，分析植被覆盖的演变趋势，了解土地退化和水土流失的程度。此外，遥感图像解译可以进行定量分析以及通过建立模型来量化评估水土保持状况。通过计算土壤侵蚀速率、植被指数等指标，并结合 GIS 技术进行空间分析可以量化地表参数。这种定量评估能够帮助决策者了解不同区域的水土保持状况，为制定合理的措施提供科学依据。综上所述，遥感图像解译可以提供可视化的结果，并直观地展示水土保持评价的结果。通过处理和分析遥感图像数据，可以生成图层叠加、影像分类等可视化结果，并以此为基础制定相应的保护策略。

总的来说，遥感技术在水土保持工作中扮演着重要的角色。它能够提供大范围、高分辨率的地表信息，为制定有效的保护措施提供科学依据。通过观察水土保持状况的演变趋势，及早发现问题并采取调整措施使水土保持工作更加准确、全面，并为制定科学合理的保护策略提供了科学依据。随着遥感技术的不断创新和发展，它在水土保持工作中的作用将会进一步加强，有助于实现可持续的土地资源管理和环境保护。

## 第四节　地理信息系统

### 一、地理信息系统的概念内涵

#### （一）信息和地理信息

##### 1. 数据和信息

数据（Data）是未加工的原始资料，指对某一事件、事物、现象进行定性、定量描述的原始资料，包括文字、数字、符号、语言、图形、图像以及它们能转换成的形式。数据是载荷信息的物理符号，数据本身并没有意义。

信息（Information）是用数字、文字、符号、语言、图形、图像等介质或载体，表示事件、事物、现象等的内容、数量或特征，向人们（或系统）提供关于现实世界新的事实和知识，作为生产、管理、经营、分析和决策的依据。

信息具有客观性、适用性、可传输性和共享性等特征。①客观性：任何信息都是与客观事实紧密相关的，这是信息的正确性和精确度的保证。②适用性：信息是为特定的对象服务的，同时也为服务对象提供生产、建设、经营、管理、分析和决策的有用信息。③可传输性：信息可在信息发送者和信息接收者之间传输。④共享性：同一信息可传输给多个用户，为多个用户共享，而本身并无损失。

数据和信息密不可分，信息来自数据，数据是信息的载体。数据是未加工的原始资料，文字、数字、符号、语言、图形和图像等都是数据。数据是对客观对象的表示，信息则是数据内涵的意义，是数据的内容和解释，只有理解了数据的含义，对数据作出了解释，才能提取出数据中所包含的信息。例如，从测量数据中可以提取出目标和物体的形状、大小和位置等信息，从遥感卫星图像数据中可以提取出各种地物类型及相关属性，从实地调查数据中可提取出各专题的属性信息。信息处理的实质是对数据进行处理，从而获得有用的信息。

**2. 地理数据和地理信息**

地理数据（Geographic Data）是各种地理特征和现象之间关系的符号化表示，包括空间位置特征、属性特征及时态特征三个基本部分。空间位置描述地理实体所在的空间绝对位置以及实体间空间关系的相对位置。空间位置由坐标参照系统描述，空间关系由拓扑关系（邻接、关联、连通、包含、重叠等）描述。属性特征又称为非空间特征，是地理实体的定性、定量指标，描述了地理信息的非空间组成成分。时态特征是指地理数据采集或地理现象发生的时刻或时段。时态特征已经受到地理信息系统学界的重视，成为研究热点。

地理信息（Geographic Information）是指与所研究对象的空间地理分布有关的信息，表示地表物体及环境所具有的数量、质量、分布特征、联系和规律等，是对表达地理特征和地理现象之间关系的地理数据的解释。地理信息具有空间分布性、多维结构、时序特征、数据量大等特性。①空间分布性：指地理信息具有空间定位的特点，并在区域上表现出分布式的特点，其属性表现为多层次。②多维结构：指在同一个空间位置上，具有多个专题和属性的信息结构，如在同一个空间位置上，可取得高度、噪声、污染、交通等多种信息。③时序特征：动态变化特征，是指地理信息随时间变化的序列特征，可按超短期（台风、地震等）、短期（江河洪水、季节低温等）、中期（土地利用、作物估产等）、长期（城市化、水土流失等）和超长期（地壳运动、气候变化等）时序来划分。④数据量大：地理信息因为既具有空间特征、又有属性特征，还有随时间变化的特征，所以数据量大。

地理数据和地理信息是密不可分的。地理信息来源于地理数据，地理数据是地理信息的载体，但并不一定就是地理信息。只有理解了地理数据的含义，对地理数据作出解释，才能提取出地理数据中所包含的地理信息。地理信息处理的实质是对地理数据进行处理，从而获得有用的地理信息。

### 3. 地理实体和地理现象

地理实体指具有固定地理空间参考位置的地理要素，具有相对固定的空间位置和空间关系、相对不变的属性。地理实体特征要素包括离散特征要素和连续特征要素。例如，井、电力和通信线的杆塔、山峰的最高点、道路、河流、边界、市政管线、建筑物、土地利用和地表覆盖类型等为离散特征要素；温度、湿度、地形高程、植被指数、污染浓度等为连续特征要素。

地理现象指发生在地理空间中的地理事件特征要素，具有空间位置、空间关系和属性随时间变化的特性。例如，台风、洪水过程、天气过程、地震过程、空气污染等为地理现象。对于地理现象，需要在时空地理信息系统中将其作为动态空间对象进行处理和表达，记录位置、空间关系、属性之间的变化信息，进行时空变化建模。地理现象相对于地理实体的最典型区别是：地理现象是在一个特定的时间段存在的，具有一个发生、发展到消亡的过程。

### 4. 地理对象

地理对象是地理实体和地理现象在空间/时间信息系统中的数字化表达形式，具有随表达尺度变化而变化的特性。地理实体和地理现象是在现实世界中客观存在的，地理对象是地理实体和地理现象的数字化表达。

地理对象包括离散对象和连续对象。离散对象采用离散方式对地理对象进行表达，每个地理对象对应于现实世界的一个实体对象元素，具有独立的实体意义。离散对象采用点、线、面、体等几何要素表达。离散对象随着表达的尺度不同，几何元素会发生变化。例如，一个城市在大尺度上表现为面状要素，在小尺度上表现为点状要素；河流在大尺度上表现为面状要素，在小尺度上表现为线状要素。离散对象一般用矢量形式进行表达。连续对象采用连续方式对空间对象进行表达，每个对象对应于一定范围的值域，称为连续对象或空间场。连续对象一般采用栅格要素进行表达。

从地理实体/地理现象到地理对象，再到地理数据，再到地理信息的发展，反映了人类认识的巨大飞跃。地理信息属于空间信息，其位置的识别是与地理数据联系在一起的，具有区域性。地理信息具有多维结构特征，即在同一位置上具有多个专题和属性的信息结构。例如，在一个地面点位上，可取得高度、地基承载力、噪声、污染、交通等多种信息。而且，地理信息具有明显的时序特征，即具有动态变化的特征，这就要求及时采集和更新，并根据多时相的数据和信息来寻找随时间变化的分布规律，进而对未来进行预测或预报。

### （二）信息系统

信息系统是能对数据和信息进行采集、存储、加工和再现，并能回答用户一系列问题的系统。信息系统的四大功能为数据采集、管理、分析和表达。更简单地说，信息系统是基于数据库的问答系统。

从计算机科学的角度看，信息系统是由计算机硬件、软件、数据和用户四大要素组成的问答系统，智能化的信息系统还包括知识。硬件包括各类计算机处理机及其终端设备；软件是支持数据与信息的采集、存储、加工、再现和回答用户问题的计算机程序系统；数据是系统分析与处理的对象，构成信息系统应用的基础，包括定量数据和定性数据；用户是信息系统服务的对象，是信息系统的主人。用户分为一般用户和从事系统建立、维护、管理和更新的高级用户。

信息系统按照智能化程度可以分为四种类型：①事务处理系统（Transaction Process System，TPS）强调数据的记录和操作，主要支持操作层人员的日常活动，处理日常事务。例如，民航订票系统就是一种典型的事务处理系统。②管理信息系统（Management Information System，MIS）需要包含组织中的事务处理系统，并提供内部综合形式的数据，以及外部组织的一般范围的数据，如本科教学管理系统。③决策支持系统（Decision Support System，DSS）是用于获得辅助决策支持方案的交互式计算机系统，一般由语言系统、知识系统和问题处理系统共同组成，如城市规划决策支持系统。④人工智能和专家系统（Expert System，ES）是模仿人工决策处理过程的计算机信息系统，它扩大了计算机的应用范围，将其由单纯的资料处理发展到智能推理，如智能交通系统。

信息系统按照应用领域可以分为经营信息系统、企业管理信息系统、金融信息系统、交通运输信息系统、空间信息系统（Spatial Information System，SIS）和其他信息系统等。其中，空间信息系统是一种十分特别而重要的信息系统，可以采集、处理、管理和更新空间信息。

### （三）地理信息系统的概念及演进

地理信息系统（Geographic/Geographical Information System，GISystem，GIS）是一种特殊而又十分重要的空间信息系统，它是采集、表达、处理、管理、分析和描述整个或部分地球表面（包括大气层在内）与空间和地理分布有关数据的空间信息系统。因为地球是人类赖以生存的基础，所以 GIS 是与人类的生存、发展和进步密切关联的一门信息科学与技术，越来越受到重视。

目前，GIS 的概念在不断地发展和演进。地理信息系统在面向部门的专业应用不断拓展的同时，已开始向社会化、大众化应用发展，GIS 从传统意义上的地理信息系统（Geographic Information System，GISystem，GIS）拓展为地理信息科学（Geographic Information Science，GIScience，GIS）和地理信息服务（Geographic Information Service，GlService，GIS）等多个方面。

地理信息科学（GIScience）是关于 GIS 的发展、使用和应用的理论，是信息时代的地理学，是关于地理信息的本质特征与运动规律的一门科学。地理信息科学的提出和理论创建来自两个方面：一是技术与应用的驱动，这是一条从实践到认识，从感性到理论的发展路线；二是学科融合与地理综合思潮的逻辑扩展，这是一条理论演绎的发展路线。在地理信息科学的发展过程中，两者相互交织、相互促进，共同推进地理学思想的发展、范式的演变和地理信息科学的产生和发展。地理信息科学本质上是在两者的推动下地理学思想演变的结果，是新的技术平台、观察视点和认识模式下地理学的新范式，是信息时代的地理学。相对于地理信息系统，地理信息科学更侧重于基础理论。

地理信息服务（GIService）是指遵循服务体系的架构和标准，采用网络服务技术，基于地理信息互操作标准和规范，在网络环境下提供地理信息系统的数据、分析、可视化等功能的服务。地理信息服务是网络环境下一组与空间信息相关的软件功能实体，该软件功能实体通过接口封装功能。狭义的地理信息服务是指遵循 Web 服务体系架构和标准，利用网络服务技术在网络环境下提供 GIS 数据、分析、可视化等功能的服务和应用。广义的地理信息服务是指提供与地理空间信息有关的一切服务。相对于地理信息系统、地理信息科学，地理信息服务强调面向服务的架构，以及为用户提供各种服务（数据服务、功能服务、应用服务等）。

与 GIS 相关的还有两个重要概念，即“地球信息科学”“地球空间信息科学”。

地球信息科学（Geo-informatics）从“信息流”的角度提出的，是研究地球系统信息的理论、方法/技术和应用的科学，其目标是通过对地球系统的信息研究，达到为全球变化研究和可持续发展研究服务。

地球空间信息科学（Geo-spatial Information Science，Geomatics）从“3S”集成的角度提出，以全球导航卫星系统（GNSS）、地理信息系统（GIS）、遥感（RS）为主要内容，并以计算机和通信技术为主要技术支撑，用于采集、测量、分析、存储、管理、显示、传播和应用与地球和空间分布有关数据的一门综合和集成的信息科学和技术。地球空间信息科学是以“3S”技术为其代表，包括通信技术、计算机技术的新兴学科。

GIS 按其范围大小可以分为全球的、区域的和局部的三种。通常 GIS 主要研究地球表层的若干个要素的空间分布，属于 2~2.5 维 GIS。研究布满整个三维空间要素分布的 GIS，才是真三维 GIS。一般也常常将数字位置模型（2 维）和数字高程模型（1 维）的结合称为 2+1 维或 3 维，加上时间坐标的 GIS 称为四维 GIS 或时态 GIS。

## 二、GIS 的特点

### （一）GIS 的基本特点

GIS 具有以下 5 个基本特点。

**1. GIS 是以计算机系统为支撑的**

GIS 是建立在计算机系统架构上的信息系统，由若干个相互关联的子系统构成，包括数据采集子系统、数据处理子系统、数据管理子系统、数据分析子系统、数据产品输出子系统等。

**2. GIS 的操作对象是空间数据**

空间数据的最根本特点是每一个数据都按统一的地理坐标进行编码，实现对其定位、定性和定量描述。在 GIS 中实现了空间数据的空间位置、属性特征和时态特征 3 种基本特征的统一。

**3. GIS 具有对地理空间数据进行空间分析、评价、可视化和模拟的综合利用优势，具有分析与辅助决策支持的作用**

GIS 具备对多源、多类型、多格式空间数据进行整合、融合和标准化管理的能力，可以为数据的综合分析利用提供技术支撑。通过综合数据分析，可以获得常规方法或普通信息系统难以得到的重要空间信息，实现对地理空间对象和过程的演化、预测、决策和管理。

**4. GIS 具有分布特性**

GIS 的分布特性是由其计算机系统的分布性和地理信息自身的分布性共同决定的。计算机系统的分布性决定了地理信息系统的框架是分布式的。地理要素的空间分布性决定了地理数据的获取、存储、管理和地理分析应用具有地域上的针对性。

**5. 地理信息系统的成功应用强调组织体系和人的因素的作用**

### （二）GIS 与相关系统的区别和联系

计算机制图、计算机辅助设计、数据库管理系统、遥感图像处理技术奠定了地理信息系统的技术基础。地理信息系统是这些学科的综合，它与这些学科和系统之间既有联系又有区别，这里将它们逐一加以比较，以突出地理信息系统的特点。

**1. GIS 与数字制图系统的区别与联系**

数字制图是地理信息系统的主要技术基础，它涉及 GIS 中的空间数据采集、表示、处理、可视化甚至空间数据的管理。无论是在国外，还是在国内，GIS 早期的技术都主要反映在数字制图方面。不同的数字制图系统（或称为机助制图系统），在概念和功能上有很大的差异。数字制图系统涵盖了从大比例尺的数字测图系统、电子平板，到小比例尺的地图编辑出版系统、专题图的桌面制图系统、电子地图制作系统以及地图数据库系统。它们的功能主要强调空间数据的处理、显示与表达，有些数字制图系统还具有空间查询功能。

地理信息系统和数字制图系统的主要区别在空间分析方面。一个功能完善的地理信息系统可以包含数字制图系统的所有功能，此外它还应具有丰富的空间分析功能。当然在很多情况下，数字制图系统与地理信息系统的界限是很难确定的，特别是对有些桌面制图系统，如 MapInfo 等在归类上就有较大的争议。严格地说，MapInfo 初期的版本缺少复杂的空间分析功能，但是它在图文办公自动化、专题制图等方面大有市场，甚至一些老牌的 GIS 软件公司都开发相应的软件与它竞争。但是，要建立一个决策支持型的 GIS 应用系统，需要对多层的图形数据和属性数据进行深层次的空间分析，以提供对规划、管理和决策有用的信息。各种空间分析如缓冲区分析、叠置分析、地形分析、资源分配等功能是必要的，现在的 GIS 系统应提供空间统计分析功能。

2. GIS 与 CAD 的区别与联系

计算机辅助设计（Computer Aided Design，CAD）是计算机技术用于机械、建筑、工程和产品设计的系统，它主要用于范围广泛的各种产品和工程的图形，大至飞机小到微芯片等。CAD 主要用来代替或辅助工程师们进行各种设计工作，也可以与计算机辅助制造（Computer Aided Manufacturing，CAM）系统共同对产品加工作实时控制。

GIS 与 CAD 系统的共同特点是二者都有坐标参考系统，都能描述和处理图形数据及其空间关系，也都能处理非图形属性数据。它们的主要区别是，CAD 处理的多为规则几何图形及其组合，图形功能极强，属性功能相对较弱。而 GIS 处理的多为地理空间的自然目标和人工目标，图形关系复杂，需要丰富的符号库和属性库。GIS 需要有较强的空间分析功能，图形与属性的相互操作十分频繁，且多具有专业化的特征。此外，CAD 一般仅在单幅图上操作，海量数据的图库管理能力比 GIS 弱。

但是 CAD 具有极强的图形处理能力，也可以设计丰富的符号和连接属性，许多用户都把它作为数字制图系统使用。有些软件公司为了充分利用 CAD 图形处理的优点，在 CAD 基础上，开发出地理信息系统。例如，

Intergraph 公司开发了基于 MicroStation 的 MGE，ESRI 公司与 Autodesk 公司合作推出了 ARC-CAD。Autodesk 公司又推出了基于 AutoCAD 的地理信息系统软件（或者说地图数据库管理软件）Autodesk Map。

**3. GIS 与数据库管理系统的区别与联系**

数据库管理系统一般指商用的关系数据库管理系统，如 Oracle、SyBase、SQL Server、Informix Foxpro 等。它们不仅是一般事务管理系统，如银行系统、财务系统、商业管理系统、飞机订票系统等的基础软件，而且通常是地理信息系统中属性数据管理的基础软件，甚至有些 GIS 的图形数据也交给关系数据库管理系统。而关系数据库管理系统也在向空间数据管理方面扩展，如 Oracle、Informix、Ingres 等都增加了管理空间数据的功能，许多 GIS 中的图形数据和属性数据全部由商用关系数据库管理系统管理。近年来还出现了非关系数据库（如 MongoDB）统一管理图形数据、属性数据和传感网流式数据的系统，如吉奥公司的 GeoSmarter。

但是数据库管理系统和地理信息系统之间还存在区别。地理信息系统除需要功能强大的空间数据管理功能之外，还需要具有图形数据采集、空间数据可视化和空间分析等功能。所以，GIS 在硬件和软件方面均比一般事务数据库更加复杂，在功能上也比后者要多很多。例如，电话查号台可看作一个事务数据库系统，它只能回答用户所查询的电话号码，而一个用于通信的地理信息系统除了可查询电话号码，还可提供所有电话用户的地理分布、电话空间分布密度、公共电话的位置与分布、新装用户距离最近的电信局等信息。

**4. GIS 与遥感图像处理系统的区别与联系**

遥感图像处理系统是专门对遥感图像数据进行处理与分析的软件，主要强调对遥感栅格数据的几何处理、灰度处理和专题信息提取。遥感数据是地理信息系统的重要数据源。遥感数据在遥感图像处理系统处理之后，或是进入 GIS 系统作为背景影像，或是与经过分类的专题信息系统协同进行 GIS 与遥感的集成分析。

一般来说，遥感图像处理系统还不能直接用作地理信息系统。然而，许多遥感图像处理系统的制图功能也较强，可以设计丰富的符号和注记，并可进行图幅整饰，生产精美的专题地图。有些基于栅格的 GIS 除了能进行遥感图像处理，还具有空间叠置分析等 GIS 空间分析功能。但是这种系统一般缺少实体的空间关系描述，难以进行某一实体的属性查询和空间关系查询以及网络分析等。当前遥感图像处理系统和地理信息系统的发展趋势是两者的进一步集成，甚至研究开发出在同一用户界面内，进行图像和图形处理，以及矢量、栅格影像和 DEM 数据相结合的存储方式。

## 三、地理信息系统在现代水利行业的应用研究

### （一）地理信息系统在现代水利行业的应用分析

#### 1. 水文

在水文方面，地理信息系统发挥着非常关键的作用。地理信息系统中的矢量数据格式、栅格数据格式和分布式流域水文模型有一定的形似之处，两者均是通过空间分辨率划分研究区，达到简化计算，减少数据量的目的。地理信息系统应用于水文领域，可以在原有信息的基础之上，全面深入计算属性及空间数据，进而得到更加全面、完整的信息。思维地理信息系统，能够帮助确定真实世界的具体时空位置，这样一来，就能够为流域特征的空间分布和对产流、汇流的研究产生更加深刻的影响，更加真实地了解、掌握土壤湿度、降雨以及蒸发等要素在时间、空间方面的变化，加深对水文知识的认识，为现代水利事业发展提供重要的水文知识服务。

#### 2. 抗旱防汛

近年来，受到全球气候变暖等因素的影响，旱涝灾害等极端恶劣天气呈现出高发趋势，对现代农业发展造成了极大的阻碍和影响。将地理信息系统应用于抗旱防汛工作中，通过采集整合往年旱涝灾害发生背景等方面的信息，并展开深入全面分析，结合当地实际情况，能够科学预测出旱涝灾害的发生可能性、发生范围、发生时间、危害程度，提前做好应急预案，实现对旱涝灾害的有效防范，降低对现代农业发展所造成的影响和损失。旱涝灾害防范时，借助地理信息系统搭建洪水紧急预警和监测系统，实时、动态监测旱涝灾害的发展，第一时间将灾情信息反馈至指挥部门，了解并查明各个区域的受灾情况、受灾范围，重点受灾区域，以此为基础做好抗灾工作，尽快恢复正常的农业生产，确保农业安全稳定发展。

3. 水资源管理

水是人类生存、农业发展必需的资源，当前全国乃至全世界均面临着水资源短缺甚至枯竭的问题，这对人类生存及农业可持续发展产生了极大的阻碍。地理信息系统在水资源领域具备较高的应用价值，通过搭建水资源数据库，及时整合、更新、维护海量的水资源数据信息，并对水资源的变化规律进行模拟分析，了解水资源动态，为水源节约工作的开展提供有价值的参考。将地理信息系统应用于水资源综合规划中，形成庞大的数据库集成体，进而整理、存储海量的水资源信息，利用地理信息系统、遥感技术分析、观察水资源分布状况，结合当地农业灌溉需求，明确区域内水资源的承载力，并结合农业灌溉工作编制科学可行的水资源调度方案，确保水资源调度、规划和利用的有效性，在节约水资源的同时，满足现代农业灌溉需求，保证现代农业良好发展，保障粮食的安全稳定性。

4. 水利工程管理

水利工程建设是一项关乎国计民生的工程，对其施工进度、质量、安全等均有着较高的要求，在水利工程项目建设期间做好管理工作意义重大。传统水利工程建设管理工作的开展，以人力管理为主，效率低，效果差，无法实现对水利工程项目建设质量、安全、进度的有效管控。在水利工程项目建设与管理中，地理信息系统具有巨大的应用潜力和价值。在做好前期水利工程现场勘查的基础上，结合各项勘查数据信息搭建地理信息系统，并将和水利工程项目建设相关的数据信息存储至地理信息系统内，包括设计图纸、设计方案、进度信息、材料信息、设备信息、费用信息、人员信息等，结合水利工程项目建设进度及时更新各项信息，为后续工作的开展提供重要的参考。同时，借助地理信息系统和远程监控系统、BIM 技术，可实现对工程项目建设的可视化模拟，及时发现水利工程建设中可能出现的问题，提前进行修正，降低后期设计与施工变更的概率。不仅如此，还能够实时、动态监控水利工程建设全过程，了解各个环节施工动态，掌握施工信息，为水利工程设计与施工优化提供重要的依据，保障水利工程建设顺利、有序、优质进行，延长水利工程使用寿命。

5. 水环境监测

近年来，建筑业、化工业的发展，引发了严重的水环境污染问题，无论是陆地水还是地下水，其水质均明显降低。而且随着化肥农药等污染物不断渗入地下，土地盐碱化的问题越来越突出，这对于现代农业发展产生了极大的阻碍。中国是水资源短缺国之一，全国一半以上的城市处于缺水状态。随着高耗水、高耗能、高污染的工业产业的快速发展，污水排放量进一步增加，水污染已成为亟待解决的重要问题。若水污染问题得不到妥善解决，将会对农业发展及人类生存造成恶劣影响。地理信息系统在水环境监测中发挥着非常重要的作用，借助地理信息系统和遥感检测技术，搭建信息管理平台，能够动态化检测水域分布情况及变化动态、泥沙污染情况、水体富营养化状况，进而了解水环境质量状况。与此同时，通过实时监测水环境污染源、河流的流水量、不同时期的流水速度、河流断流情况、洪水泛滥情况以及水环境恶化所引发的一系列的灾害，制定科学有效的水环境污染防治措施和方案，减轻水环境污染程度，改善水质，满足新时期现代农业发展对优质水源的灌溉使用需求，提高农作物品质。

#### 6. 坡耕地水土流失综合治理项目建设情况统计

坡耕地水土流失综合治理重点项目选定是今后坡耕地水土流失综合治理工程实施的重要依据，一经确定，中途不准变更。通过地理信息系统，具体选取原则：一是示范引领，优选坡耕地面积大、集中连片、水土流失严重、水热条件好、高标准治理后成效及示范效果明显的区域；二是集中连片，优先选择坡耕地相对集中连片、有利于发展特色产业的区域；三是先易后难，优先选择“缓坡、近村、靠水源”的区域；四是地方重视，优先选择当地政府重视、工程管理机构健全、技术力量有保障、群众积极性高的区域；五是避免重复，项目区避免与其他水土保持重点工程项目区、高标准农田建设、土地整治等重复；六是要与乡村振兴紧密结合，聚焦水土流失治理、农村产业发展、产业结构调整，切实改善项目区群众生产生活条件和生态环境。

### （二）地理信息系统在现代水利行业的应用发展趋势

#### 1. 加深地理信息系统应用规范及标准研究

现阶段，地理信息系统在水利行业乃至更多行业中的应用尚未建立完善的技术规范、标准，没有搭建专门的开发平台，这极大地影响着信息传输、共享和应用。为更好地将地理信息系统应用于现代水利行业，并获得更加理想的应用效果及价值，在接下来的时间里要进一步加深对地理信息系统的应用规范及标准方面的研究，结合新时期各行各业实际需求，不断完善地理信息系统应用规范及标准，搭建专门的开发平台，充分挖掘地理信息系统的应用价值，更好地服务于现代水利行业发展，提升服务效能。

**2. 搭建水文水资源地理空间数据库**

地理信息系统的核心是空间数据库，但若水文水资源地理空间数据库不完善，必然会对地理信息系统的应用产生不利的影响，所以要高度重视对水文水资源地理空间数据库的建设，重点做好对雨情和水情数据库、水旱灾情数据库、自然资源和社会经济环境数据库、蓄滞洪区空间展布式社会经济数据库的建设与完善工作，及时更新数据库的信息，保证数据库中数据信息始终具备较高的准确性、完整性，满足现代水利行业乃至更多行业的应用需求。

**3. 建立水文水资源空间决策支持系统**

空间决策支持系统是一项新型信息系统，该系统是由地理信息系统和常规决策支持系统融合发展而成的。水文水资源空间决策支持系统，具备较高的开发难度，而且对人力、物力、财力方面的应用需求量较大，因此要加大对上述多方面资源的支持和保障，充分发挥出地理信息系统和常规决策系统的优势及功能，建立并完善水文水资源空间决策支持系统，为现代水利资源的调度、利用提供方便，满足现代农业发展对水资源的需求。

**4. 地理信息系统和水文水资源专业模型融合**

当前地理信息系统虽然具备了良好的数据存储、数据管理、数据输入和输出等方面的功能，却局限于数据方面，不具备较强的水文分析和决策能力。所以在接下来的时间里要重视对地理信息系统和水文水资源专业模型的融合发展，将地理信息系统和水文水资源专业模型高度集成，构建专业化、分布式水文模型，为后续水文规律研究、水资源开发利用、面源污染评价、防洪减灾等各项工作的开展提供重要的参考。

**5. 地理信息系统向多维方向发展**

水文水资源是随时空动态变化的，但当前地理信息系统或软件尚无法实现四维空间的分析，虽然 IVM、GRASS 等系统软件可实现三维分析，但分析功能滞后，几何建模不足。所以后续要加快推动地理信息系统的多维方向发展，发挥出计算机信息技术和空间技术优势，融合应用于水文水资源领域，确保地理信息系统的兼容性，实现多维化的发展目标。

综上所述，地理信息系统是现代科学技术的重要产物，当前其凭借完善的功能被广泛应用于现代水利行业。地理信息系统应用于现代水利行业中，要充分发挥出其在防洪减灾、水资源管理、水土环境保持、工程建设管理等方面的作用，提升水利工程自动化、信息化管理水平。在接下来的时间里，随着地理信息系统技术的不断创新，将会赋予水利行业更好的发展空间，助力水利事业现代化发展。

# 第五章　水准、角度与距离测量技术

## 第一节　水准测量

测定地面点高程位置的工作称为高程测量。由于使用的仪器、施测的方法及达到的精度不同，高程测量可有多种。其中水准测量是高程测量中精度最高的一种方法，被广泛地应用于高程控制测量和水利水电工程测量中。

### 一、水准测量的原理

水准测量是利用能提供一条水平视线的仪器，配合水准尺测定地面两点间的高差，由已知一点高程推算另外一点高程的一种方法。

图 5-1 中，已知 $A$ 点的高程为 $H_A$ ，要测定 $B$ 点的高程 $H_B$ ，在 $A$、$B$ 两点间安置一架能够提供水平视线的仪器，并在 $A$、$B$ 两点上分别竖立水准尺，利用水平视线读出 $A$ 点尺上的读数 $a$ 及 $B$ 点尺上的读数 $b$，由图可知 $A$、$B$ 两点间高差为：

$$h_{AB} = a - b \tag{5-1}$$

测量是由已知点向未知点方向进行观测，设 $A$ 点为已知点，则 $A$ 点为后视点，$a$ 为后视读数；$B$ 点为前视点，$b$ 为前视读数；$h_{AB}$ 为未知点 $B$ 对于已知点 $A$ 的高差，或称由 $A$ 点到 $B$ 点的高差，它总是等于后视读数减去前视读数。当高差为正时，表明 $B$ 点高于 $A$ 点，反之则 $B$ 点低于 $A$ 点。计算高程的方法有两种。

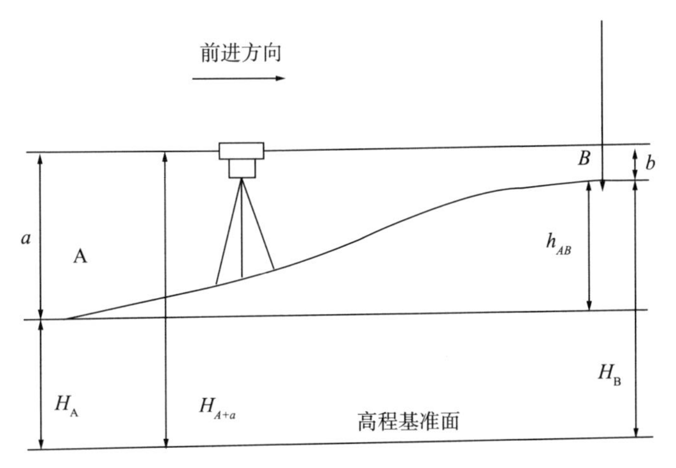


**图 5-1　水准测量原理**

（1）由高差计算高程，即：

$$H_B = H_A + h_{AB} \tag{5-2}$$

（2）由仪器的视线高程计算未知点高程。由图 5-1 可知，$A$ 点的高程加后视读数就是仪器的视线高程，用 $H_i$ 表示，即：

$$H_i = H_A + a \tag{5-3}$$

由此可求出 $B$ 点的高程为：

$$H_B = H_i - b \tag{5-4}$$

这种计算方法也称视线高法，在工程测量中应用较为广泛。

## 二、水准测量仪器和工具的构造及使用

水准仪是能够为水准测量提供一条水平视线的仪器。

### （一）$DS_3$ 型水准仪的构造

在我国，水准仪按其精度从高到低分为 $DS_{0.5}$、$DS_1$、$DS_3$ 和 $DS_{10}$ 四个等级。“D”表示大地测量，“S”表示水准仪，0.5、1、3、10 分别表示其精度。本节主要介绍 $DS_3$ 型水准仪（见图 5-2）。

$Ds_3$ 型水准仪由望远镜、水准器及基座 3 个主要部分组成。仪器通过基座与三脚架连接，由三脚架支撑。基座上的 3 个脚螺旋与目镜左下方的圆水准器，可以粗略整平仪器。望远镜旁装有一个管水准器，转动望远镜微倾螺旋，

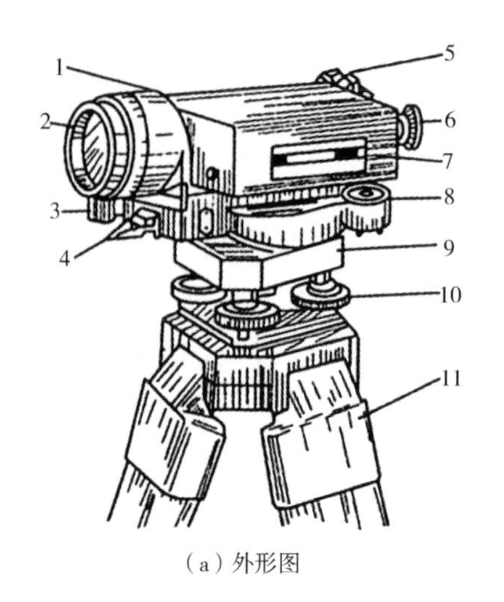


（a）外形图

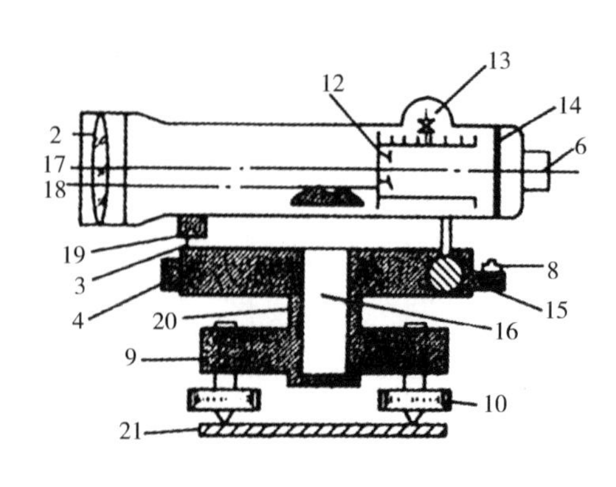


（b）构造图

1. 准星；2. 物镜；3. 微动螺旋；4. 制动螺旋；5. 缺口；6. 目镜；7. 水准管；8. 圆水准器；9. 基座；10. 脚螺旋；11. 三脚架；12. 对光透镜；13. 对光螺旋；14. 十字丝分划板；15. 微倾螺旋；16. 竖轴；17. 视准轴；18. 水准管轴；19. 撤倾轴；20. 轴套；21. 底板

**图 5-2　$DS_3$型水准仪**

可使望远镜做微小的俯仰运动，管水准器也随之俯仰，使管水准器的气泡居中，此时望远镜视线严格水平。水准仪在水平方向的转动，是由水平制动螺旋和微动螺旋控制的。

望远镜由物镜、对光透镜、十字丝分划板和目镜等部分组成。根据几何光学原理可知，目标经过物镜及对光透镜的作用，在十字丝分划板附近成一倒立实像，由于目标离望远镜的远近不同，转动对光螺旋使对光透镜在镜筒内前后移动，可使其实像恰好落在十字丝平面上，再通过目镜同时将倒立的实像和十字丝放大，这时倒立的实像成为倒立而放大的虚像。其放大的虚像与用眼睛直接看到目标大小的比值，即为望远镜的放大率 $V$ 。

国产 $DS_3$型水准仪望远镜的放大率一般约为 30 倍。

十字丝是用以瞄准目标和读数的。其中十字丝的交点与物镜光心的中央连线，称为望远镜的视准轴（CC），它是用以瞄准和读数的视线。望远镜的作用一是提供一条瞄准目标的视线；二是将远处的目标放大，提高瞄准和读数的精度。而与十字线横丝等距平行的两条短丝称为视距丝，可用其测定距离。上述望远镜是利用对光凹透镜的移动来对光的，称为内对光式望远镜；另一种老式的望远镜是借助物镜对光时，使镜筒伸长或缩短成像，称为外对光式望远镜。外对光式望远镜密封性较差，灰尘湿气易进入镜筒内，而内对光式望远镜恰好克服了这些缺点，所以目前测量仪器大多采用内对光式望远镜。

## （二）水准仪的安置和使用

### 1. 安置与粗平

选好测站，打开三脚架，将三脚架插入土中，在光滑地面使脚架不致打滑，并使架头大致水平。利用连接螺旋将水准仪与三脚架连接，然后旋转脚螺旋使圆水准器的气泡居中，气泡是随着左手拇指转动的方向而移动，此时可用双手按箭头所指的方向对向旋转脚螺旋 $A$ 和 $B$，即降低脚螺旋 $A$，升高脚螺旋 $B$，气泡便向脚螺旋 $B$ 方向移动，移动到 2 点位置时为止，再旋转脚螺旋 $C$，如图 5-3（b）所示，使气泡从 2 点移到圆水准器的中心，这时仪器的竖轴大致竖直，亦即视线大致水平。

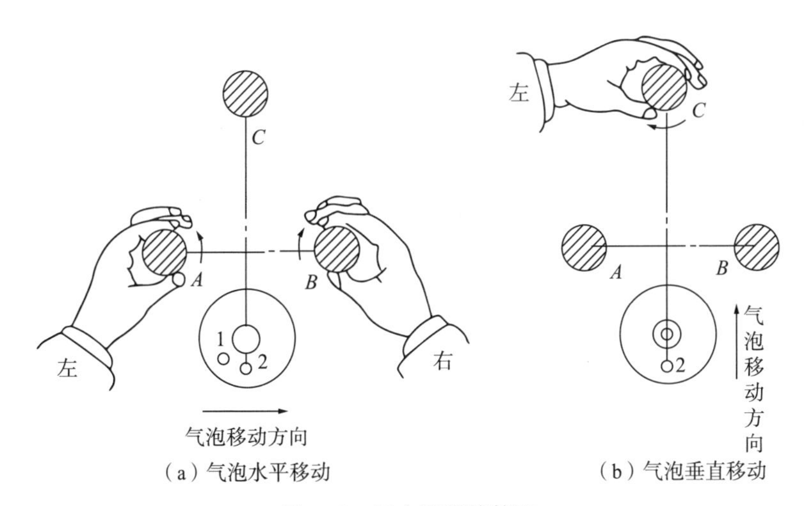


**图 5-3　圆水准器的整平**

当仪器粗略整平后，松开望远镜的制动螺旋，利用望远镜筒上的缺口和准星概略地瞄准水准尺，拧紧制动螺旋。然后转动目镜调节螺旋，使十字丝呈像清晰，再转动物镜对光螺旋，使水准尺的分划呈像清晰，对光工作完成。这时如发现十字丝纵丝偏离水准尺，则可利用微动螺旋使十字丝纵丝对准水准尺，如图 5-4 所示。

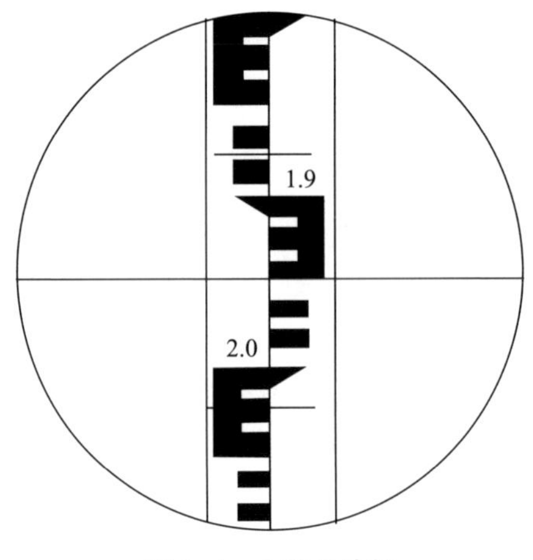


图 5-4　水准尺读数

2. 消除视差

在读数前，如果眼睛在目镜端上下晃动，则十字丝交点在水准尺上的读数也随之变动，这种现象称为十字丝视差。产生十字丝视差的原因是目镜调焦不仔细或物镜调镜不仔细，有时两者同时存在。

3. 精平和读数

转动微倾螺旋使水准管的气泡像吻合，其左半像的上下移动与右手拇指转动螺旋的方向一致。然后立即利用十字丝横丝读取尺上读数。因为水准仪的望远镜一般是倒像，所以水准尺上倒写的数字从望远镜中看到的是正写，同时看到尺上刻画的注记是由上向下递增的，因此，读数应由上向下读，即由小到大，在图 5-4 中，望远镜中的读数为 1. 948m。

## 三、普通水准测量

### （一）水准点

水准点是用水准测量的方法求得其高程的地面标志点。为了将水准测量成果加以固定，必须在地面上设置水准点。水准点可根据需要，设置成永久性水准点和临时性水准点。永久性水准点可造标埋石，如图 5-5（a）所示，临时性水准点可用地表突出的岩石或建筑物基石，也可用木桩作为其标志，如图 5-5（b）所示，桩顶打一小钉且用红油漆圈点。通常以“BM”代表水准点，并编号注记于桩点上。为了便于寻找和使用，可在其周围醒目处予以标记，或在桩上固定一明显标志，这些标记和标志称“点之记”，并绘出草图。

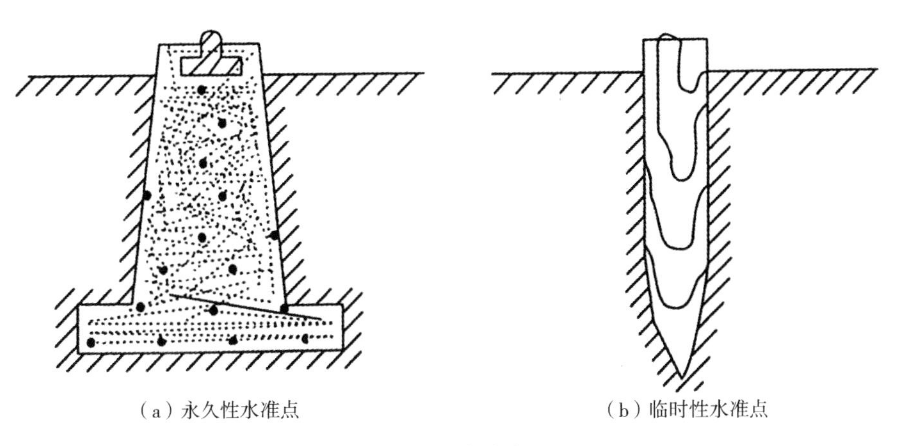


**图 5-5　水准点**

## （二）水准测量的校核方法和精度要求

在水准测量中，测得的高差总是不可避免地存在误差。为了使测量成果不存在错误并符合精度要求，必须采取相应的措施进行校核。

**1. 改变仪器高法（适用于单面水准尺）**

在每个测站上，测出两点间高差后，重新安置（升高或降低仪器 10cm 以上）再测一次，两次测得的高差不符值应在允许范围内。对于城市和工程测量中的水准测量，两次高差不符值的绝对值最大不超过 5mm，否则应重新测量。

**2. 两台仪器同侧观测**

此法同样适用于单面尺，两台仪器所测相同两点间的高差不符值也不得超过 5mm。

**3. 双面尺法**

采用红、黑两面尺观测，由于同一根尺两面注记相差一个常数，在一个测站上对每个测点既要读取黑面读数，又要读取红面读数，据此校核红、黑面读数之差。由红、黑面测得的高差也应在 5mm 内。采用双面尺法不必改变仪器高，也不必用两台仪器同时观测，从而节约了时间，提高了工效。

测站校核虽然可以校核本测站的测量成果是否符合要求，但整个路线测量成果是否符合要求，甚至是否有错，则不能判定。例如，假设迁站后，转点位置发生移动，这时测站成果虽符合要求，但整个路线测量成果都存在差错，因此，还需要进行路线校核。

## 四、自动安平水准仪与电子水准仪

### （一）自动安平水准仪

用普通水准仪进行水准测量，必须使水准管气泡严格居中才能读数，这种手动操作费时费力，为了提高工效，研制生产了一种自动安平水准仪。使用这种仪器只要将圆水准器气泡居中，就可直接利用十字丝进行读数，从而加快了测量速度。

### （二）电子水准仪

电子水准仪也称数字水准仪，1990 年威特公司研制出了世界上第一台 NA2000 数字水准仪，使水准测量自动化得以实现。目前，我国从国外引进了不同型号和不同精度的数字水准仪，常见的有 NA2000、NA2002、NA3003。现以 NA2000 为例，简要介绍其结构、自动读数原理、特点和精度。

#### 1. 仪器的结构和自动读数原理

如图 5-6 所示，数字水准仪 NA2000 具有与传统水准仪相同的光学和机械结构，实际上就是采用 WildNA24 自动安平水准仪的光学机械部分。与数字水准仪配套的水准标尺一面具有用于电子读数的条码尺，另一面有用于目视观测的常规 E 型分划线。标尺总长 4. 05m，由三节 1. 35m 长的短尺插接而成。

NA2000 水准仪利用电子工程学原理，进行自动观测和记录。作业员只要粗略整平仪器，将望远镜对准标尺并调焦，然后按下相关的按键，探测器就会将采集到的标尺编码光讯号转换成电信号（测量信号），与仪器内部存储的标尺编码信号（参数信号）相比较，若两信号相同，即处于最佳相关位置，则水准读数和视距就可以确定，并在屏幕上显示。为了缩短比较时间，仪器内部设有调焦镜移动量传感器采集调焦的移动量，由此可算出概略视距，再对采集到的标尺编码电信号的“宽窄”进行缩放，使其接近仪器内部存储的

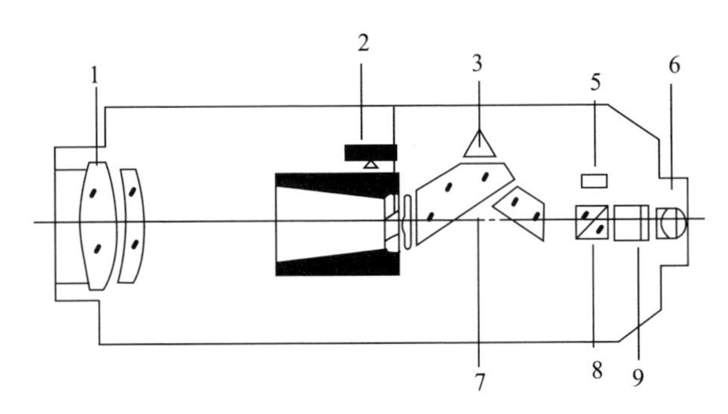


1. 物镜；2. 测焦发送器；3. 补撑器监视；4. 测焦透镜；5. 探测镜；6. 圆镜；
7. 补偿器；8. 分光镜；9. 分划板

**图 5-6　NA2000 结构**

信号的“宽窄”，这是粗相关或粗优化过程。然后进行二维相关，称精优化，由此在短时间内确定结果。这种比较、确定、显示过程只需几秒钟就可完成。

**2. 仪器的特点和精度**

可供采用，通过阅读使用手册和实际操作，充分应用仪器的内在功能设施，实现自动化观测，提高测量工效。

## 五、水准测量误差及精度分析

### （一）误差来源及减弱方法

水准测量误差主要由仪器误差、观测误差和外界条件的影响而产生。现对主要误差进行分析论证，以求在测量过程中避免和减弱此类误差的影响。

**1. 仪器误差**

（1）仪器校正不完善的误差

无论是新购或已使用过的水准仪，在使用前都要经过严格检验校正，使其满足使用要求，尽管仪器经过校正，但还会存在一些残余误差，其中主要是水准管轴不平行于视准轴产生的误差。观测时，只要将仪器安置于距前、后视尺等距离处，就可消除这项误差。

（2）对光误差

由于仪器制造加工不够完善，当转动对光螺旋调焦时，对光透镜产生非直线移动而改变视线位置，产生对光误差，即调焦误差。这种误差，只需将仪器安置于距前、后视尺等距离处，后视完毕转向前视，不必重新对光，就可消除。

（3）水准尺误差

包括刻画不均匀、尺长变化、尺面弯曲和尺底零点不准确等产生的误差。观测前应对水准尺进行检验；尺子的零点误差，使测站数为偶数即可消除。

**2. 观测误差**

（1）整平误差

利用符合水准器整平仪器的误差约为 $\pm 0.075\tau$，若仪器至水准尺的距离为 $D$，则在读数上引起的误差为：

$$m_{平} = \frac{0.075\tau}{\rho} D \tag{5-5}$$

式中，$\rho = 206265''$。

由式（5-5）可知，整平误差与水准管分划值及视线长度成正比。若以 $DS_3$ 型水准仪（$\tau'' = 20''/2mm$）进行水准测量，视线长 $D = 100m$ 时，$m_{平} = 0.73mm$。因此，在观测时必须使气泡居中，视线不能太长，后视完毕转向前视，要注意气泡居中才能读数。此外在晴天观测，必须打伞保护仪器，特别要注意保护水准管。

（2）照准误差

人眼的分辨率，在视角小于 1′时，就不能分辨尺上的两点，若用放大倍率为 $V$ 的望远镜照准水准尺，则照准精度为 $60''/V$，由此照准距水准仪 $D$ 处水准尺的照准误差为：

$$m_{照} = \frac{60''}{V_{\rho}''} D \tag{5-6}$$

当 $V = 30$，$D = 100m$ 时，$m_{照} = + 0.97mm$。

（3）估读误差

估读误差是在区格式厘米分划的水准尺上估读毫米产生的误差。它与十字丝的粗细、望远镜放大倍率和视线长度有关，在一般水准测量中，当视线长度为 100m 时，估读误差约为±1.5mm。

**3. 外界条件的影响**

由于误差产生的随机性，其综合影响将会抵消一部分。在一般情况下，观测误差是主要误差，在一定的条件下，观测者要掌握误差产生的规律，采取相应的措施，尽可能消除或减弱各种误差的影响，以提高测量精度。

### （二）水准测量的精度分析

#### 1. 在水准尺上读一个数的中误差

影响水准尺上读数的因素很多，其中产生较大影响的有整平误差、照准误差及估读误差。

等外水准测量若用 $DS_3$，水准仪施测，其望远镜的放大倍率不应小于 30 倍，符合水准器水准管分划值为 20″/2mm，视距不超过 100m 时，即：

$$m_{平} = \pm \frac{0.075\tau''}{}D = \pm 0.7\text{mm} \tag{5-7}$$

#### 2. 一个测站高差的中误差

一个测站上测得的高差等于后视读数减前视读数，根据第一章中等精度和差函数的公式，一个测站的高差中误差为 $m_{立} = \pm m_{读}\sqrt{2}$，以 $m_{读} = \pm 1.9\text{mm}$ 代入，得：

$$m_{站} = \pm 2.7\text{mm}$$

#### 3. 水准路线的高差中误差及允许误差

设在两点间进行水准测量，共测了 $n$ 个测站，求得高差为：

$$h = h_1 + h_2 + \cdots + h_n \tag{5-8}$$

## 第二节　角度测量

角度测量是测量工作的基本内容（三大要素）之一，它包括水平角测量和竖直角测量。

### 一、角度测量原理

### （一）水平角测量原理

地面上两相交直线之间的夹角在水平面上的投影，称为水平角。如图 5-7 所示，在地面上有 $A$、$O$、$B$ 三点。其高程不同，倾斜线 $OA$ 和 $OB$ 所夹的角 $AOB$ 是倾斜面上的角。如果通过倾斜线 $OA$、$OB$ 分别做竖直面，与水平面相交，其

交线 $oa$ 与 $ob$ 所构成的 $\angle aob$，就是水平角，以 $\beta$ 表示，其角值范围在 0°~360°。

若在角顶 $O$ 点的铅垂线上，水平放置一个带有顺时针刻度的圆盘，使圆盘中心在此铅垂线内，通过 $OA$ 和 $OB$ 的两竖直面在圆盘上截取读数为 $a$ 和 $b$，则水平角：

$$\beta = b - a \tag{5-9}$$

## （二）竖直角测量原理

竖直角是在同一竖直面内倾斜视线与水平线间的夹角，以 $\alpha$ 来表示，其角值范围在 0°~90°，倾斜视线在水平视线上方的为仰角，取正号，在水平视线下方的为俯角，取负号（见图 5-7）。水平角是瞄准两个方向在水平度盘上的两读数之差，同理，测量竖直角则是在同一竖直面内倾斜视线与水平线在竖直度盘上两读数之差。

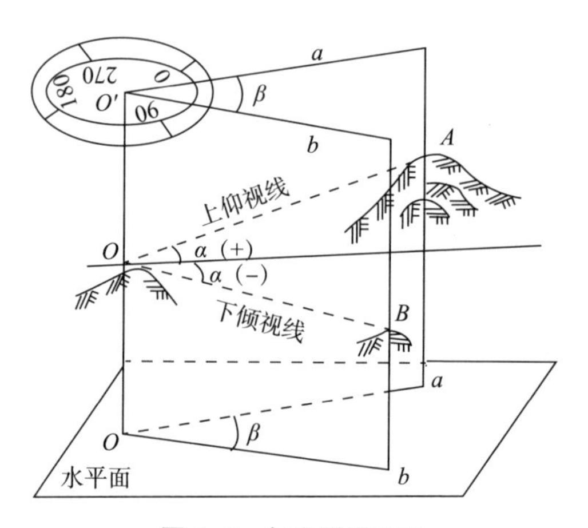


**图 5-7　角度测量原理**

由上可知，测量水平角和竖直角的仪器必须具有两个带刻度的圆盘，一圆盘的中心必须处于角顶点的铅垂线上，且能水平放置，望远镜不仅能在水平方向带动一个读数指标转动，在水平圆盘上指示读数，而且可以在竖直面内转动，瞄准不同高度的目标，读取竖盘上的不同方向读数。经纬仪就是基于上述原理设计制造的。

## 二、$DJ_6$级光学经纬仪

在我国，经纬仪按精度从高到低分为 $DJ_{07}$、$DJ_1$、$DJ_2$、$DJ_6$和 $DJ_{13}$五个等级。“D”表示大地测量，“J”代表经纬仪，07、1、2、6、15 代表测量精度，在城市和工程测量中，一般使用 $DJ_6$级和 $DJ_2$级光学经纬仪。

### （一）$DJ_6$级光学经纬仪的构造

$DJ_6$级光学经纬仪由照准部、水平度盘和基座三大部分组成，图 5-8 是其外形。现将这三大部分的构造及其作用说明如下。

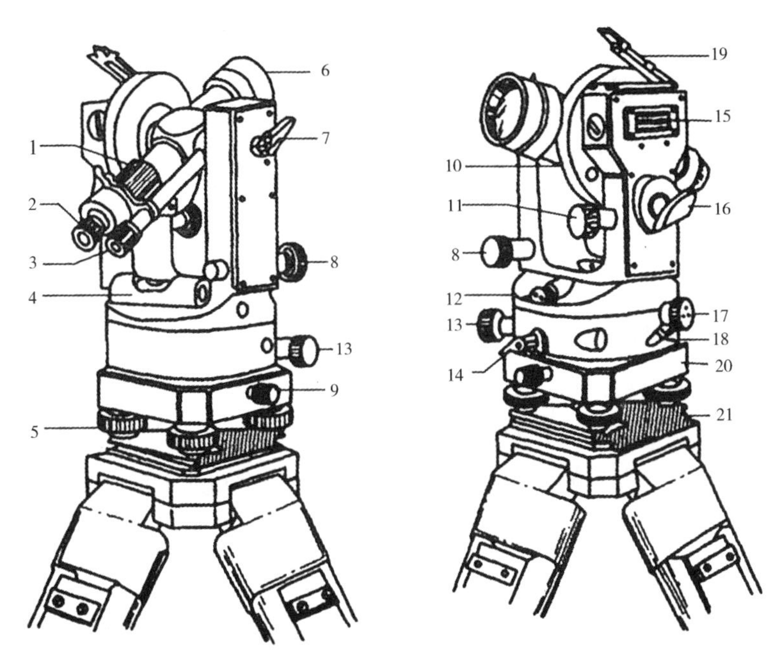


1. 对光螺旋；2. 目镜；3. 读数显微镜；4. 照准部水准管；5. 脚螺旋；6. 望远镜物镜；7. 望远镜制动螺旋；8. 望远镜微动螺旋；9. 中心锁紧螺旋；10. 竖直度盘；11. 竖直指标水准管螺旋；12. 光学对点器目镜；13. 水平微动螺旋；14. 水平制动螺旋；15. 竖盘指标水准管；16. 反光镜；17. 度盘变换手轮；18. 保险手柄；19. 竖盘指标水准管反光镜；20. 基座；21. 托板

**图 5-8　$DJ_6$级光学经纬仪**

#### 1. 照准部

照准部由望远镜、横轴、竖直度盘、读数显微镜、照准部水准管和竖轴等部分组成。

（1）望远镜

望远镜用来照准目标，它固定在横轴上，绕横轴而俯仰，可利用望远镜制动螺旋和微动螺旋控制其俯仰运动。

（2）横轴

横轴是望远镜俯仰转动的旋转轴，由左右两支架所支撑。

（3）竖直度盘

竖直度盘用光学玻璃制成，用来测量竖直角。

（4）读数显微镜

读数显微镜用来读取水平度盘和竖直度盘的读数。

（5）照准部水准管

照准部水准管用来置平仪器，使水平度盘处于水平位置。

（6）竖轴

竖轴插入水平度盘的轴套中，可使照准部在水平方向转动。

**2. 水平度盘部分**

（1）水平度盘

它是用光学玻璃制成的圆盘。在度盘上按顺时针方向刻有 0°～360°的分划，用来测量水平角。在度盘的外壳附有照准部制动螺旋和微动螺旋，用来控制照准部与水平度盘的相对转动。当拧紧制动螺旋，照准部与水平度盘连接，这时如转动微动螺旋，则照准部相对于水平度盘做微小的转动；若松开制动螺旋，则照准部绕水平度盘旋转。

（2）水平度盘转动的控制装置

测角时水平度盘是不动的，这样照准部转至不同位置，可以在水平度盘上读取不同的方向值。但需要设定水平度盘在某一位置时，就要转动水平度盘。控制水平度盘转动的装置有两种：一是位置变动手轮，它又有两种形式；二是复测装置。

**3. 基座**

基座是用来支撑整个仪器的底座，用中心螺旋与三脚架相连接。基座上备有三个脚螺旋，转动脚螺旋，可使照准部水准管气泡居中，从而使水平度盘处于水平位置，亦即仪器的竖轴处于铅垂状态。

### （二）读数装置与读数方法

$DJ_6$级光学经纬仪的读数装置可分为分微尺测微器和单平行玻璃测微器两种，以前者居多。

## 三、$DJ_2$级光学经纬仪

图5-9是我国苏州第一光学仪器厂生产的$DJ_2$级光学经纬仪，其构造与$DJ_6$级基本相同，但读数装置和读数方法有所不同。

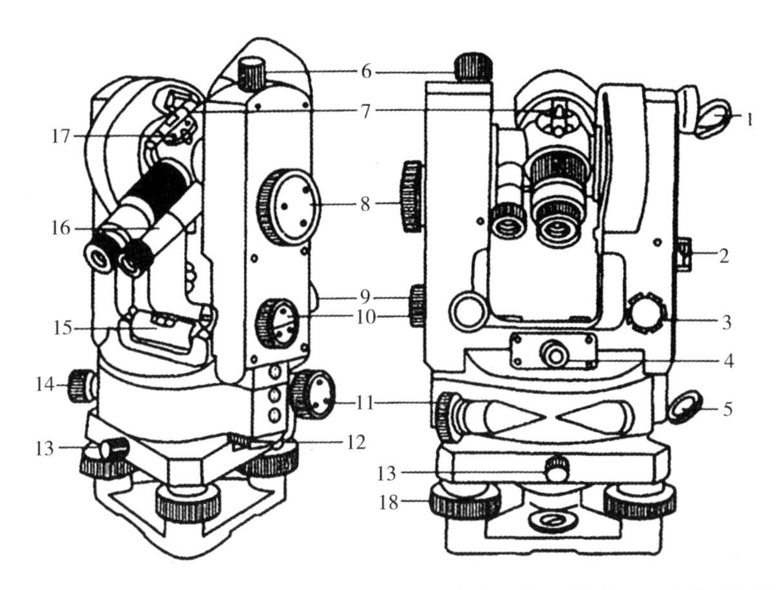


1. 竖盘反光镜；2. 竖盘指标水准管观察镜；3. 竖盘指标水准管微动螺旋；4. 光学对点器目镜；5. 水平度盘反光镜；6. 望远镜制动螺旋；7. 光学瞄准器；8. 测微手轮；9. 望远镜微动螺旋；10. 换像手轮；11. 水平制动螺旋；12. 水平度盘变换手轮；13. 中心锁紧螺旋；14. 水平制动螺旋；15. 照准部水准管；16. 读数显微镜；17. 望远镜反光扳手轮；18. 脚螺旋

**图5-9　$DJ_2$级光学经伟仪**

### （一）读数装置

在$DJ_2$级光学经纬仪的读数显微镜中，水平度盘和竖直度盘的像不能同时显现，为此，要用换像手轮（图5-9中的10）和各自的反光镜（图5-9中的

1、5）进行像的转换。

打开水平度盘反光镜，转动换像手轮，当轮面的指标线（白色）成水平时，就会在读数显微镜内观察到水平度盘的像。打开竖盘反光镜，转动换像手轮，当指标线在竖直位置时，就会在读数显微镜内看到竖直度盘的像。

读数装置采用对径符合数字读数设备。它是将度盘上相对 180°的分划线，经过一系列棱镜和透镜的反射和折射，显现在读数显微镜内，并用对径符合和光学测微器，直接读取与对径相差 180°位置两个读数的平均值，以消除度盘偏心所产生的误差，提高测角精度。如图 5-10（a）所示，读数窗中右上窗显示度盘的度值及 10″的整倍数值，左边小窗为测微尺，用以读取 10″以下的分、秒值，共分为 600 格，每格 1″，估读 0. 1″。左边的注字为分值，右边注字为 10″的倍数值，右下窗为对径分划线的像。

### （二）读数方法

读数前首先运用换像手轮和相应的反光镜，使读数显微镜中显示需要读数的度盘像，如图 5-10（a）所示。读数时，转动测微手轮（图 5-9 中的 8）使读数窗中的对径分划线重合，如图 5-10（b）和图 5-10（c）所示，而后读取上窗中的度值和窗内小框中 10″的倍数值，再读取测微尺上小于 10′的分值和秒值，两者相加而得整个读数。

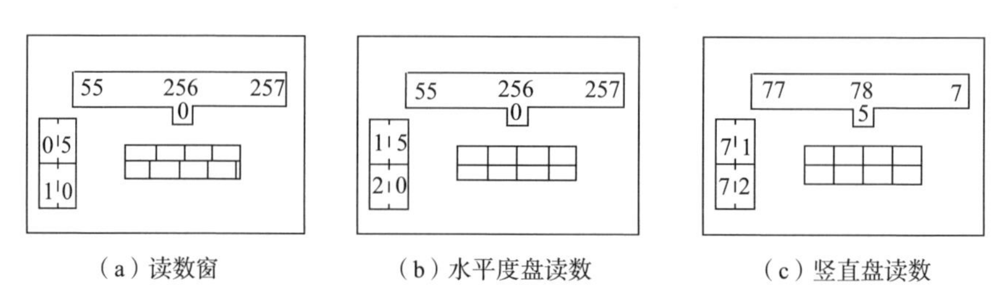


（a）读数窗　（b）水平度盘读数　（c）竖直盘读数

**图 5-10　DJ$_2$级光学经纬仪的读数**

## 四、电子经纬仪

电子经纬仪是国外在 20 世纪 80 年代生产的一种用光电测角代替光学测角的新型经纬仪。以它为主体，可测定水平角、竖直角、水平距和高差。目前，在生产中普遍使用集电子经纬仪、光电测距仪和微电脑于一体的“电子全站仪”，代替了单体式的电子经纬仪。故本节主要介绍其测角系统和测角原理。

电子经纬仪具有光学经纬仪类似的结构特征，测角的方法步骤与光学经纬仪基本相似，最主要的不同点在于读数系统——光电测角。电子经纬仪采用的光电测角方法有三种：编码度盘测角、光栅度盘测角及近年来又出现的动态测角系统。动态测角系统是一种较好的测角系统。

动态测角是通过操作键盘，将指令由中央处理器传给角处理器，于是相应的度盘开始转动，达到规定转速就开始进行粗测和精测并做出处理，若满足所有要求，粗测、精测结果就会被合并成完整的观测结果，并送到中央处理器，由液晶显示器显示或按要求储存于数据终端。

为了消除度盘偏心的影响，在 T2000 度盘对径位置的两端，各安置一个光栅，所以度盘上实际配置两个固定光栅和两个可动光栅，同时从度盘整个圆周上每个间隔获得观测值，取平均值。全圆划分如此多的间隔，可以消除度盘刻画误差和度盘偏心差，从而提高测角精度，水平角和竖直角都可达到一测回的方向中误差在±0. 5″之内。

## 五、水平角测量

### （一）经纬仪的安置

测量水平角时，要将经纬仪安置于测站上，因此，经纬仪的安置有对中和整平两项工作，现分述如下。

**1. 对中**

对中的目的是使度盘中心与测站点在同一铅垂线上。其方法是首先将三脚架安置在测站上，使架头大致水平，高度适中，然后将经纬仪安放到三脚架上，用中心螺旋连接并拧紧，再挂上垂球。垂球若偏离测站点较大，可平移三脚架使垂球对准测站点，如果垂球偏离测站较小，可略松中心螺旋。对中误差一般应小于 2mm。在对中时应注意：架头应大致水平，以免整平发生困难，架腿应牢固插入土中，否则，仪器会处于不稳定状态，在观测过程中，对中和整平都会随时发生变化。

当经纬仪有光学对点器时，可先用垂球大致对中、整平仪器后，取下垂球，略松中心螺旋，双手扶住基座使其在架头移动，同时在光学对点器的目镜中观察，直至看到测站点的点位落在对点器的圆圈中央。由于对中与整平互相影响，故应再整平仪器，再观察，直至对中、整平同时满足要求为止，最后将中心螺旋拧紧。

2. 整平

整平的目的是使水平度盘处于水平位置，仪器的竖轴处于铅垂位置。其方法是首先松开照准部的制动螺旋，使照准部水准管与一对脚螺旋的连线平行，如图 5-11（a）所示，两手同时向内或向外旋转该对脚螺旋，令水准管气泡居中（气泡移动的方向与左手大拇指的转动方向一致）。然后将照准部旋转 90°，使水准管与前一位置垂直，旋转第三个脚螺旋，如图 5-11（b）所示，使气泡居中。这样反复几次，直至水准管的气泡在任何位置都能居中为止，气泡若有偏离中心的情况，一般不应大于半格。

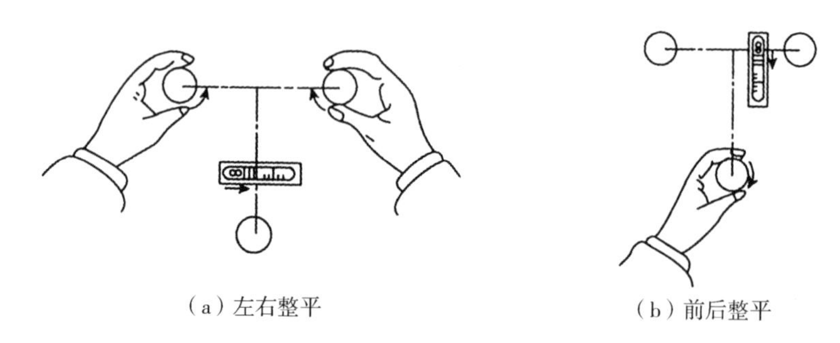

（a）左右整平　　（b）前后整平

**图 5-11　经纬仪整平方法**

## （二）水平角测量方法

测量水平角的方法有多种，可根据所使用的仪器和要求的精度而定。常用方向观测法（全圆测回法）。现以 $DJ_6$ 级光学经纬仪为例，叙述其测量的基本方法。

1. 测回法

测回法用于两个方向的单角测量，表示水平度盘和观测目标的水平投影（见图 5-12）。

用测回法测量水平角 *AOB* 的操作步骤如下：

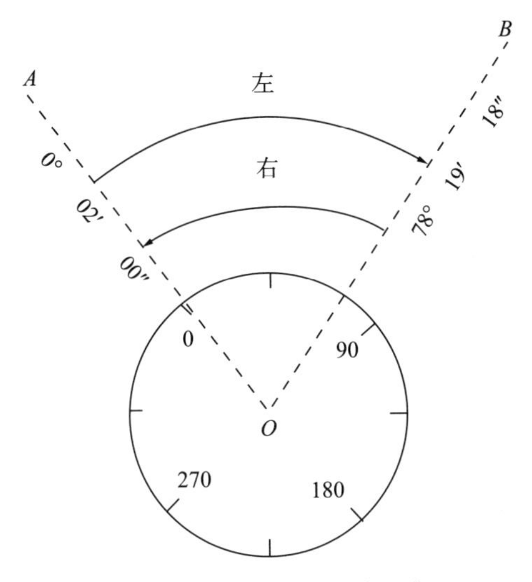


图 5-12　测回法测量水平角

（1）将经纬仪安置在测站点 $O$ 上，进行对中和整平。

（2）令望远镜在盘左位置，旋转照准部，瞄准左方起始目标 $A$。瞄准时应用竖丝的双丝夹住目标，或单丝平分目标，并尽可能瞄准目标的基部，如图 5-13 所示。

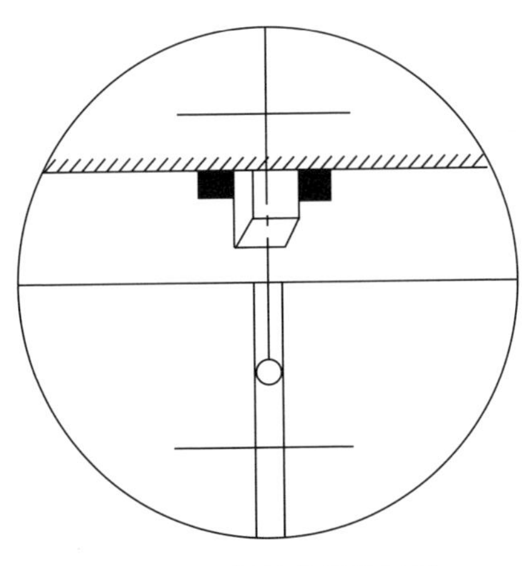

图 5-13　经纬仪瞄准目标

（3）拨动度盘变换手轮，令水平度盘读数略大于 0°（如 0°02′00″）盖好护盖，之后察看瞄准的目标有无变动，如有变动，重新瞄准，此时，将实际读数记入表中。本例未出现手轮护盖带动目标偏移现象。

（4）松开制动螺旋，顺时针旋转照准部，瞄准右方目标 $B$。

**2. 方向观测法**

在一个测站上观测的方向多于 2 个时，则采用方向观测法。如图 5-14 所示。

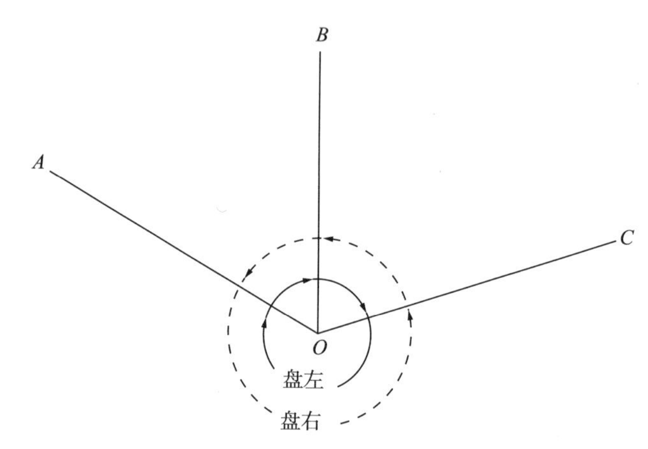


**图 5-14　方向观测法测量水平角**

（1）上半测回观测

将经纬仪安置在测站点 $O$ 上，令度盘读数略大于 0°，以盘左位置瞄准起始方向 $A$ 点后，按顺时针方向依次瞄准 $B$、$C$ 点，最后再次瞄准 $A$ 点，称为归零。在半测回中两次瞄准起始方向 $A$ 的读数差，一般不得大于 18″，如超过应重测。

（2）下半测回观测

倒转望远镜，以盘右位置瞄准 $A$ 点，按反时针方向依次瞄准 $C$、$B$ 点，最后再次瞄准 $A$ 点，即测完下半测回。

上、下两个半测回称为一个测回。为了提高精度，通常要测若干测回，为了消除水平度盘刻画误差的影响，仍按 180°变换度盘。

（3）$2C$ 的计算

$C$ 为照准误差，$2C$ 等于同一目标的盘左读数减去盘右读数±180°之差，其变动范围一般在 60″内，若超限，可检查重点方向，直到符合要求为止。

（4）计算盘左、盘右观测值的平均值

将同方向盘左、盘右读数取平均值（盘右读数应±180°），记在第 6 栏内。

（5）计算归零方向值

即以0°00′00″为起始方向值，计算其余各个目标的方向。由于起始方向有两个数值，取其平均值作为起始点的方向值，数值即$A$方向的平均值0°02′10″。即减去$A$方向平均值，$B$及$C$的归零方向值等于其盘左、盘右平均值减去$A$方向的平均值，记入第7栏。

（6）计算各测回归零方向平均值和水平角值。

由于观测含有误差，各测回同一方向的归零方向值一般不相等，其差值不得超过24″，如符合要求，取其平均值即得各测回归零方向平均值。

若一个测站上观测的方向不多于三个，在要求精度一般时，可不做归零校核，即照准部依次瞄准各方向后，不再回归起始方向，这种观测方法亦称方向观测法。

## 六、角度观测的误差及精度分析

角度测量误差产生的原因有仪器误差和各作业环节中产生的各类误差，为了获得符合要求的成果，必须分析这些误差的来源，采取相应措施消除或减弱它们的影响。

### （一）水平角测量误差

#### 1. 仪器误差

经纬仪的主要几何轴线有视准轴CC、横轴HH、水准管轴LL和竖轴VV，它们之间应满足特定的关系，观测前同样要检验校正。因此，仪器误差的来源可分为两方面：一是仪器制造加工不完善的误差，如度盘刻画的误差及度盘偏心差等。前者可采用度盘不同位置进行观测加以削弱；后者采用盘左盘右取平均值予以消除。二是仪器校正不完善的误差，其视准轴不垂直于横轴及横轴不垂直于竖轴的误差，可采用盘左盘右取平均值予以消除。但照准部水准管不垂直于竖轴的误差，用盘左盘右观测取平均值不能消除影响。因为水准管气泡居中时，水准管轴虽水平，竖轴却与铅垂线间有一夹角$\theta$（图5-15），用盘左盘右观测，水平度盘的倾角$\theta$没有变动，俯仰望远镜产生的倾斜面也未变，而且瞄准目标的俯仰角越大，误差影响也越大，因此被观测目标的高差较大时，更应注意整平。

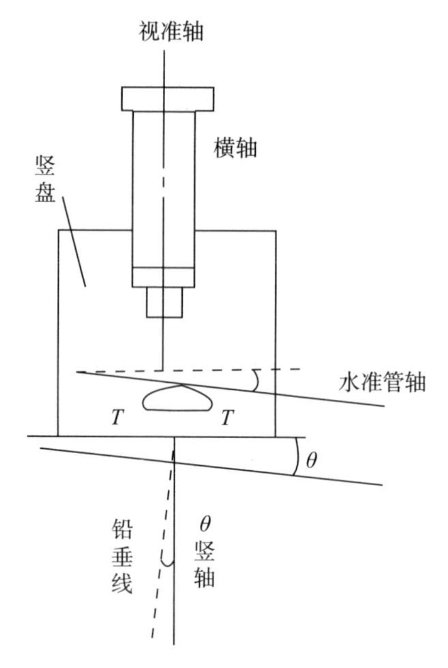


图 5-15　竖轴倾斜误差

2. 观测误差

（1）整平误差

观测时仪器未严格整平，竖轴将处于倾斜位置，这种误差与上面分析的水准管轴不垂直于竖轴的误差性质相同。由于这种误差不能采用适当的观测方法加以消除，观测目标的竖直角越大，其误差影响也越大，故观测目标的高差较大时，应特别注意仪器的整平。

每测回观测完毕，都应重新整平仪器再进行下一个测回的观测。当有太阳时，必须打伞，避免阳光照射水准管，影响仪器的整平。

（2）照准误差

人眼的分辨率为 60″，用放大率为 $V$ 的望远镜观测，则照准目标的误差为：

$$m_v = \pm \frac{60''}{V} \tag{5-10}$$

如 $V=30$，则照准误差 $m_v = \pm 2''$。且要求观测时注意消除视差，否则照准误差将更大。

（3）读数误差

在光学经纬仪按测微器读数，一般可估读至分微尺最小格值的 1/10，若最小格值为1′，则读数误差可认为是±6″。但读数时应注意消除读数显微镜的视差。

### 3. 外界条件的影响

外界条件的影响是多方面的。如大气中存在温度梯度，视线通过大气中不同的密度层时，传播的方向将不是一条直线而是一条曲线，故观测时，对于长边选择阴天观测较为有利。此外视线离障碍物应在1m以外，否则旁折光会迅速增大。

晴天时由于受到地面辐射热的影响，瞄准目标的像会产生跳动；大气温度的变化导致仪器轴系关系的改变；土质松软或风力的影响，使仪器的稳定性变差。在这些不利的观测条件下，视线应距地面1m以上；观测时必须打伞保护仪器，仪器从箱子里拿出来后，应放置半小时以上，当仪器适应外界温度后再开始观测；安置仪器时应将脚架踩实置稳等。只有设法避免或减少外界条件的影响，才能保证应有的观测精度。

## （二）竖直角测量误差

### 1. 仪器误差

仪器误差主要有度盘偏心差及竖盘指标差。在目前仪器制造工艺中，度盘刻画误差是较小的，一般不大于0.2″，可忽略不计，竖盘指标差可采用盘左盘右观测取平均值加以消除。度盘偏心差可采用对向观测取平均值加以消减，即先由$A$点为测站观测$B$点，后又以$B$点为测站观测$A$点。

### 2. 观测误差

观测误差主要有照准误差、读数误差和竖盘指标水准管整平误差。其中前两项误差与水平角测量误差相同，而指标水准管的整平误差，除观测时认真整平外，还应注意打伞保护仪器，切忌仪器局部受热。

### 3. 外界条件的影响

外界条件影响与水平角测量时基本相同，但其中大气折光的影响在水平角测量中产生的是旁折光，在竖直角测量中产生的是垂直折光。在一般情况下，垂直折光远大于旁折光，故在布点时应尽可能避免长边，视线应尽可能离地面高一点（应高于1m），并避免从水面通过，尽可能选择有利时间进行观测，并采用对向观测方法以削弱其影响。

## 第三节　距离测量

水平距离是确定地面点空间相对位置的基本要素之一。距离测量就是测量地面上两点之间的水平距离。距离测量的方法有很多，本章重点介绍钢尺量距和光电测距仪测距原理。

### 一、钢尺量距

#### （一）量距工具

丈量距离的尺子通常有钢尺和皮尺。钢尺量距的精度较高，皮尺量距的精度较低，如图 5-16 所示。钢尺也称钢卷尺，一般绕在金属架上，或卷放在圆形金属壳内，尺的宽度为 10～15mm，厚度约 0.4mm，长度有 20m、30m、50m 等数种。钢尺最小刻画一般为 1mm，在整分米和整米处的刻画有注记。按其零点的位置不同，钢尺分端点尺（见图 5-17）和刻线尺（见图 5-18）两种。端点尺前端的端点即为零点，刻线尺的零点位于前端端点向内约 10cm 处。较精密的钢尺，检定时有规定的温度和拉力。如在尺端刻有“30m，20℃，10kg”字样，这是标明检定该钢尺长度时，当温度为 20℃，拉力为 10kgf 时，其长度为 30m。

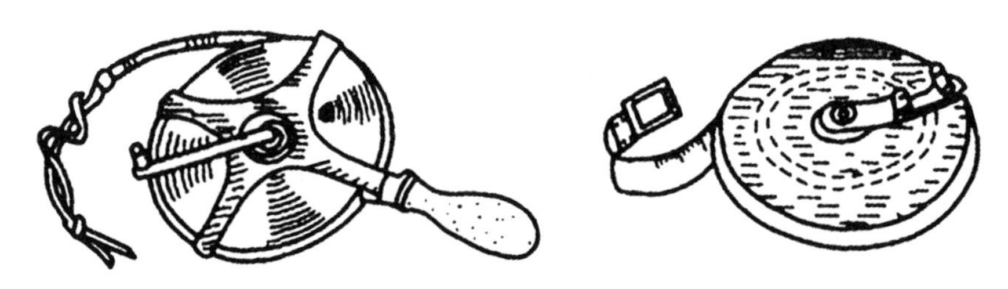

图 5-16　钢尺

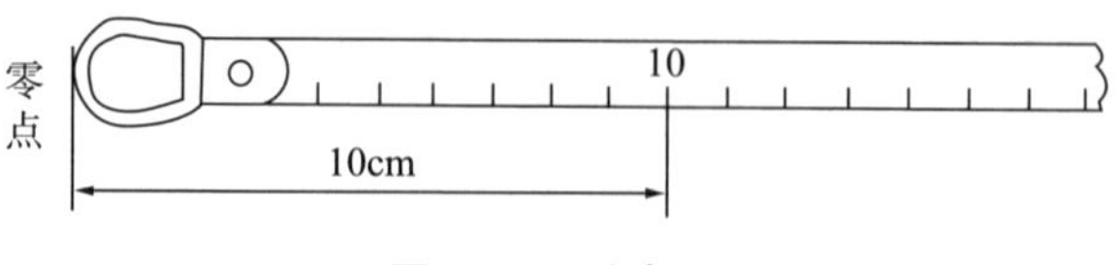


图 5-17　端点尺

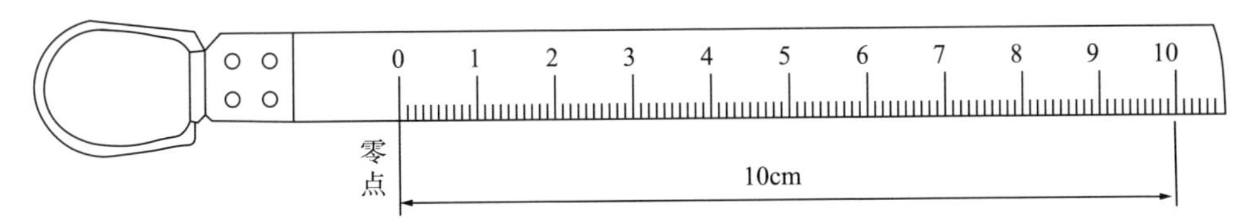


图 5-18　刻线尺

除钢尺外，丈量距离还需要标杆、测钎和垂球等工具。较精密的距离丈量还要用拉力计和温度计。

## （二）直线定线

在距离测量时，当两点间距离较长，或地面起伏大，不便用整尺段丈量时，为了测量方便和保证每一尺段都能沿待测直线方向进行，需要在该直线方向上标定若干个中间点，这项工作称为直线定线。一般量距时用标杆目估法定线，精密量距时用经纬仪定线。

### 1. 标杆目估法定线

设需要在 $A$、$B$ 两点间的直线上定出 1，2，…，中间点，如图 5-19 所示。先在端点 $A$、$B$ 上竖立标杆，测量员甲站在距 $A$ 点标杆 1~2m 处，由 A 标杆边缘瞄向 B 标杆，同时指挥持中间标杆的测量员乙向左或向右移动标杆，直到 $A$、2、$B$ 三个标杆在一条直线上，然后用测钎标出 2 点，同法标定其余各点。

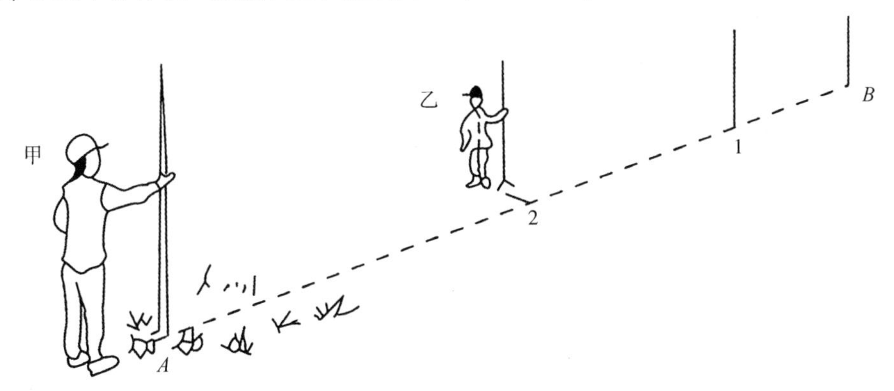


图 5-19　标杆目估定线法

### 2. 经纬仪定线法

如图 5-20 所示，定线时测量员在 $A$ 点安置经纬仪，用望远镜十字丝的竖

丝瞄准 $B$ 点测钎，固定照准部。另一测量员持测钎由 $B$ 走向 $A$，按照观测员的指挥，将测钎垂直插入由十字丝交点所指引的方向线上的 1，2，…，中间点。

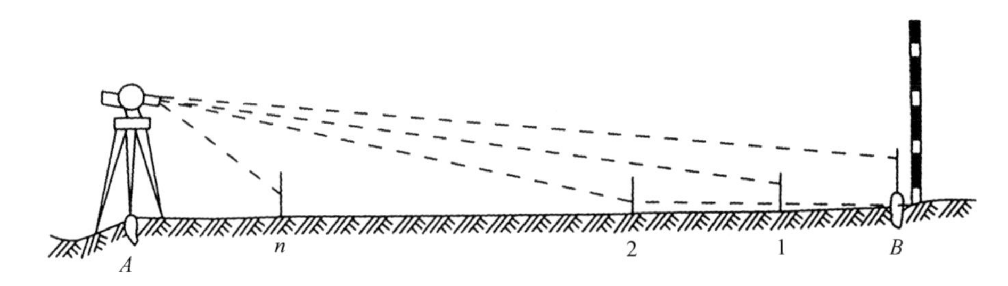


图 5-20　经纬仪定线法

## （三）钢尺量距的一般方法

### 1. 平坦地面的距离丈量

平坦地面可沿地面直线丈量水平距离。丈量开始时后尺手持钢尺零点一端，前尺手持钢尺末端，按定线方向沿地面拉紧拉平钢尺。这时后尺手将钢尺零点对准插在起点的测钎口中喊声“好”；前尺手将钢尺边缘靠在定线中间点上，将测钎对准钢尺的某个整数注记处竖直地插在地面上或在地面上做出标志，口中喊声“走”；同时记录员将读数记入记录表中。后尺手就拔起插在起点上的测钎继续前进，丈量第二尺段。如此一尺段一尺段丈量。当丈量到一条线段的最后一尺段时，后尺手将钢尺的零点对在前尺手最后插下的测钎上，前尺手根据插在终点上的测钎在钢尺上读数记录。这条线段的总长等于各尺段距离的总和。为了防止丈量过程中发生错误和提高距离丈量精度，通常采用往返丈量。距离丈量精度一般采用相对误差衡量。

### 2. 倾斜地面的距离丈量

若地面坡度有变化，可分段拉平钢尺丈量。为操作方便，可沿标定的方向由高处向低处丈量。如图 5-21 所示，后尺手将钢尺零端贴在地面，零点对准量测点；前尺手将钢尺抬平（目估水平），将垂球线对在尺面上的某个整数注记处，并在垂球尖所对的地面点插上测钎。丈量到终点时，使垂球尖对准终点的标志，读垂球线所对尺面上的读数。由于返测时由低向高处测较为困难，故可从高处向低处再丈量一次，达到要求的精度后，取两次丈量结果的平均值作为最后结果。

对于图 5-22 所示的均匀倾斜地面也可沿地面丈量斜距，然后测出起点到终点的高差，再将斜距化成水平距离。设 $A$、$B$ 两点之间的斜距高差为 $D'$，则 $A$、$B$ 两点之间的水平距离为 $D = \sqrt{D^{-2} - h^2}$ 。

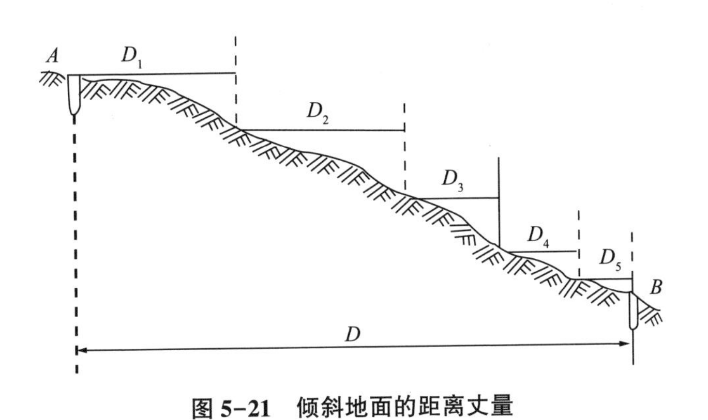


**图 5-21　倾斜地面的距离丈量**

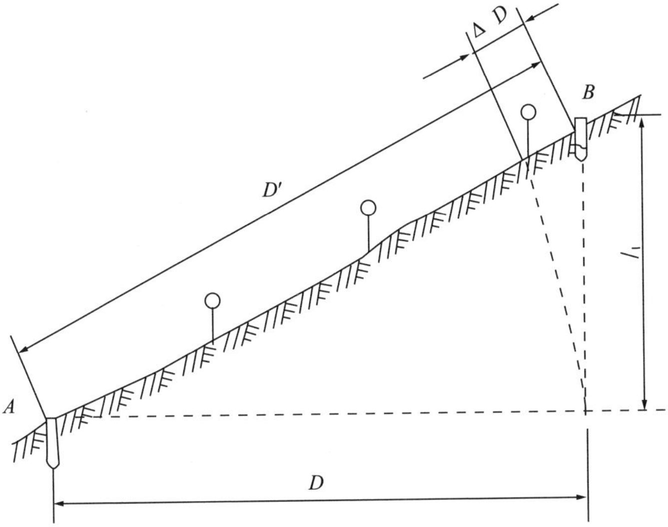

**图 5-22　倾斜地面的距离丈量**

应该指出，有时需要进行钢尺的精密量距。用钢尺精密量距时，应选用鉴定过的钢尺，带有以鉴定时的拉力、温度为条件的尺长方程式；定线时必须采用经纬仪，用拉力计施加鉴定时的拉力，用温度计测定温度。计算丈量结果时，应考虑尺长改正、温度改正、倾斜改正。但由于光电测距仪的出现，精密的距离丈量已很少采用钢尺法。

## 二、光电测距

钢尺量距是一项十分繁重的野外工作，在复杂的地形条件下甚至无法进行。视距法测距，虽然操作简便，可以克服某些地形条件的限制，但测程较短，精度较低。为了改善作业条件，扩大测程，提高测距精度和作业效率，随着光电技术的发展，人们又发明了光电测距仪，用它来测定距离。光电测距仪的基本原理是通过测定光波在测线两点之间往返传播的时间 $t$ ，来确定两点之间的距离 $D$ ，按式（5-11）计算：

$$D = \frac{1}{2}ct \tag{5-11}$$

光波在测线中所经历的时间，既可以直接测定，也可间接测定。由式（5-11）可知，测定距离的精度，主要取决于测定时间的精度。要保证测量距离的精度达到±1cm，时间的测定精度必须达到 $6.7\times10^{-11}$s，这样高的测时精度，在目前的技术条件下是很难达到的。因此对于高精度的测距来说，不能直接测定时间，而是采用间接的测时方法。目前在测量工作中广泛使用的相位式测距仪，就是把距离和时间的关系转化为距离和相位的关系，利用测定光波在测线上的相位移，间接测定时间，从而确定所测的距离。

红外测距仪的应用和发展概况：几十年来，国内外生产的红外测距仪的型号很多，各种测距仪由于结构不同，操作使用也各不相同。一般情况下，都是将测距仪与经纬仪通过接合器连接在一起，伺时转动，用测距仪测距，经纬仪测角。从 20 世纪 90 年代开始，全站仪的大量生产和使用，已逐步取代了测距仪+经纬仪或其他结构形式的测距仪。

# 第六章　水利水电工程测绘技术

## 第一节　地形图的测绘与应用

### 一、地形图的基本知识

#### （一）地形图的概念

地形图是通过实地测量，将地面上各种地物、地貌的平面位置和高程位置，按一定的比例尺，用规定的符号和注记缩绘在图纸上的平面图形。它既表示地物的平面位置，又表示地貌形态。地物是指地球表面上轮廓明显、具有固定性的物体。地物又分为人工地物（如道路、房屋等）和自然地物（如江河、湖泊等）。地貌是指地球表面高低起伏的形态（如高山、丘陵、平原、洼地等）。地物和地貌统称为地形。

地形图是地球表面实际情况的客观反映，各项经济建设和国防工程建设都需首先在地形图上进行规划、设计，特别是大比例尺（常用的有 1：500、1：1000、1：2000、1：5000 等）地形图，也是城乡建设和各项建筑工程进行规划、设计、施工的重要基础资料。

#### （二）地形图的比例尺

**1. 比例尺的种类**

地形图上任一线段的长度 $d$ 与地面上相应线段的实际水平距离 $D$ 之比，

称为地形图比例尺。比例尺可分为数字比例尺和图式比例尺两种。

（1）数字比例尺

数字比例尺即在地形图上直接用数字表示的比例尺。数字比例尺通常用分子为 1 的分数式 $1/M$ 来表示，其中，“$M$” 称为比例尺分母，则有：

$$\frac{d}{D}=\frac{1}{M}=\frac{1}{D/d} \tag{6-1}$$

式中，$M$ 越小，比例尺越大，图上所表示的地物、地貌越详尽；相反，$M$ 越大，比例尺越小，图上所表示的地物、地貌越粗略。

（2）图式比例尺

常绘制在地形图的下方，用以直接量度图内直线的水平距离。根据量测精度，又可分为直线比例尺（见图 6-1）和复式比例尺。

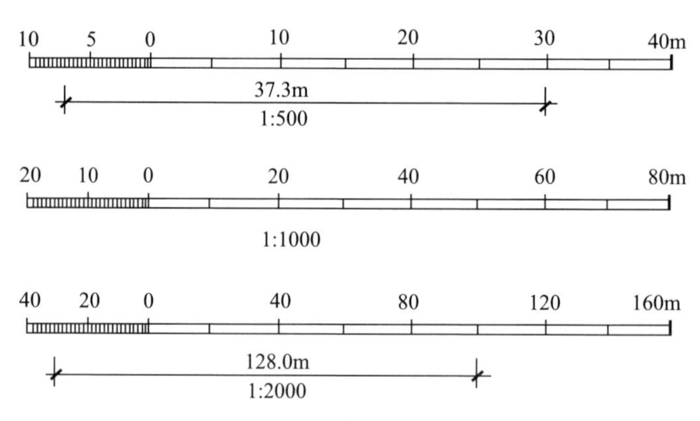


**图 6-1　直线比例尺**

通常将比例尺为 1∶500、1∶1000、1∶2000、1∶5000 的地形图，称为大比例尺地形图；比例尺为 1∶10000、1∶25000、1∶50000、1∶100000 的地形图，称为中小比例尺地形图；比例尺为 1∶200000、1∶500000、1∶1000000 的地形图，称为小比例尺地形图。

1∶500 和 1∶1000 的大比例尺地形图一般用经纬仪、全站仪或 GPS 测绘；1∶2000 和 1∶5000 的地形图一般由 1∶500 或 1∶1000 的地形图缩小编绘而成。若测图面积较大，也可用航空摄影测量方法成图。中比例尺地形图由国家专业测绘部门负责测绘，目前均用航空摄影测量方法成图；小比例尺地形图一般由中比例尺地形图缩小编绘而成。

### 2. 比例尺精度

人眼的分辨率为 0.1mm，在地形图上分辨的最小距离也是 0.1mm。因此，把相当于图上 0.1mm 的实地水平距离称为比例尺精度。比例尺大小不同，其比例尺的精度也不同，见表 6-1。

**表 6-1　大比例尺地形图的比例尺精度**

| 比例尺 | 1∶500 | 1∶1000 | 1∶2000 | 1∶5000 |
|---|---|---|---|---|
| 比例尺精度 | 0.05 | 0.10 | 0.20 | 0.50 |

## （三）地形图的分幅与编号

为了方便测绘、管理和使用地形图，需将同一地区的地形图进行统一的分幅与编号。地形图的分幅方法有两种：一是按经纬线分幅的梯形图，坐标以角度单位表示，用于较小比例尺的国家基本地形图的分幅；二是按照平面直角坐标格网划分的矩形图，坐标以长度单位表示，多用于工程建设的大比例尺地形图的分幅。

### 1. 梯形分幅

梯形分幅是按经纬线进行分幅的。

（1）1∶1000000 地形图的分幅与编号

1∶1000000 地形图的分幅与编号采用国际 1∶1000000 地图分幅与编号标准。每幅 1∶1000000 地形图范围是经差 6°、纬差 4°；纬度 60°～76°为经差 12°、纬差 4°；纬度 76°～88°为经差 24°、纬差 4°（在我国范围内没有纬度 60°以上的需要合幅的地形图）。

1∶1000000 地形图的编号方法是将整个地球从经度 180°起，自西向东按 6°经差分成 60 个纵列，自西向东依次用数字 1、2……60 编列数；从赤道起，分别由南向北、由北向南，在纬度 0°～88°的范围内，按 4°纬差分成 22 个横行，依次用大写字母 A、B、C……V 表示。图 6-2 所示为 1∶1000000 地形图的分幅与编号。由经线和纬线围成的每一个梯形小格为一幅 1∶1000000 地形图，它们的编号由该图所在的行号与列号组合而成。

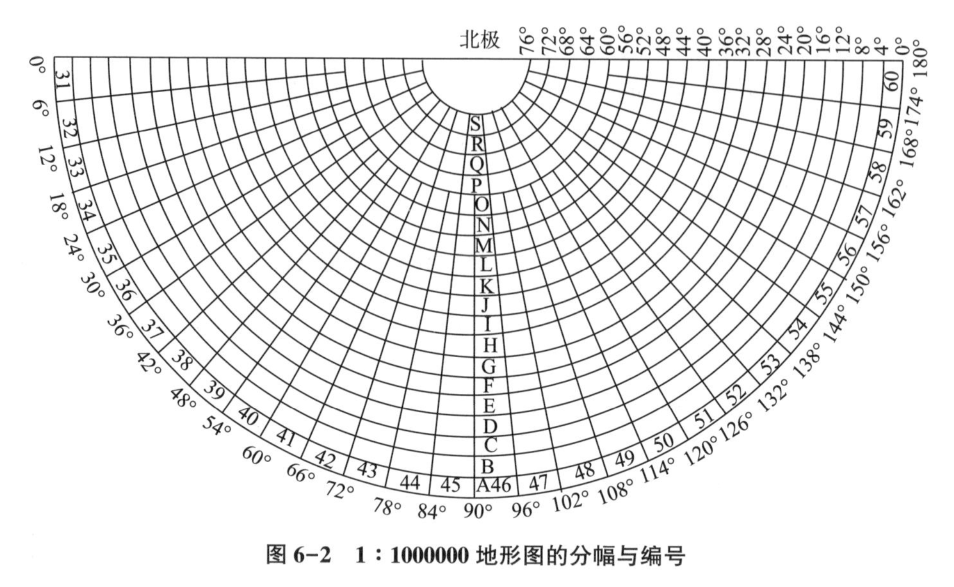


**图 6-2　1∶1000000 地形图的分幅与编号**

（2）1∶500000~1∶5000 地形图的分幅与编号

1∶500000~1∶5000 地形图均以 1∶1000000 地形图为基础，按规定的经差和纬差划分图幅。

①每幅 1∶1000000 地形图划分为 2 行 2 列，共 4 幅 1∶500000 地形图，每幅 1∶500000 地形图的范围是经差 3°、纬差 2°。

②每幅 1∶1000000 地形图划分为 4 行 4 列，共 16 幅 1∶250000 地形图，每幅 1∶250000 地形图的范围是经差 1°30′、纬差 1°。

③每幅 1∶1000000 地形图划分为 12 行 12 列，共 144 幅 1∶100000 地形图，每幅 1∶100000 地形图的范围是经差 30′、纬差 20′。

④每幅 1∶1000000 地形图划分为 24 行 24 列，共 576 幅 1∶50000 地形图，每幅 1∶50000 地形图的范围是经差 15′、纬差 10′。

⑤每幅 1∶1000000 地形图划分为 48 行 48 列，共 2304 幅 1∶25000 地形图，每幅 1∶25000 地形图的范围是经差 7′30″、纬差 5′。

⑥每幅 1∶1000000 地形图划分为 96 行 96 列，共 9216 幅 1∶10000 地形图，每幅 1∶10000 地形图的范围是经差 3′45″、纬差 2′30″。

⑦每幅 1∶1000000 地形图划分为 192 行 192 列，共 36864 幅 1∶5000 地形图，每幅 1∶5000 地形图的范围是经差 1′52. 5″、纬差 1′15″。

1∶500000~1∶5000 地形图的编号均以 1∶1000000 地形图编号为基础，采用行列编号方法。其编号的组成如图 6-3 所示。行、列编号是将 1∶1000000 地形图按所含各比例尺地形图的经差和纬差划分成若干行和列，横行从上到下、纵列从左到右按顺序分别用三位阿拉伯数字（数字码）表示，不足三位者，前面补零，取行号在前、列号在后的排列形式注记。

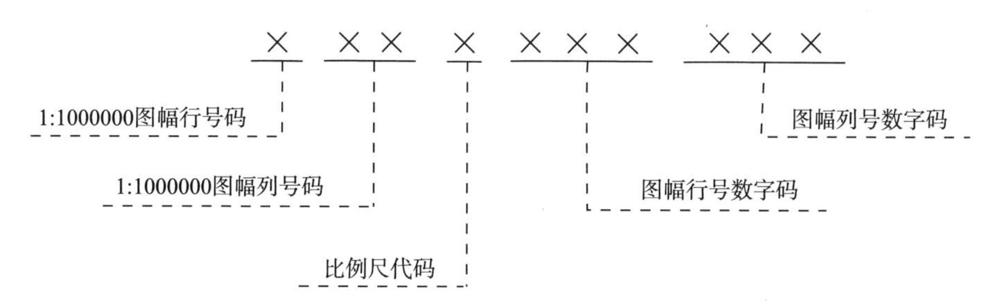


**图 6-3　1∶500000~1∶5000 地形图编号构成**

（3）1∶2000、1∶1000、1∶500 地形图的分幅和编号

1∶2000、1∶1000、1∶500 地形图宜以 1∶1000000 地形图为基础，按规定的经差和纬差划分图幅。

每幅 1∶1000000 地形图划分为 576 行 576 列，共 331776 幅 1∶2000 地形图，每幅 1∶2000 地形图的范围是经差 37. 5″、纬差 25″，即每幅 1∶5000 地形图划分为 3 行 3 列，共 9 幅 1∶2000 地形图。

每幅 1∶1000000 地形图划分为 1152 行 1152 列，共 1327104 幅 1∶1000 地形图，每幅 1∶1000 地形图的范围是经差 18. 75″、纬差 12. 5″，即每幅 1∶2000 地形图划分为 2 行 2 列，共 4 幅 1∶1000 地形图。

每幅 1∶1000000 地形图划分为 2304 行 2304 列，共 5308416 幅 1∶500 地形图，每幅 1∶500 地形图的范围是经差 9. 375″、纬差 6. 25″，即每幅 1∶1000 地形图划分为 2 行 2 列，共 4 幅 1∶500 地形图。

1∶2000 地形图图幅编号方法宜与 1∶500000~1∶5000 地形图的图幅编号方法相同。1∶1000、1∶500 地形图经、纬度分幅的行、列编号是将 1∶1000000 地形图按所含比例尺地形图的经差和纬差划分成若干行和列，横行从上到下、纵列从左到右按顺序分别用四位阿拉伯数字（数字码）表示，不足四位者，前面补零，取行号在前、列号在后的排列形式标记。

#### 2. 矩形分幅

1∶2000、1∶1000、1∶500 地形图也可根据需要采用 50cm×50cm 正方形分幅和 40cm×50cm 矩形分幅，其图幅编号一般采用图廓西南角坐标编号法，也可选用流水编号法和行列编号法。

（1）坐标编号法

采用图廓西南角坐标千米数编号时，$x$ 坐标千米数在前，$y$ 坐标千米数在后，1∶2000、1∶1000 地形图取至 0.1km（如 10.0~21.0）；1∶500 地形图取至 0.01km（如 10.40~27.75）。

（2）流水编号法

带状测区或小面积测区可按测区统一顺序编号，一般从左到右、从上到下用阿拉伯数字 1、2、3、4……编定。

（3）行列编号法

行列编号法一般采用以字母（如 A、B、C、D……）为代号的横行从上到下排列，以阿拉伯数字为代号的纵列从左到右排列来编定，先行后列。

### （四）地形图的图外注记

对于一幅标准的大比例尺地形图，图廓外应注有图名、图号、接图表、比例尺、图廓、坐标格网和其他图廓外注记等。

#### 1. 图名

图名可以文字、数字并用，这样便于地形图的测绘、管理和使用。文字图名通常使用图幅内具有代表性的地名、村庄或企事业单位名称命名。数字图名可以由当地测绘部门根据具体情况编制。图名标注在地形图北图廓外上方中央。

#### 2. 图号

图号是保管和使用地形图时，为使图纸有序存放、检索和使用而将地形图按统一规定进行编号。大比例尺地形图通常是以该图幅西南角点的纵、横坐标公里数编号。当测区较小且只测一种比例尺图时，通常采用数字顺序编号，数字编号的顺序是从左到右、从上到下。图号注记在图名的正下方。

#### 3. 接图表

接图表是本图幅与相邻图幅之间位置关系的示意简表，表上注有邻接图幅的图名或图号。读图或用图时，根据接图表可迅速找到与本图幅相邻的有关地形图，并可用它来拼接相邻图幅。

**4. 图廓和坐标格网**

地形图都有内、外图廓。内图廓线较细，是图幅的范围线；外图廓线较粗，是图幅的装饰线。图幅的内图廓线是坐标格网线，在图幅内绘有坐标格网交点短线，图廓的四角注记坐标。

**5. 其他注记**

大比例尺地形图应在外图廓线下面中间位置注记数字比例尺，标明测图所采用的坐标系和高程系，标明成图方式和绘图时执行的地形图图式，注明测量员、绘图员、检查员等。

### （五）地物符号和地貌符号

地形图主要运用规定的符号反映地球表面的地貌、地物的空间位置及相关信息。地形图的符号分为地物符号和地貌符号，这些符号总称为地形图图式，图式由国家有关部门统一制定。

**1. 地物符号**

地物符号是指在地形图上表示各种地物的形状、大小及位置的符号。根据形状、大小和描绘方法的不同，地物符号可分为以下四类。

（1）比例符号

有些地物的轮廓较大，其形状和大小均可依比例缩绘在图上，同时以规定的符号表示，这种符号称为比例符号，如房屋、稻田、湖泊等。

（2）半比例符号

对于一些带状或线状延伸的地物，按比例缩小后，其长度可依测图比例尺表示，而宽度不能依比例尺表示的符号称为半比例尺符号，如围墙、篱笆、电力线、通信线等地物的符号。符号的中心线一般表示其实地地物的中心线位置。

（3）非比例符号

地面上轮廓较小的地物，按比例缩小后无法描绘在图上，应用规定的符号表示，这种符号称为非比例符号，如三角点、导线点、水准点、独立树、路灯、检修井等。非比例符号的中心位置和实际地物的位置关系如下。

①规则几何图形符号，如导线点、水准点等，符号中心就是实物中心。

②宽底符号，如水塔、烟囱等，符号底线中心为地物中心。

③底部为直角的符号，如独立树，符号底部的直角顶点反映实物的中心位置。

比例符号、半比例符号和非比例符号不是一成不变的，而是依据测图比例尺与实物轮廓而定。

（4）注记符号

注记符号就是用文字、数字或特定的符号对地形图上的地物作补充和说明，如图上注明的地名、控制点名称、高程、房屋层数、河流名称、深度及流向等。

**2. 地貌符号**

地貌是指地表高低起伏的形态，是地形图反映的重要内容。在地形图上表示地貌的方法很多，但在测量上最常用的方法是等高线法。

（1）等高线

等高线是地面上高程相等的各相邻点连成的闭合曲线。如图 6-4 所示，有一高地被等间距的水平面 $H_1$、$H_2$ 和 $H_3$ 所截，各水平面与高地相应的截线就是等高线。将各水平面上的等高线沿铅垂方向投映到一个水平面上，并按规定的比例缩绘到图纸上，便得到用等高线来表示的该高地的地貌图。等高线的形状是由高地表面形状来决定的，用等高线表示地貌是一种很形象的方法。

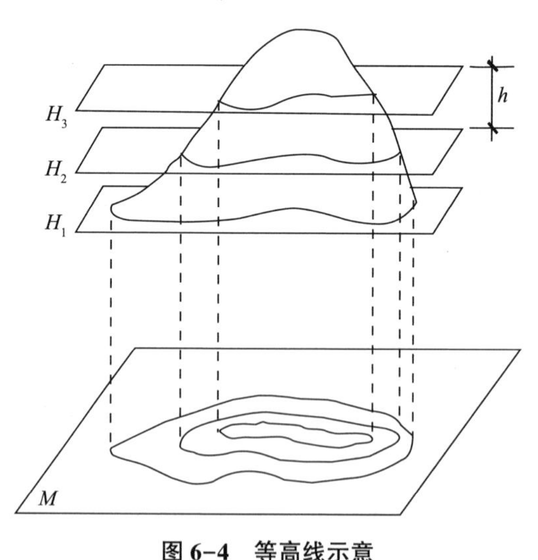


**图 6-4　等高线示意**

（2）等高距与等高线平距

地形图上相邻两条等高线之间的高差，称为等高距，常用 $h$ 表示。在同一幅图内，等高距一定是相同的。等高距的大小是根据地形图的比例尺、地面坡度及用图目的而选定的。等高线的高程必须是所采用的等高距的整数倍，如果某幅图采用的等高距为 3m，则该幅图的高程必定是 3m 的整数倍，如 30m、60m 等，而不能是 31m、61m 或 66.5m 等。

地形图中的基本等高距，应符合表 6-2 的规定。

**表 6-2　地形图的基本等高距**

| 地形类别 | 比例尺 | | | |
|---|---|---|---|---|
| | 1∶500 | 1∶1000 | 1∶2000 | 1∶5000 |
| 平坦地 | 0.5 | 0.5 | 1 | 2 |
| 丘陵地 | 0.5 | 1 | 2 | 5 |
| 山地 | 1 | 1 | 2 | 5 |
| 高山地 | 1 | 2 | 2 | 5 |

注：①一个测区同一比例尺，宜采用一种基本等高距。
②水域测图的基本等深距，可按水底地形倾角所比照地形类别和测图比例尺选择。

相邻等高线之间的水平距离，称为等高线平距，用 $d$ 表示。在不同地方，等高线平距不同，它取决于地面坡度的大小，地面坡度越大，等高线平距越小；相反，地面坡度越小，等高线平距越大；若地面坡度均匀，则等高线平距相等，如图 6-5 所示。

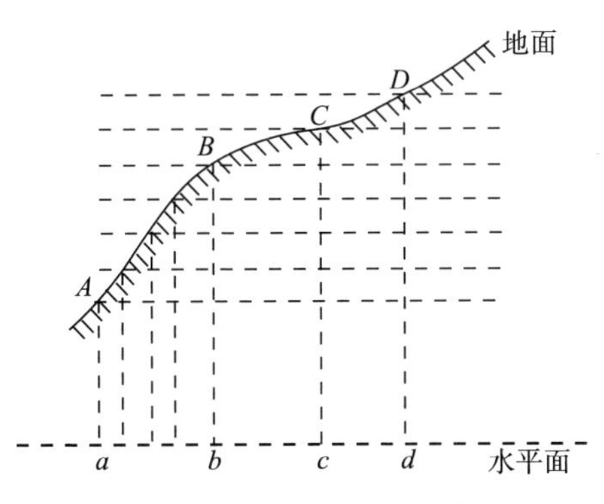


**图 6-5　等高距与地面坡度的关系**

(3) 等高线的种类

地形图上的等高线可分为首曲线、计曲线、间曲线和助曲线4种，如图6-6所示。

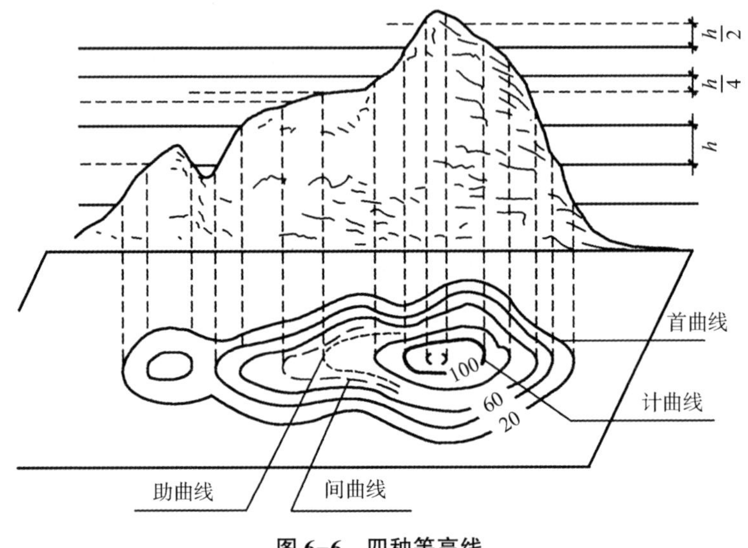


**图6-6 四种等高线**

①首曲线。在地形图上，从高程基准面起算，按规定的基本等高距描绘的等高线称为首曲线。首曲线一般用细实线表示，它是地形图上最主要的等高线。

②计曲线。为了方便看图和计算高程，从高程基准面起算，每隔5个基本等高距（即4条首曲线）加粗一条等高线，称为计曲线。计曲线一般用粗实线表示。

③间曲线。当首曲线不足以显示局部地貌特征时，可在相邻两条首曲线之间绘制1/2基本等高距的等高线，称为间曲线。间曲线一般用长虚线表示，描绘时可不闭合。

④助曲线。当首曲线和间曲线仍不足以显示局部地貌特征时，可在相邻两条间曲线之间绘制1/4基本等高距的等高线，称为助曲线。助曲线一般用短虚线表示，描绘时可不闭合。

## 二、大比例尺地形图测绘

控制测量工作结束后，人们就可以控制点为测站，测定地物、地貌特征点的平面位置和高程，并按规定的比例尺和符号缩绘成地形图。

### （一）测图前的准备工作

#### 1. 图纸准备

测绘地形图应选用优质图纸。目前，测绘部门广泛采用聚酯薄膜图纸。聚酯薄膜是一种无色透明的薄膜，其厚度为 0.03~0.1mm，表面经过打毛后，便可作为图纸使用。聚酯薄膜的主要优点是透明度好、伸缩性小、不怕潮湿，并且牢固、耐用，可直接在底图上着墨复晒蓝图，加快出图速度；其主要缺点是易燃、易折和易老化，故使用保管时，应注意防火、防折。

#### 2. 绘制坐标网格

为了准确地将控制点展绘在图纸上，应先在图纸上精确地绘制 10cm×10cm 的直角坐标格网，然后用坐标仪或坐标格网尺等专用工具绘制。如果没有这些工具，则可按下述对角线法绘制。

如图 6-7 所示，用直尺先在图纸上画出两条对角线，以交点 $O$ 为圆心，取适当长度为半径画弧，与对角线相交得 $A$、$B$、$C$、$D$ 四点，连接各点得矩

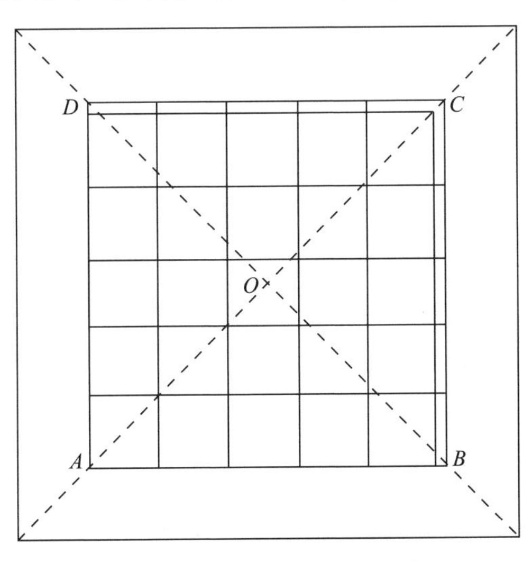


图 6-7　绘制坐标方格网示意

形 *ABCD*。从 *A*、*B*、*D* 点起，分别沿 *AB*、*AD*、*BC*、*DC* 各边，每隔 10cm 定出一点，然后连接各对边的相应点，即得所需的坐标方格网。

坐标方格网绘成后，应立即进行检查，各方格网实际长度与名义长度之差不应超过 0. 2mm，图廓对角线长度与理论长度之差不应超过 0. 3mm。如超过限差，应重新绘制。

### 3. 控制点展绘

根据图号、比例尺，将坐标格网线的坐标值注在相应图格线的外侧，如图 6-8 所示。如采用独立坐标系统只测一幅图时，要根据控制点的最大和最小坐标，参考测区情况，考虑将整个测区绘在图纸中央（或适当位置），来确定方格网的起始坐标。

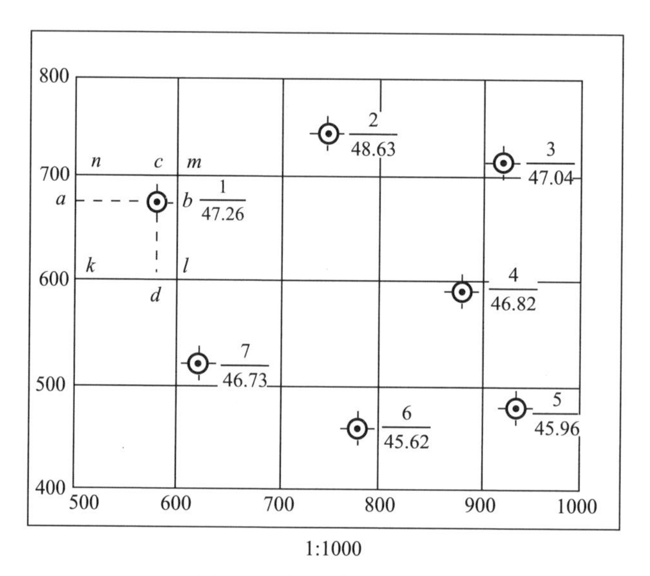


**图 6-8 控制点展绘示意**

展绘时，首先应确定所绘点所在的方格。如图 6-8 所示，假设 1 号点的坐标为 $x_1$=680. 32m，$y_1$=580. 54m，则它位于以 *k*、*l*、*m*、*n* 表示的方格内，分别从 *k*、*l* 向上量取 80. 32mm（相当于实地 80. 32m），得 *a*、*b* 点，再分别从 *k*、n 向右量取 80. 54mm（相当于实地 80. 54m），得 *c*、*d* 点，*a*、*b* 连线和 *c*、*d* 连线的交点即 1 号点的图上位置。用同样的方法将其他各控制点展绘在图上。

控制点展绘完毕，必须进行校核。方法是用比例尺量出各相邻控制点之间的距离，与控制测量成果表中相应距离比较，其差值在图上不得超过0.3mm，否则应重新展绘。

### （二）地形图绘制的基本要求

（1）轮廓符号的绘制，应符合下列规定：

①依比例尺绘制的轮廓符号，应保持轮廓位置的精度。

②半依比例尺绘制的线状符号，应保持主线位置的几何精度。

③不依比例尺绘制的符号，应保持其主点位置的几何精度。

（2）居民地的绘制，应符合下列规定：

①城镇和农村的街区、房屋，均应按外轮廓线准确绘制。

②街区与道路的衔接处，应留出0.2mm的间隔。

（3）水系的绘制，应符合下列规定：

①水系应首先绘桥、闸，其次绘双线河、湖泊、渠、海岸线、单线河，最后绘堤岸、陡岸、沙滩和渡口等。

②当河流遇桥梁时，应中断；当单线沟渠与双线河相交时，应将水涯线断开，弯曲交于一点；当两双线河相交时，应互相衔接。

（4）交通及附属设施的绘制，应符合下列规定：

①当绘制道路时，应先绘铁路，再绘公路及大车路等。

②当实线道路与虚线道路、虚线道路与虚线道路相交时，应实部相交。

③当公路遇桥梁时，公路和桥梁应留出0.2mm的间隔。

（5）等高线的绘制，应符合下列规定：

①应保证精度，线条应均匀、光滑自然。

②当图上的等高线遇双线河、渠和不依比例尺绘制的符号时，应中断。

（6）境界线的绘制，应符合下列规定：

①凡绘制有国界线的地形图时，必须符合国务院批准的有关国界线的绘制规定。

②境界线的转角处，不得有间断，并应在转角上绘出点或曲折线。

（7）各种注记的配置，应分别符合下列规定

①文字注记，应使所指示的地物能明确判读。一般情况下，字头应朝北。道路河流名称，可随弯曲的方向排列。各字侧边或底边，应垂直或平行于线

状物体。各字间隔应在0.5mm以上；远间隔的也不宜超过字号的8倍。注字应避免遮断主要地物和地形的特征部分。

②高程的注记，应注于点的右方，离点位的间隔应为0.5mm。

③等高线的注记字头应指向山顶或高地，不应朝向图纸的下方。

（8）外业测绘的纸质原图，宜进行着墨或映绘，其成图应着色黑实光润、图面整洁。

（9）每幅图绘制完成后，应进行图面检查和图幅接边、整饰检查，如发现问题，及时修改。

### （三）碎部测量方法

在地形图测绘中，决定地物、地貌位置的特征点称为碎部点。碎部测量就是测定碎部点的平面位置和高程。碎部测量的方法有经纬仪测绘法、平板测图法等传统方法，也有全站仪测图法、GPS RTK测图法等现代方法。

#### 1. 经纬仪测绘法

（1）碎部点的选择

选择正确的碎部点是保证成图质量和提高测图效率的关键。碎部点应尽量选在地物、地貌的特征点上。

①地物特征点的选择。用比例符号表示的地物，其地物特征点为其轮廓点，如居民地。但由于地物形状不规则，一般规定地物在图上的凹凸部分大于0.4mm时，这些轮廓点选为地物特征点，否则忽略不计。用半比例符号表示的地物，如道路、管线等一些线状地物，当其宽度无法按比例尺在图上表示时，只对其位置和长度进行测定，可将这些地物的起始点和中途方向或坡度变换点选作地物特征点。非比例符号的地物，如电杆、水井、三角点、纪念碑等，应以其中心位置作为地物特征点。

②地貌特征点的选择。能用等高线表示的地貌，尽量选择地貌斜面交线或棱线等地性线以及地性线上的坡度变化点和方向改变点、峰顶、鞍部的中心、盆地的最低点等作为特征点，如山头、盆地等。不能用等高线表示的地貌，则选择这些地貌的起始位置、范围大小等，如陡崖、冲沟等。为了能真实地用等高线表示地貌形态，除必须选择明显的地貌特征点外，还需要保持一定的立尺密度，使相邻立尺点的最大间距不超过表6-3的规定。

表 6-3　地貌点间视距长度

| 测图比例尺 | 立尺点间隔（m） | 视距长度单位（m） | |
|---|---|---|---|
| | | 主要地物 | 次要地物地形点 |
| 1∶500 | 15 | 80 | 100 |
| 1∶1000 | 30 | 100 | 150 |
| 1∶2000 | 50 | 180 | 250 |
| 1∶5000 | 100 | 300 | 350 |

（2）测绘步骤

①安置仪器。如图 6-9 所示，在测站点 $A$ 上安置经纬仪（包括对中、整平），测定竖盘指标差 $x$（一般应小于 $1'$），量取仪器高 $i$，设置水平度盘读数为 $0°00'00''$，后视另一控制点 $B$，则$\overrightarrow{AB}$称为起始方向，记入手簿。

将图板安置在测站近旁，目估定向，以便对照实地绘图。连接图上相应控制点 $A$、$B$，并适当延长，得图上起始方向线$\overrightarrow{AB}$。然后，用小针通过量角器圆心的小孔插在 $A$ 点，使量角器原心固定在 $A$ 点上。

②定向。置水平度盘读数为 $0°00'00''$，并后视另一控制点 $B$，即起始方向$\overrightarrow{AB}$的水平度盘读数为 $0°00'00''$（水平度盘的零方向），此时复测器扳手在上或将度盘变换手轮盖扣紧。

③立尺。立尺员将标尺依次立在地物或地貌特征点上（如图 6-9 所示中的 1 点）。立尺前，应根据测区范围和实地情况，立尺员、观测员与测绘员共同商定跑尺路线，选定立尺点，做到不漏点、不废点，同时立尺员在现场应绘制地形点草图，对各种地物、地貌应分别指定代码，供绘图员参考。

④观测、记录与计算。观测员将经纬仪瞄准碎部点上的标尺，使中丝读数 $v$ 在 $i$ 值附近，读取视距间隔 $KL$，然后使中丝读数 $v$ 等于 $i$ 值，再读竖盘读数 $L$ 和水平角 $\beta$，记入测量手簿，并依据下列公式计算水平距离 $D$ 与高差 $h$：

$$D = KL\cos^2\alpha \tag{6-2}$$

$$h = \frac{1}{2}KL\sin 2\alpha + i - v \tag{6-3}$$

⑤展绘碎部点。如图 6-9 所示，将量角器底边中央小孔精确对准图上测站 $a$ 点处，并用小针穿过小孔固定量角器圆心位置。转动量角器，使量角器上等于 $\beta$ 角值的刻划线对准图上的起始方向 $ab$（相当于实地的零方向 $\overrightarrow{AB}$），此时，量角器的零方向即碎部点 1 的方向，然后根据测图比例尺按所测得的水平距离 $D$ 在该方向上定出点 1 的位置，并在点的右侧注明其高程。地形图上高程点的注记，字头应朝北。

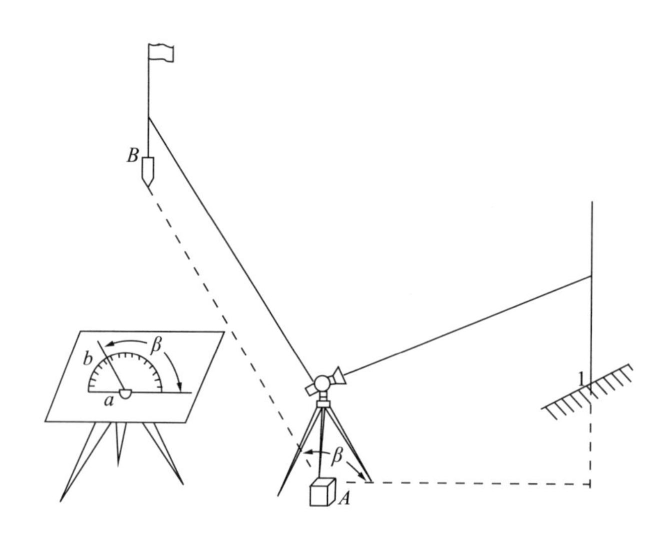


图 6-9　经纬仪测绘法示意图

**2. 平板测图法**

（1）平板测图，可选用经纬仪配合展点器测绘法和大平板仪测绘法。

（2）地形原图的图纸，宜选用厚度为 0. 07～0. 10mm，伸缩率小于 0. 2%的聚酯薄膜。

（3）图廓格网线绘制和控制点的展点误差，不应大于 0. 2mm。图廓格网的对角线、图根点间的长度误差，不应大于 0. 3mm。

（4）平板测图所用的仪器和工具，应符合下列规定：

①视距常数范围应为 100±0. 1。

②垂直度盘指标差，不应超过 2′。

③比例尺尺长误差，不应超过 0. 2mm。

④量角器半径，不应小于10mn，其偏心差不应大于0.2mm。

⑤坐标展点器的刻划误差，不应超过0.2mm。

（5）当解析图根点不能满足测图需要时，可增补少量图解交会点或视距支点。图解交会点应符合下列规定。

①图解交会点，必须选多余方向作校核，交会误差三角形内切圆直径应小于0.5mm，相邻两线交角应为30°~150°。

②视距支点的长度，不宜大于相应比例尺地形点最大视距长度的2/3，并应往返测定，其较差不应大于实测长度的1/150。

③图解交会点、视距支点的高程测量，其垂直角应采用一测回测定。由两个方向观测或往、返观测的高程较差，在平地不应大于基本等高距的1/5，在山地不应大于基本等高距的1/3。

（6）平板测图的视距长度，不应超过表6-4的规定。

**表6-4　平板测图的最大视距长度**

| 比例尺 | 最大视距长度（m） | | | |
|---|---|---|---|---|
| | 一般地区 | | 城镇建筑区 | |
| | 地物 | 地形 | 地物 | 地形 |
| 1∶500 | 60 | 100 | — | 70 |
| 1∶1000 | 100 | 150 | 80 | 120 |
| 1∶2000 | 180 | 250 | 150 | 200 |
| 1∶5000 | 300 | 350 | — | — |

注：①垂直角超过±10°范围时，视距长度应适当缩短；平坦地区成像清晰时，视距长度可增加20%。

②城镇建筑区1∶500比例尺测图，测站点至地物点的距离应实地丈量。

③城镇建筑区1∶5000比例尺测图不宜采用平板测图。

（7）平板测图时，测站仪器的设置及检查应符合下列要求：

①仪器对中的偏差，不应大于图上0.05mm。

②以较远一点标定方向，另一点进行检核，其检核方向线的偏差不应大于图上0.3mm，每站测图过程中和结束前应注意检查定向方向。

③检查另一测站点的高程，其较差不应大于基本等高距的1/5。

（8）测图时，每幅图应测出图廓线外5mm。

### 3. 全站仪测图法

全站仪测图法分为准备工作、数据获取、数据输入、数据处理、数据输出五个阶段。准备工作阶段包括资料准备、控制测量、测图准备等，与传统地形测图一样，在此不再赘述。

应用全站仪测图法进行测图具体应符合以下要求。

（1）全站仪测图所使用的仪器宜使用6″级全站仪，其测距标称精度，固定误差不应大于10mm，比例误差系数不应大于$5\times10^{-6}$。测图的应用程序，应满足内业数据处理和图形编辑的基本要求。数据传输后，宜将测量数据转换为常用数据格式。

（2）全站仪测图的方法，可采用编码法、草图法或内外业一体化的实时成图法等。当布设的图根点不能满足测图需要时，可采用极坐标法增设少量测站点。

（3）全站仪测图的仪器安置及测站检核，应符合下列要求：

①仪器的对中偏差不应大于5mm，仪器高和反光镜高的量取应精确至1mm。

②应选择较远的图根点作为测站定向点，并施测另一图根点的坐标和高程，作为测站检核。检核点的平面位置较差不应大于图上0.2mm，高程较差不应大于基本等高距的1/5。

③作业过程中和作业结束前，应对定向方位进行检查。

（4）全站仪测图的测距长度，不应超过表6-5的规定。

**表6-5　全站仪测图的最大测距长度**

| 比例尺 | 最大测距长度（m） | |
| --- | --- | --- |
| | 地物点 | 地形点 |
| 1：500 | 160 | 300 |
| 1：1000 | 300 | 500 |
| 1：2000 | 450 | 700 |
| 1：5000 | 700 | 1000 |

（5）数字地形图测绘，应符合下列要求：

①当采用草图法作业时，应按测站绘制草图，并对测点进行编号。测点

编号与仪器的记录点号应一致。绘制草图时宜简化标示地形要素的位置、属性和相互关系等。

②当采用编码法作业时，宜采用通用编码格式，也可使用软件的自定义功能和扩展功能建立用户的编码系统。

③当采用内外业一体化的实时成图法作业时，应实时确立测点的属性、连接关系和逻辑关系等。

④在建筑密集的地区作业时，对于全站仪无法直接测量的点位，可采用支距法、线交会法等几何作图法进行测量，并记录相关数据。

（6）当采用手工记录时，观测的水平角和垂直角宜读记至秒（′），距离宜读记至厘米（cm），坐标和高程的计算（或读记）宜精确至1cm。

（7）全站仪测图，可按图幅施测，也可分区施测。按图幅施测时，每幅图应测出图廓线外5mm；分区施测时，应测出区域界线外图上5mm。

（8）对采集的数据应进行检查处理，删除或标注作废数据、重测超限数据、补测错漏数据。对检查修改后的数据，应及时与计算机联机通信，生成原始数据文件并做备份。

4. GPS RTK测图法

（1）作业准备

GPS RTK测图法作业前，应收集下列资料：

①测区的控制点成果及GPS测量资料。

②测区的坐标系统和高程基准的参数，包括参考椭球参数，中央子午线经度，纵、横坐标的加常数，投影面正常高，平均高程异常等。

③WGS-84坐标系与测区地方坐标系的转换参数及WGS-84坐标系的大地高基准与测区的地方高程基准的转换参数。

（2）转换关系的建立

基准转换可采用重合点求定参数（七参数或三参数）的方法进行。

坐标转换参数和高程转换参数的确定宜分别进行；坐标转换位置基准应一致，重合点的个数不少于四个，且应分布在测区的周边和中部；高程转换可采用拟合高程测量的方法。

坐标转换参数也可直接应用测区GPS网二维约束平差所计算的参数。对于面积较大的测区，需要分区求解转换参数时，相邻分区应不少于两个重合点。转换参数宜采取多种点组合方式分别计算，再进行优选。

（3）转换参数的应用

转换参数的应用，不应超越原转换参数计算所覆盖的范围，且输入参考站点的空间直角坐标，应与求取平面和高程转换参数（或似大地水准面）时所使用的原 GPS 网的空间直角坐标成果相同，否则，应重新求取转换参数。

使用前，操作者应对转换参数的精度、可靠性进行分析和实测检查。检查点应分布在测区的中部和边缘。对于检测结果，平面较差不应大于 5cm，高程较差不应大于 $30\sqrt{D}$mm（D 为参考站到检查点的距离，单位为 km）；超限时，应分析原因并重新建立转换关系。

对于地形趋势变化明显的大面积测区，应绘制高程异常等值线图，分析高程异常的变化趋势是否同测区的地形变化相一致。当局部差异较大时，应加强检查；超限时，应进一步精确求定高程拟合方程。

（4）参考站点位的选择

应根据测区面积、地形地貌和数据链的通信覆盖范围，均匀布设参考站。参考站站点的地势应相对较高，周围无高度角超过 15°的障碍物和强烈干扰接收卫星信号或反射卫星信号的物体。参考站的有效作业半径，不应超过 10km。

（5）参考站的设置

接收机天线应精确对中、整平，对中误差不应大于 5mm；天线高的量取应精确至 1mm；正确连接天线电缆、电源电缆和通信电缆等；接收机天线与电台天线之间的距离，不宜小于 3m；正确输入参考站的相关数据，包括点名、坐标、高程、天线高、基准参数、坐标高程转换参数等；电台频率的选择，不应与作业区其他无线电通信频率相冲突。

（6）流动站的作业

流动站作业的有效卫星数不宜少于 5 个，PDOP 值应小于 6，并应采用固定解成果。正确地设置和选择测量模式、基准参数、转换参数和数据链的通信频率等，其设置应与参考站相一致。流动站的初始化，应在比较开阔的地点进行。

作业前，宜检测 2 个以上不低于图根精度的已知点。检测结果与已知成果的平面较差不应大于图上 0. 2mm，高程较差不应大于基本等高距的 1/5。作业中，如出现卫星信号失锁，应重新初始化，并在重合点测量检查合格后，方能继续作业。结束前，应进行已知点检查。

每日观测结束，应及时转存测量数据至计算机并做好数据备份。

分区作业时，各区应测出图廓线外5mm。不同参考站作业时，流动站应检测一定数量的地物重合点。点位较差不应大于图上0.6mm，高程较差不应大于基本等高距的1/3。

对采集的数据应进行检查处理，删除或标注作废数据、重测超限数据、补测错漏数据。

## 三、水利水电工程地形测量测绘要素采集

### （一）水利水电工程设计阶段主要测绘成果需求

#### 1. 设计对测绘成果需求分析

水利水电工程设计阶段主要论证工程建设的必要性、技术可行性和经济合理性，其中工程建设的必要性是阐明工程所在地区的国民经济与社会发展对水利水电工程建设的要求，水利水电近期、远期发展规划对工程建设的安排，以及工程在地区国民经济和社会发展及江河治理开发总体布局中的地位与作用等，地形测量作用不大。

水利水电工程技术可行性和经济合理性与地形密切相关，水文的水位流量关系曲线和集水面积等参数设计计算、工程地质勘察（含天然建筑材料）、工程规模和总体布局、选定工程场址及等级、选定对外交通运输方案、导流建筑物的布置、确定工程建设征地的范围等过程，都与地形测量资料密切相关。

水利工程设计与地形测量的关系分析如下。

（1）过水断面面积和湿周是计算水位流量时的基本参数，过水断面面积主要与断面的宽度和高程相关，一般采用断面测量（专项工程测量）方法进行数据采集，最后输出断面图供水文设计专业使用。湿周与断面间距相关。

（2）工程地质测绘主要是描述地质现象，对地质点、地质线路进行详细观察与描述，分析点线面体之间的有机联系，是调查与水利水电工程建设有关的地质现象，分析其性质和规律；天然料场主要是通过地质调查确定位置

和范围，地形测量主要是为工程地质测绘和估算天然料场储量提供基础数据。

（3）工程规模和总体布局、选定工程场址及等级、选定对外交通运输方案、导流建筑物的布置等是以地形、地质、水文及水文地质条件等为基础开展设计工作。如水库正常蓄水位、死水位、回水位、洪水位、库容、发电水头、输水工程的取水口选取，分水口门、交叉建筑物布置，泵站工程的规模和主要参数等，主要工程布局是根据自然地表形态进行布置和相应参数计算。

（4）工程建设征地的范围是根据工程总体布置确定的。在这个过程中需要进行勘测定界，测绘地类地形图，并进行移民实物调查。

**2. 水利水电工程地形测量主要要素**

根据上文分析可知，水利水电工程设计使用的地形测量资料除去移民实物调查使用的地类地形图外，所有设计工作都与地形及少量地物要素关系紧密，主要包括等高线和高程注记点、水系、交通、居民地（主要关注的是居民地范围）和电力线等5大类，其他要素可根据项目设计需求添加。

具体要求如下：

（1）地形图可不分幅，但需按照测绘范围整体提交。

（2）为了提高图的易读性，高程注记点密度可增加1倍。

（3）为了提高图的易用性，等高线不宜断开。

（4）居民地可按街区或被道路、水系等线状地物自然分开的区域采集，尤其大比例尺地形图，不需要按排或幢等采集。

（5）电力线主要采集输变电线，对于配电线可不采集。

（6）若要采集植被要素，可放宽采集精度，按小比例尺采集即可。

### （二）水利水电工程大比例尺地形图等高线的表达

如今随着测绘技术的进步，尤其是测绘装备水平的大幅提升，水利水电工程地形测量主要采用机载激光LiDAR（包括通航的大型机载激光LiDAR设备和无人机的轻小型机载激光LiDAR设备）技术或地面三维激光扫描技术等，这些设备的突出优势是激光能够一定的植被而且点密度非常高，因此，地形测量时不需要实地进行碎布测量或立体像对一个点一个点地采集，只需对点云进行滤波分类，然后自动生成数字高程模型和等高线。

以往测绘等高线时按照测绘规范要求，要对等高线进行拟合平滑处理，这是基础测绘的要求。而水利水电工程设计是为工程服务的，强调的是对自然地形的准确表达，尤其是施工图设计采用的 1∶500 比例尺地形图需要计算工程量，拟合平滑处理后反而会造成偏离。而采用激光 LiDAR 等先进的测绘装备进行地形测量时对等高线不需要进行拟合平滑处理，直接按自然地标形态成图，从而提升了工程设计的严密性。

## 第二节　施工控制网

勘测阶段在水利枢纽建筑区所布设的控制网，主要是为测绘大比例尺地形图服务的，控制网的设计精度取决于测图比例尺的大小，点位采用均匀分布。因此，控制点的密度、精度及点的分布，都不能满足施工放样的要求。在施工时必须重新建立施工控制网。

### 一、施工控制网的特点

分析水工建筑物放样的精度要求，可以看出有以下两个特点。

第一，松散性。一个水利枢纽建筑物可以分成不同的整体，各部分（如大坝、溢洪道、船闸等）之间具有松散的联系。不仅如此，在松散联系的各部分内部，如电站中各机组之间的联系也是松散的，我们可以利用这些松散部位作误差调整或吸收误差。

第二，整体性。一些相互关联的水工结构物和金属结构的建筑物都具有较高的相对精度要求，需尽可能采用相同的控制点或建筑物轴线、辅助轴线进行放样。

### 二、施工控制网的划分

根据水工建筑物放样要求的上述特点，在考虑布设施工控制网时，首先应划分工程部位的松散区段和整体区段：将闸门区段、水电厂房、船闸段、溢洪段等作为整体区段，而将这些建筑物的连接处作为松散区段；将有金属结构联系的建筑物列为整体区段，否则为松散区段。因此，应先区分各部分对放样精度的不同要求，然后确定设计方案。

根据所划分的整体区段的多少、彼此距离的远近、面积的大小，以及所占整个施工区面积的比例，来考虑施工控制网的布设方案。如果整个区段距离较近，且合并面积占整个施工区面积的比例较大，而整个主要建筑区的面积又不大（1km$^2$左右），可考虑采用全面提高整个施工控制网精度的方案，采用这种布网方案的控制网精度，需根据整体性要求最高的建筑物来设计。当整体性区段彼此相距较远，或整体性建筑物虽相距较近，但它们联系后的面积较大时，则以不合并为宜。此时，整个施工场地的控制网可只考虑放样各整体性区段的轴线（即只考虑绝对精度），而对局部的整体性区段则通过加密控制网来进行放样；根据首级控制网（基本网）的精度（取决于仪器设备）及欲放样的整体性区段的放样要求，来决定加密控制网是作为附合网还是作为独立加强网（即在精度上高于首级控制）。

## 三、施工控制网的布设原则

根据上述施工控制网的特点与水工建筑物对放样精度要求，施工控制网布设时应遵循如下原则。

（1）施工控制网应作为整个工程技术设计的一部分，所布设的点位应画在施工设计总平面图上，以防止控制桩被破坏。

（2）点位的布设必须考虑施工顺序和方法、场地情况、对放样的精度要求、可能采用的放样方法以及对控制点使用是否频繁等，以对放样精度要求高的建筑物密集处为主。一般来说，由于上游的点位随着坝身的升高，上、下游间通视将被阻挡而使一部分点位失去作用，故在布网时点位的分布应以坝的下游为重点；但为了放样方便，布点时应适当照顾上游。

（3）河面开阔地区的大型水利枢纽以分级布设基本网和定线网为宜。对于高山狭谷，河面较窄地区的大、中型水利枢纽，在条件允许时可布设全面网，条件不具备时则可采用分级布网方式。根据具体情况，也可布设精度高于上一级的加密网。

（4）在设计总平面图上，建筑物的平面位置以施工坐标系表示。此时，通常将直线型大坝的坝轴线当作坐标轴，所以布设施工控制网时应尽可能把大坝轴线作为控制网的一条边。

（5）施工放样需要的是控制点间的实际距离，所以控制网边长通常投影到建筑物平均高程面上，有时也投影到放样精度要求高的高程面上，如水轮机安装高程面。

图 6-10（a）为某大型水利枢纽施工控制网的基本网形。坝轴线包括在三角网内，且作为三角网的一条边（01~06），这样三角网可直接采用以坝轴线方向为坐标轴的施工坐标系。坝址附近江面开阔，利用江中的两个沙洲来布点，既可缩短边长、增加点的密度，又提高了控制网的精度。控制网中布设了两菱形基线网（大坝的上、下游各一个），这不仅提供了可靠的检核条件，还可以使大坝地区控制网具有一定的精度。

图 6-10（b）为另一水利枢纽施工控制网布设实例。该枢纽的大坝在河床部分为混凝土重力坝，两岸为土坝，其主要建筑物有厂房、溢流坝和升船机道等。混凝土坝总长为 636m，最大坝高为 78m。该水利枢纽地处山区，河道两岸比较狭窄。基本网为沿河两岸布设的三角锁，由 6 个三角形共 8 个点组成。其中基东、控$_4$、基西、控$_8$、控$_3$等点控制了大坝轴线，为加密大坝定线网提供了依据。在大坝附近下游河滩布设了一条基线作为起始边，使大坝建筑区的控制网精度为最高，这对于主要建筑物的施工放样是很有利的。一般来说，基本网应布设两条基线，如受地形条件限制，第二条基线的精度不高，可不参加平差而只起检核作用。

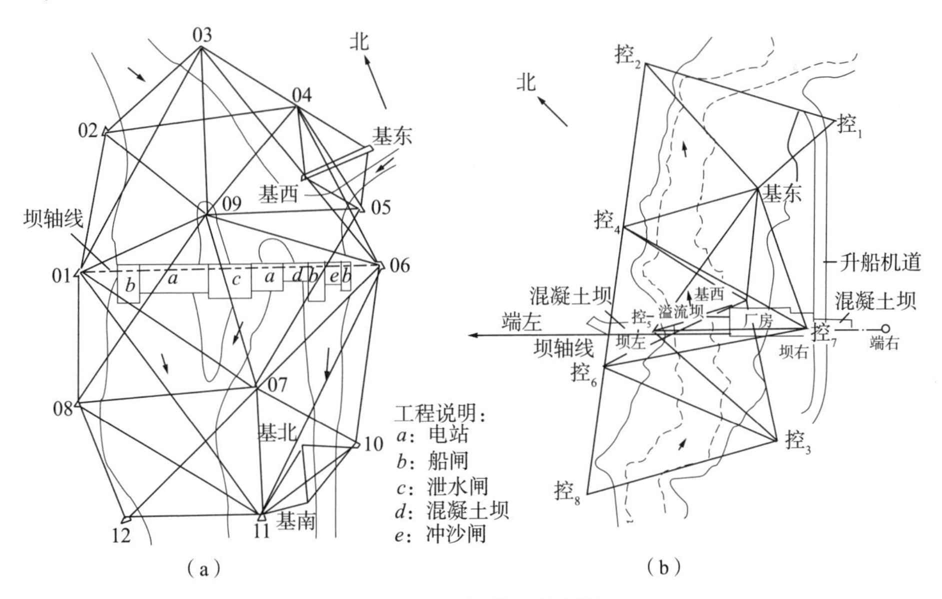


图 6-10 大坝施工控制网

目前，由于全站仪的广泛使用，测距精度高于测角精度，边角网及导线网也逐渐应用于水利枢纽工程的施工控制网中，控制网的精度也越来越高，越来越有利于大坝及其精密设备的施工放样。

## 第三节　混凝土重力坝的放样

图6-11（a）是一般混凝土重力坝的示意图。它的施工放样工作包括坝轴线的测设、坝体控制测量、清基开挖线的放样和坝体立模放样等。

### 一、坝轴线测设

混凝土重力坝的轴线是坝体与其他附属建筑物放样的依据，它的位置正确与否直接影响建筑物各部分的位置。一般先在图纸上设计坝轴线的位置，然后根据图纸上量出的数据，计算出两端点的坐标及和附近施工控制网中三角点之间的关系，在现场用交会法或极坐标法测设坝轴线两端点，如图6-11（b）中的$A$和$B$。为了防止施工时受到破坏，需将坝轴线两端点延长到两岸的山坡上，各定1~2点，分别埋桩，用以检查端点的位置。

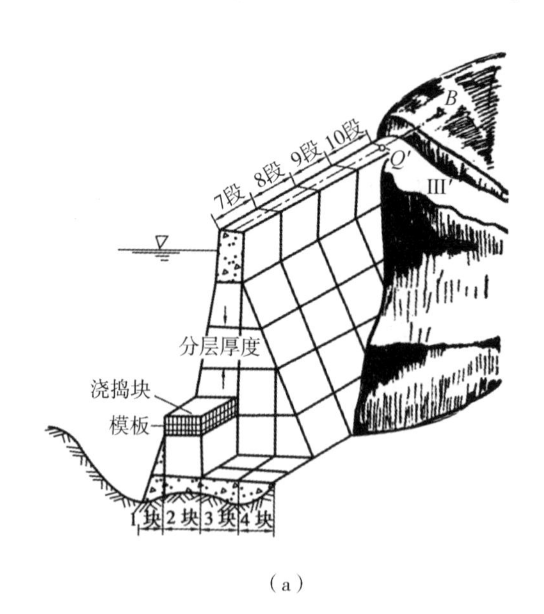


（a）

图6-11　混凝土重力坝的坝体控制网

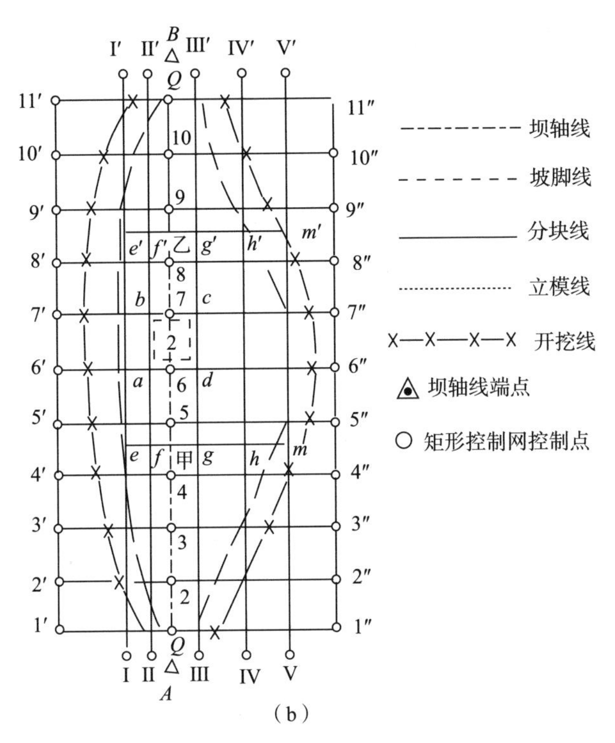


（b）

**图 6-11　混凝土重力坝的坝体控制网（续）**

## 二、坝体控制测量

混凝土坝的施工采取分层分块浇筑的方法，每浇一层一块就需要放样一次，因此，必须建立坝体施工控制网作为坝体放样的定线网。一般用施工坐标系进行放样，坝体施工控制网可布设成矩形网。

如图 6-11（b），是以坝轴线 *AB* 为基准布设的矩形网，它是由若干条平行和垂直坝轴线的控制线组成，格网的尺寸按施工分块的大小而定。测设时，将经纬仪安置在 *A* 点，照准 *B* 点，在坝轴线上选甲、乙两点，通过这两点测设与坝轴线相垂直的方向线，由甲、乙两点开始，分别沿垂线方向按分块的宽度定出 *e*、*f* 和 *g*、*h*、*m* 以及 *e*′、*f*′和 *g*′、*h*′、*m*′等点。最后将 *ee*′、*ff*′、*gg*′、*hh*′及 *mm*′等连线延伸到开挖区外，在两侧山坡上设置Ⅰ，Ⅱ，…，Ⅴ和Ⅰ′，Ⅱ′，…，Ⅴ′等放样控制点。然后在坝轴线方向上，按坝顶的高程，找出坝顶与地面相交的两点 *Q* 与 *Q*′，再沿坝轴线按分块的长度定出坝基点 2，3，4，…，10，通过这些点各测设与坝轴线相垂直的方向线，并将方向线延长到上、下游围堰上或两侧山坡上，设置 1′，2′，3′…，11′和 1″，2″，3″，…，11″等放样控制点。

在测设矩形网的过程中，测设直角时须用盘左、盘右取平均值，丈量距离应细心校核，以免发生错误。

## 三、清基中的放样工作

在清基工作之前，要修筑围堰工程，将围堰内的水排尽，就可以开始清基开挖线的放样。如图 6-11（b）所示，可在坝体控制点 1′、2′等处安置经纬仪，瞄准对应的控制点 1″、2″等，在这些方向线上定出该断面基坑开挖点（图 6-11（b）中有“×”记号的点），将这些点连接起来就是基坑开挖线。

开挖点的位置是先在图上求得，然后在实地用逐步接近法测定的。如图 6-12 所示是通过某一坝基点设计断面图，从图上可以查得由坝轴线到坝上游坡脚点 $A'$ 的距离，在地面上由坝基点 $p$ 沿断面方向量此距离，得 $A$ 点。用水准仪测得 $A$ 点的高程后，就可以求得它与 $A'$ 点的设计高程之差 $h_1$，当设计基坑开挖坡度为 1∶ $m$ 时，距离 $S_1=mh_1$。从 $A$ 点开始沿横断面方向量出 $S_1$，得 ($I$) 点，然后再实测（$I$）与 $A'$ 的高差 $h_2$，又可计算出 $S_2=mh_2$，同样由 $A$ 点量出 $S_2$ 得 $I$ 点，如果量得的距离与算得的 $S_2$ 接近，则该点即基坑开挖点。否则，应按上法继续进行，直到量出的距离与计算的距离相等。开挖点定出后，

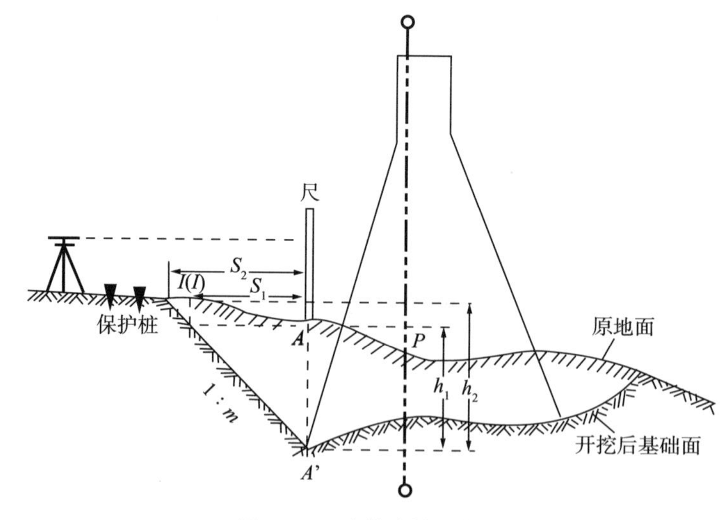


图 6-12　清基放样示意图

在开挖范围外的该断面方向上，设立两个以上的保护桩，量得保护桩到 $I$ 点的距离，绘出草图，以备查核。用同样方法可确定各个断面上的开挖点，将这些点连接起来即清基时的开挖边线。

## 四、坝体立模中的放样工作

### （一）坝坡面的立模放样

坝体立模是从基础开始的，因此立模时首先要找出上、下游坝坡面与岩基的接触点。

图 6-13 是一个坝段的横断面图，假定要浇筑混凝土块 $A'B'E'F'$，首先需要放样出坡脚点 $A'$ 的位置：可先从设计图上查得块顶 $B'$ 的高程 $H_B{}'$ 及距坝轴线的距离 $a$ 以及上游设计坡度 $1:m$；而后取坡面上某一点 $C'$，设其高程为 $H_C{}'$，则 $S_1=a+(H_B{}'-H_C{}')$，由坝轴线起沿断面量出 $S_1$ 得 $C$ 点，并用水准仪实测 $C$ 点的高程 $H_c$，如果它与 $A'$ 点的设计高程 $H$ 值相等，$C$ 点即为坡脚点；否则，应根据实测的 $C$ 点高程，再计算 $S_2=a+(H_B{}'-H_C{}')$，从坝轴线量出 $S_2$ 得 $A'$ 点，用逐步接近法最后就能得到坡脚点的位置。连接各相邻坡脚点，即浇筑块上游坡脚线，沿此线就可按 $1:m$ 坡度架立坡面板。

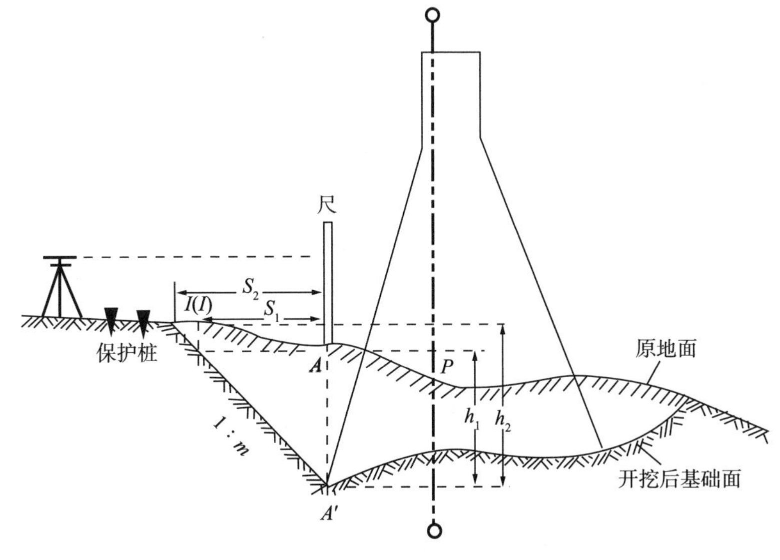


图 6-13 坝坡立模放样

### （二）坝体分块的立模放样

在坝体中间部分分块立模时，可将分块线投影到基础面或已浇好的坝块面上。如图 6-14 所示是第六坝段最底层分成甲、乙、丙三个坝块。随着坝体向上浇筑，大坝变窄，坝块可能减少，但对不同的水平层，每一块的形状都呈矩形。顾及大坝浇筑，每层厚度一般为 1.5～3m，对于 100 多米高的大坝，重复放样的次数很多。为了混凝土浇筑的立模放样，通常在两岸建立标志，形成平行坝轴的方向线，在上、下游围墙上建立垂直坝轴线的方向线，然后用方向线法放样立模控制线。根据所建立的方向线，放样立模点的顺序是：在一条方向线的一个端点（图 6-15 中 $A$ 点）安置全站仪，照准该方向线的另一端点（$B$ 点）上的标志，在 $P$ 点附近根据全站仪标出这一方向线 $ab$；在另一方向线的一端点（$C$ 点）安置全站仪，照准 $D$ 点上的标志，在 $P$ 点附近再标出一方向线 $cd$。两条方向线的交点即欲放样的立模点 $P$。对于放样的 $P$ 点，也可以首先计算其在施工控制网中的坐标，然后用全站仪根据其坐标值用极坐标法或直角坐标法直接放样。

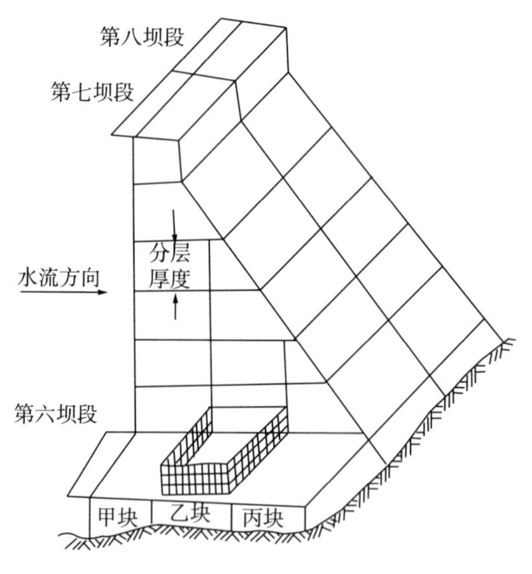


图 6-14　坝体分块示意图

在重力坝的立模放样中，实际作业时，一般每坝块放样时，用方向法放

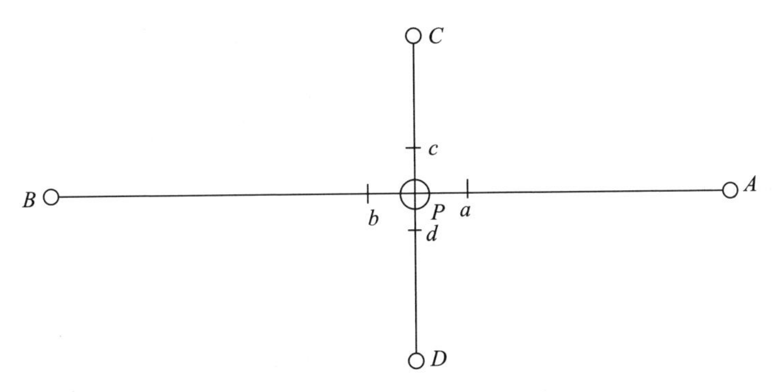


图 6-15　坝体分块立模放样示意图

出 1~2 个点，如图 6-16 中的 $O$ 点，再由它们用直角坐标法或极坐标法放样出坝块的细部（见图 6-16）。当然也可以用全站仪在控制点上直接放样出每坝块的各个角点，再通过丈量各边的长度来检核，以确定放样的精度。

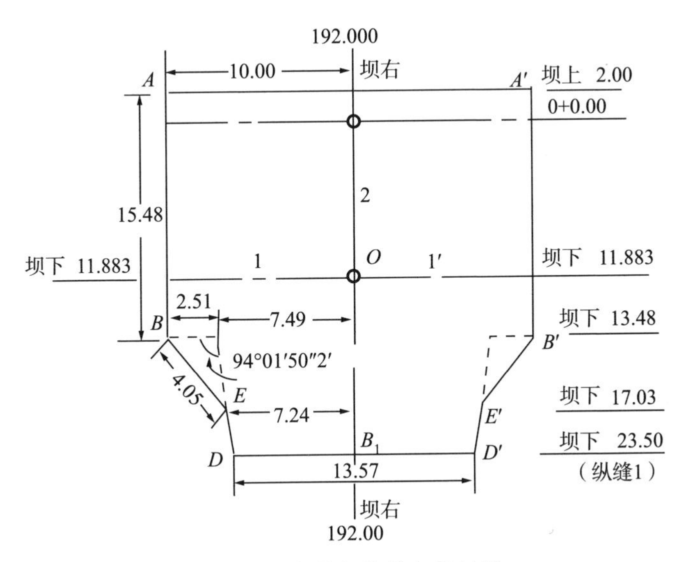


图 6-16　每块坝体的细部放样

# 第四节　隧洞施工测量

根据隧洞的性质和用途可分为公路隧洞、铁路隧道、水工隧洞、过江（河）隧洞等多种工程隧洞。在水利工程建设中，为了施工导流、引水发电、修渠灌溉等，常常要修建隧洞。

这里主要介绍中小型隧洞施工测量的基本方法。

隧洞施工测量与隧洞的结构形式、施工方法有着密切联系，一般情况下隧洞多由两端相向开挖，有时为了增加工作面还在隧洞中心线上增开竖井，或在适当地方向中心线开挖平洞或斜洞（见图 6-17），这就需要严格控制开挖方向和高程，保证隧洞的正确贯通。所以隧洞施工测量的任务是：建立平面和高程施工控制网，标定隧洞中心线，定出掘进中线的方向和坡度，保证按设计要求贯通，同时还要控制掘进的断面形状，使其符合设计尺寸。

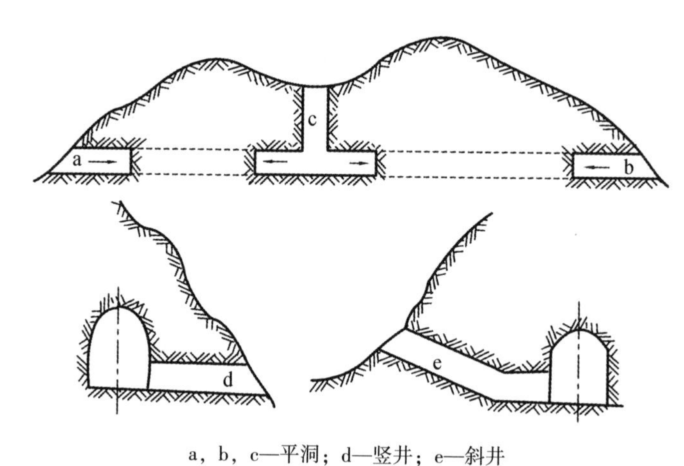


a，b，c—平洞；d—竖井；e—斜井

**图 6-17　隧洞开挖**

## 一、隧洞施工测量程序

洞外控制测量程序：搜集有关资料→进行施工测量设计→建立控制网→测量→计算整理。

隧洞内开挖工作不断推进，洞内施工测量要紧跟工作面。洞内施工测量的一般工作程序：由隧洞外控制点放样到洞内点→标定开挖方向→洞内水准测量及高程放样→贯通，洞中线调整→土方量计算→竣工测量。

以上工作程序，应根据施工过程中的具体情况运用。

## 二、贯通误差

地下工程测量最主要的任务在于保证地下工程在预定误差范围内贯通，由于测量误差积累，使两个相向开挖的施工中线不能理想地衔接，产生的错开现象称为贯通误差。

贯通误差在中线方向上的投影长度称为纵向贯通误差，允许值一般为±20cm，纵向贯通误差只影响隧洞的长度。

垂直于中线方向的水平投影长度称为横向贯通误差，影响隧洞断面的大小，如图 6-18 中 $\Delta_y$ 。如果横向贯通误差太大，会对施工产生很大影响，故应严格控制横向贯通误差。

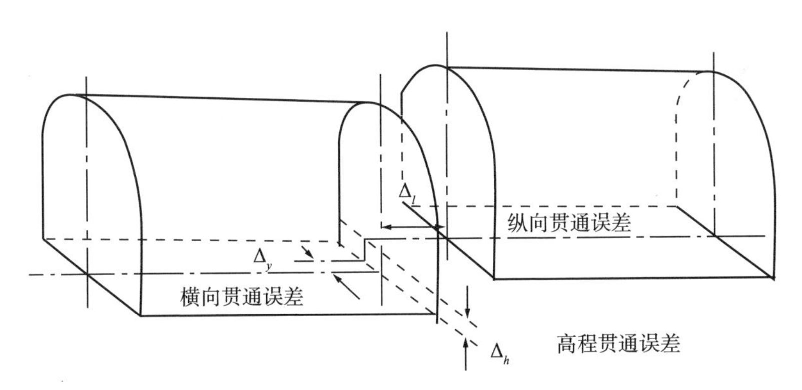


**图 6-18　横向贯通误差示意图**

在垂线上的投影长度称为竖向贯通误差，也称高程贯通误差，影响隧洞的坡度，如图 6-18 中 $\Delta_h$ 。

## 三、洞外控制的测量

### （一）控制网布设步骤

#### 1. 收集资料

需要收集的资料很多，主要收集该区域的大比例尺地形图、路线的平面图、已有的控制测量资料以及气象、水文、交通等资料。

2. 现场踏勘

研究所收集的资料后，必须对隧洞穿越地区进行详细踏勘，观察和了解隧洞两侧的地物、地貌，注意隧洞走向以及隧洞与其他设施的位置关系。

3. 选点布网

结合现场踏勘选点，选定网的布设方案。布设方案的选择应根据已有的仪器情况、横向贯通误差大小、隧洞通过地形情况等进行综合考虑。

## （二）洞外控制测量

洞外控制测量一般布设成独立网。其目的是确定隧洞洞口位置，并为确定中线掘进方向和高程放样提供依据，包括平面控制测量和高程控制测量。

1. 平面控制测量

隧洞平面控制网一般采用三角测量、导线测量和GPS测量。

（1）三角测量

对于隧道较长、地形复杂的山岭地区，地面平面控制网一般布置成三角网形式，如图6-19所示。测定三角网的全部角度和全部边长，使之成为边角网。三角网的点位精度比导线高，有利于控制隧道贯通的横向误差。

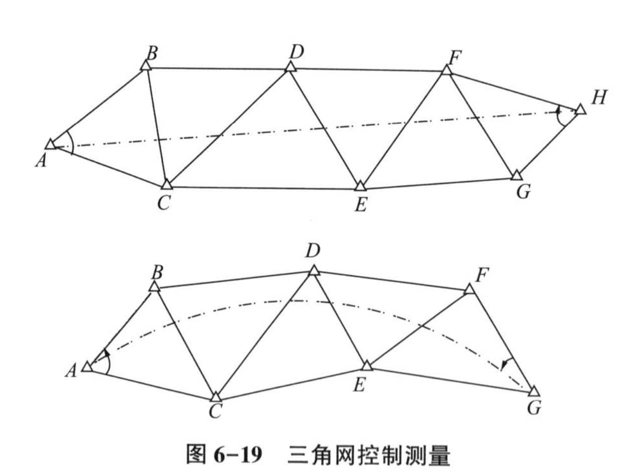


图6-19　三角网控制测量

三角测量一般布设为线形三角锁，且测量一条或两条基线。布网时，三角点应尽量靠近轴线，洞口附近应至少布设两个控制点，洞口应尽可能地避免施工干扰，而且点位稳定、安全。

（2）导线测量

采用导线测量作为平面控制时，导线点应尽量靠近洞轴线布设，导线点个数不宜过多，且相邻导线边的距离大致相等。

（3）GPS 测量

用全球定位系统 GPS 技术作为地面平面控制时，只需要布设洞口控制点和定向点，而且要相互通视，以便施工定向。不同洞口之间的点不需要通视，与国家控制点或城市控制点之间的联测也不需要通视。因此，地面控制点的布设灵活方便，且定位精度目前已优于常规控制方法。

**2. 高程控制测量**

为了保证隧洞在竖直面内正确贯通，应将高程从隧道洞口（包括隧道的进出口、竖井口、斜井口和平洞口）传递到隧洞中去，作为控制开挖坡度和洞内高程的依据。

由竖井传递高程，如图 6-20 所示，根据地面上已知水准点 $A$ 的高程 $H$、测定井底水准点 $B$ 的高程 $H$。方法是：在地面上和井下各安置一台水准仪，并在竖井中悬挂一个经过检定的钢尺（分划零点在井下），钢尺的下端悬挂重锤（重量与检定钢尺时的拉力相同），浸入盛油桶中，以减小摆动，$A$ 点和 $B$ 点上竖立水准尺，观测时，两台水准仪同时读取钢尺上及水准尺上的读数，由此求得 $B$ 点的高程。

为了校核，应改变仪器高 2~3 次进行观测，各次所求高程的差值若不超过±5mm，则取其平均值作为 $B$ 点的高程。

隧洞的高程控制一般采用三四等水准测量的方法施测，就可以达到高程贯通误差的允许值要求。

建立水准网时，基本水准点应布设在开挖爆破区域以外地基比较稳固的地方，作业水准点可布置在洞口与竖井附近，每一个洞口要埋设两个以上的水准点。

## 四、洞外定向测量

洞外定向测量，即在地面上确定洞口的位置及中线掘进方向的测量工作。

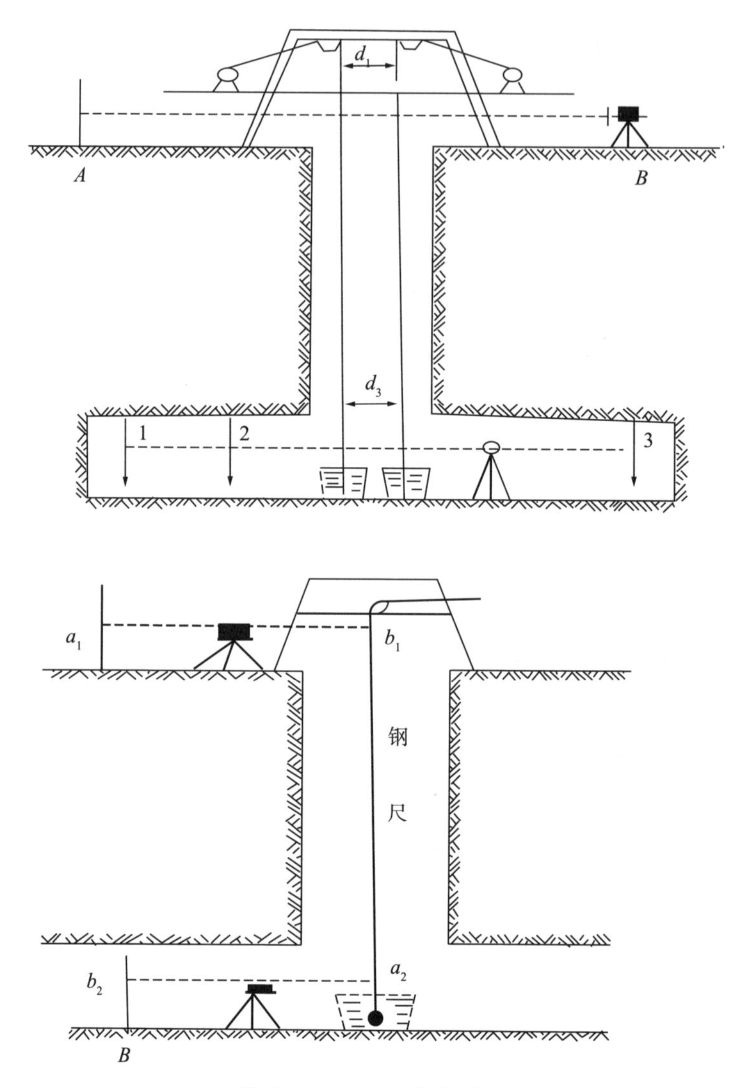


图 6-20　由竖井传递高程

## （一）解析法定线测量

解析法定线测量，即洞外定向测量是在控制测量的基础上，根据控制点与图上设计的隧洞中线转折点、进出口等的坐标，计算出隧洞中线的放样数据，在实地将洞口位置和中线方向标定出来。

1. 洞口位置的标定

在实地布设三角网，应将图纸上设计的洞口位置在实地标定出来。如图6-21所示，$ABC$为隧洞中线，$A$、$B$为洞口位置，$C$为转折点，$A$正好位于三角点上，而$C$不在三角点上，需要根据各控制点坐标和$B$点的设计坐标，反算出方位角，再计算出交会角。

放样时，在点5、6、7处安置经纬仪，分别测设交会角，用盘左、盘右测设平均位置，得三条方向线，若三条方向相交所形成的误差三角形在允许范围内，则取其内切圆圆心为洞口$B$的位置。

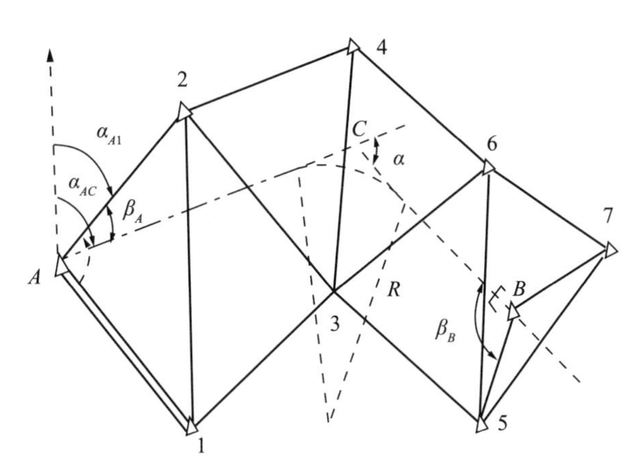


图6-21　隧洞三角网布置图

2. 开挖方向的标定

隧道贯通的横向误差主要由隧道中线方向的测设精度决定，而进洞时的初始方向尤其重要。因此，在隧道洞口，要埋设若干个固定点，将中线方向标定在地面，作为开始掘进及以后洞内控制点联测的依据。

如图6-22所示，用1、2、3、4标定掘进方向，再在洞口点$A$与中线垂直方向埋设5、6、7、8桩。所有固定点应埋设在不易受施工影响的地方，并测定$A$点至2、3、6、7点的平距。这样，在施工过程中可以随时检查或恢复洞口控制点的位置和进洞中线的方向及里程。

## （二）直接定线测量

直接定线测量：对于较短的隧洞，如果未布设控制网，则在现场直接选

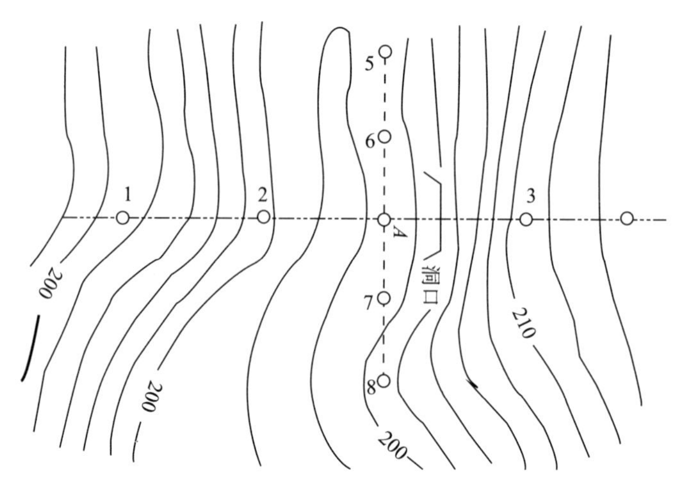


图 6-22　掘进方向的标定

定洞口位置，然后用经纬仪按正倒镜定直线的方法标定隧洞中心线掘进方向，并求出隧洞的长度。

如图 6-23 所示，$A$、$B$ 两点为现场选定的洞口位置，且两点互不通视，欲标定隧洞中心线，首先在 $AB$ 连线上初选一点 $C'$；将经纬仪安置在 $C'$ 点上，瞄准 $A$ 点，倒转望远镜，在 $AC'$ 的延长线上定出 $D'$ 点，为了提高定线精度可用盘左盘右观测取平均，作为 $D'$ 点的位置；然后搬仪器至 $D'$ 点，同法在洞口定出 $B'$ 点。通常 $B'$ 与 $B$ 不重合，此时量取 $B'B$ 的距离，并用视距法测得 $AD'$ 和 $D'B'$ 的水平长度，求出 $D'$ 点的改正距离，即：

$$D'D = AD'/AB' \times B'B$$

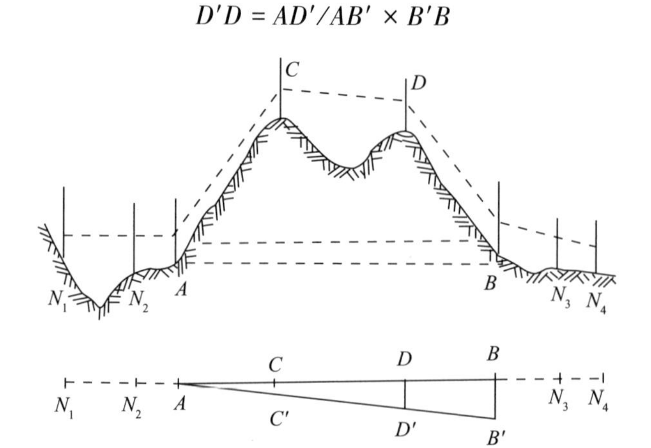


图 6-23　隧洞直接定线图

在地面上从 $D'$ 点沿垂直于 $AB$ 方向量取距离 $D'D$ 得到 $D$ 点，再将仪器安置于 $D$ 点，依上述方法再次定线，由 $B$ 点标定至 $A$ 洞口。如此重复定线，直至 $C$、$D$ 点位于 $AB$ 直线上。最后在 $AB$ 的延长线上各埋设两个方向桩 $N_1$、$N_2$ 和 $N_3$、$N_4$，以指示开挖方向。

## 五、洞内施工测量

隧洞地下测量的主要工作是洞内施工测量，包括洞中线的定向、导线的测量、水准测量及开挖段的放样等。

### （一）洞中线的定向

当洞口劈坡完成后，洞口 $A$ 点处放置仪器，瞄准方向桩 1、2，倒转望远镜即隧洞中线方向：采用盘左盘右观测取平均的方法，在劈坡面上给出隧洞开挖方向，如图 6-24 所示。洞内中线及腰线如图 6-25 所示。

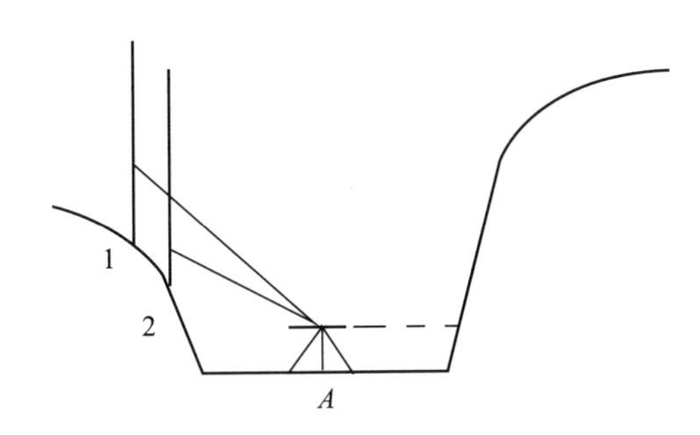


图 6-24　洞口开挖方向标定图

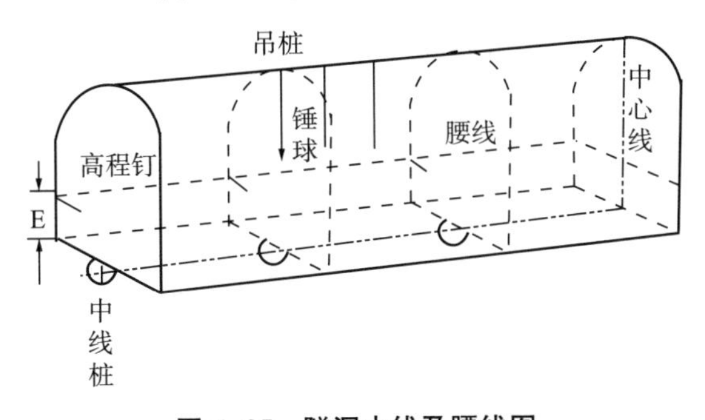


图 6-25　隧洞中线及腰线图

随着隧洞的掘进，需要继续把中心线向前延伸，一般隧洞每掘进 20m 要埋设一个里程桩。中线里程桩可以埋设在隧洞的底部或顶部，如图 6-26 所示。点位标志断面如图 6-27 所示。

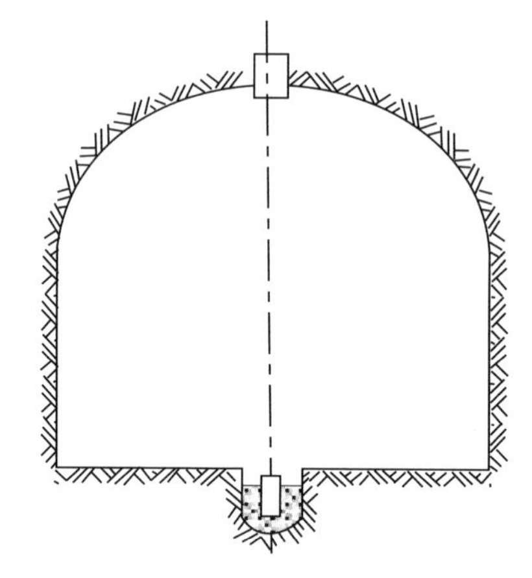

**图 6-26　隧道中线桩**

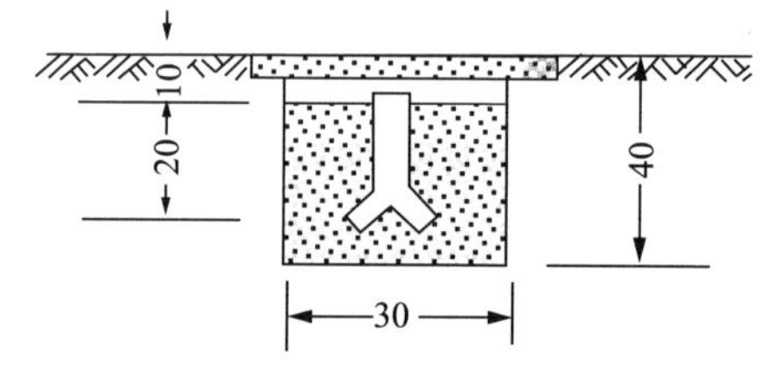


**图 6-27　点位标志断面图（单位：cm）**

对于不设置曲线的折线隧洞（见图 6-28）中线标定，在掘进至转折点 $A$ 时，在该点上安置经纬仪，瞄准后面中线桩 $B$，右转角度 $180°-\alpha$ 作出方向标志 1、2，用 1、2、$A$ 三点指导向前开挖。

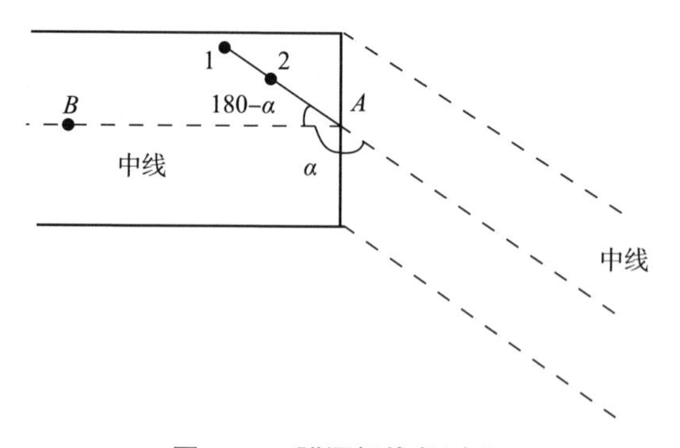


**图 6-28　隧洞折线段测设**

对于设置曲线的隧洞（见图 6-29），可采用偏角法测设曲线隧洞的中线。$Z$、$Y$ 分别为圆曲线的起点和终点，$J$ 为转折点，现将其 $n$ 等分，则由公路测量圆曲线中求得每段曲线长所对的圆心角为 $\varphi$，偏角为 $\varphi/2$，对应的弦长为 $d$。

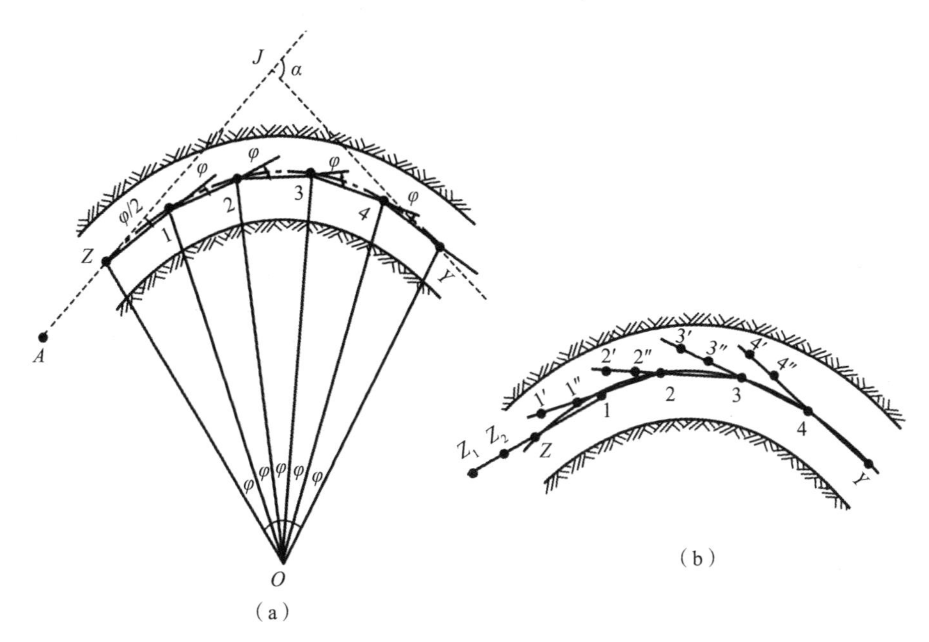


图 6-29　隧洞曲线测设

测设时，当隧洞沿直线掘进至曲线的起点 $Z$，并略过 $Z$ 点一小部分，准确标出 $Z$ 点。在 $Z$ 点上安置经纬仪，后视中线桩 $A$，置角度 $0°0'0''$，再拨角 $180°-\varphi/2$，即得 $Z$—1 弦线方向，倒转望远镜，作出方向标志 $Z_1$、$Z_2$ 点，根据 $Z_1$、$Z_2$、$Z$ 三点的连线方向指导隧洞的开挖。当掘进到略大于弦长 $d$ 后，按上述方法定 $Z$—1 方向。沿该方向用钢尺自 $Z$ 点丈量弦长 $d$，即得曲线上的点 1。点 1 标定后，后视 Z 点，拨转角 $180°-\varphi$，即得 1—2 方向。

按上述方法掘进，沿视线方向量弦长 $d$，得曲线上的点 2，用同样的方法定出各点，直至曲线终点 $Y$。

## （二）洞内导线测量

洞内导线测量与地面控制建立统一的坐标系统，根据导线坐标，放样隧洞中线，指示开挖方向，保证相向开挖的隧道在精度要求范围内贯通。

洞内导线测量通常要求将洞内导线点设在隧道的洞口，每隔一定距离（50~100m）选一中线桩作为导线点。导线点应尽量布设在干扰小、通视良好且稳固安全的地段。

洞内导线一般采用支导线布设形式，尽量沿线路中线布设，或由线路中线平移一段距离，边长接近相等。

隧道洞内平面控制测量的等级，应根据隧道两开挖洞口间长度选取，见表 6-6。

**表 6-6　隧道洞内平面控制测量的等级**

| 洞内平面网类别 | 洞内导线网测量等级 | 导线测量中误差（″） | 两开挖洞口间长度（km） |
|---|---|---|---|
| 导线网 | 三级 | 1.8 | L≥5 |
| | 四级 | 2.5 | 2≤L<5 |
| | 一级 | 5 | L<2 |

为保证测量成果的正确性，最好由两组分别进行观测和计算。洞内导线的边长及角度的观测精度应按贯通误差计算准确。洞内导线技术要求见表 6-7。

**表 6-7　洞内导线技术要求**

| 等级 | 测角精度（″） | 导线边长（m） | 边长相对中误差 |
|---|---|---|---|
| 一 | ±1.8 | 250 | 1/20000 |
| 二 | ±2.5 | 200 | 1/15000 |
| 三 | ±5.0 | 100 | 1/10000 |

## （三）洞内水准测量

洞内水准测量与洞外水准测量基本相同。与洞外水准测量相比，洞内水准测量具有以下特点。

（1）洞内水准路线和洞内导线相同，在贯通之前水准路线是支水准路线，因而只能用多次测量的方法检核水准点的高程。

（2）一般利用导线点兼作水准点。点的标志可根据洞内的具体情况埋设在洞的底部、洞顶或两边侧墙上。

（3）由于洞内观测条件差，洞内水准路线是随开挖工作面的推进而延伸。为了满足施工放样的要求，一般先布设精度较低的临时水准路线，需进行往返测；然后布设精度较高的水准路线，并在200m左右埋设固定水准点。

（4）洞内水准测量的精度应根据竖向贯通误差和隧洞的长度来确定。

# 第七章　水利水电工程专业测绘与实践

## 第一节　渠道测量

### 一、渠道选线测量

#### （一）踏勘选线

渠道选线的任务就是在地面上选定渠道的合理路线，标定渠道中心线的位置。渠线的选择直接关系到工程效益和修建费用，一般应考虑让尽可能多的土地实现自流灌、排，而开挖和填筑的土、石方量及修建的附属建筑物要少，并要求中小型渠道的布置与土地规划相结合，做到田、渠、林、路布置合理，为采用先进农业技术和农田园田化创造条件，同时渠道沿线还要有较好的地质条件，少占良田，以减少总体费用。

除考虑选线要求外，还应依渠道大小按一定的方法步骤进行。对于灌区面积大、路线较长的渠道一般应经过实地查勘、室内选线、外业选线等；对于灌区面积较小、路线不长的渠道，可以根据已有资料和选线要求直接在实地查勘选线。

**1. 实地查勘**

查勘前最好在地形图（比例尺一般为 1：10000 左右）上初选几条比较渠线，然后依次对所经地带进行实地查勘，了解和搜集有关资料（如土壤、地质、水文、施工条件等），并对渠线某些控制性的点（如渠首、沿线沟谷、跨河点等）进行简单测量，了解其相对位置和高程，以便分析比较，进而合理地选取渠线。

2. 室内选线

室内选线是在室内从图上选线，即在适合的地形图上选定渠道中心线的平面位置，并在图上标出渠道转折点到附近明显地物点的距离和方向（由图上量得）。如该地区无适用的地形图，则应根据查勘时确定的渠道线路，测绘沿线宽100~200m的带状地形图，其比例尺视渠线的长度而定。

在山区丘陵区选线时，为了确保渠道的稳定，应力求挖方。因此，环山渠道应先在图上根据等高线和渠道纵坡初选渠线，并结合选线的其他要求做必要修改，定出图上的渠线位置。

3. 外业选线

外业选线是将室内选线的结果转移到实地上，标出渠道的起点、转折点和终点。外业选线还要根据现场的实际情况，对图上所定渠线做进一步论证研究和补充修改，使之更加完善。实地选线时，一般应借助仪器选定各转折点的位置。对于平原地区的渠线应尽可能选成直线，如遇转弯时，则在转折处打下木桩。在丘陵山区选线时，为了较快地进行，可用经纬仪按视距法测出有关渠段或转折点间的距离和高差。由于视距法的精度不高，对于较长的渠线为避免高程误差累积过大，最好每隔2~3km与已知水准点校核一次。如果选线精度要求高，则用水准仪测定有关点的高程，探测出渠线的位置。

渠道中线选定后，应在渠道的起点、各转折点和终点用大木桩或水泥桩在地面上标定出来，并绘略图注明桩点与附近固定地物的相对位置和距离，以便寻找。

### （二）水准点的布设与施测

为了满足渠线的探高测量和纵断面测量的需要，在渠道选线的同时，应沿渠线附近每隔1~3km在施工范围以外布设一些水准点，并组成闭合水准路线；当路线不长（15km以内）时，也可组成往返观测的支水准路线。水准点的高程一般用四等水准测量的方法施测，大型渠道可采用三等水准测量。

## 二、渠道中线测量

渠道中线测量的任务是根据选线所定的起点、转折点及终点，通过量距测角把渠道中心线的平面位置在地面上用一系列的木桩标定出来。

距离丈量，一般用皮尺或测绳沿中线丈量（用经纬仪目视定直线），为了便于计算路线长度和绘制纵断面图，沿路线方向每隔 100m、50m、20m 打一木桩，地势平坦则间隔大，反之间隔小，以距起点的里程进行编号，称为里程桩（整数）。如起点（渠道是以其引水或分水建筑物的中心为起点）的桩号为 0+000，每隔 100m 打一木桩时，则以后的桩号为 0+100；0+200 等，“+”号前的数字为千米数，“+” 号后的数字是米数，如 1+500 表示该桩离渠道起点 1km 又 500m。在两整数里程桩间如遇重要地物和计划修建工程建筑物（如涵洞、跌水等）以及地面坡度变化较大的地方，都要增钉木桩，称为加桩。加桩也以里程编号，如图 7-1 中的 1+185、1+233 及 1+266 为路线跨过小沟边及沟底的加桩。里程桩和加桩通称中心线桩（简称中心桩），将桩号用红漆书写在木桩一侧，面向起点打入土中。为了防止以后测量时漏测加桩，还应在木桩的另一侧从起点桩依次编写序号，图 7-1 中的顺序号为 1，2，3，4，5，6。

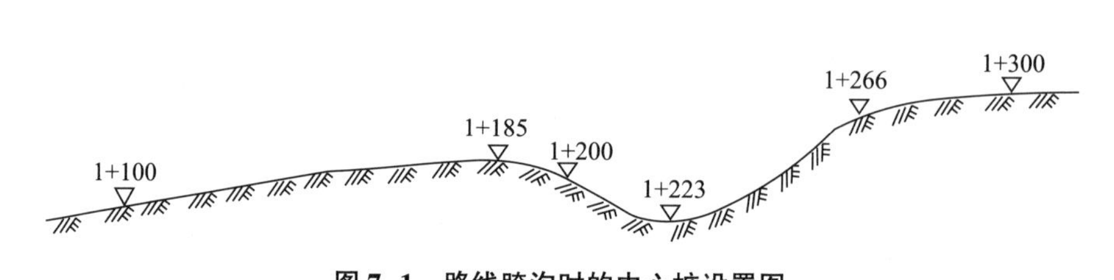


**图 7-1　路线跨沟时的中心桩设置图**

在距离丈量中为避免出现差错，一般需用皮尺丈量两次，当精度要求不高时可用皮尺或测绳丈量一次，在观测偏角时，用视距法对两相邻桩段进行检核。

当丈量到转折点，渠道从一直线方向转向另一直线方向时，需要测角和测设曲线，将经纬仪安置在转折点，测出前一直线的延长线与改变方向后的直线间的夹角 $I$，称为偏角，在延长线左边的为左偏角，在右边的为右偏角，因此测出的 $I$ 角应注明左或右。如图 7-2 中 $IP_1$ 处为右偏角，即 $I_{右}=23°20'$。

根据规范要求：当 $I<6°$，不测设曲线；当 $6°\leqslant L\leqslant 12°$ 及曲线长度上 $L<100$m 时，只测设曲线的三个主点桩；在 $I>12°$，同时曲线长度 $L>100$m 时，需要测设曲线细部。

在量距的同时，还要在现场绘出草图，如图 7-2 所示，图中直线表示渠道中心线，直线上的黑点表示里程桩和加桩的位置，$IP_1$（桩号为 0+380.9）为转折点，在该点处偏角 $I_{右}=23°20'$，即渠道中线在该点处，改变方向右转 23°20′。但在绘图时改变后的渠线仍按直线方向绘出，仅在转折点用箭头表示集线的转折方向（此处为右偏，箭头画在直线右边），并注明偏角角值。至于渠道两侧的地形则可根据目测勾绘。在山区进行环山渠道的中线测量时，为了使渠道以挖方为主，将山坡外侧渠堤顶的一部分设计在地面以下，如图 7-3 所示，此时一般用水准仪来探测中心桩的位置。首先根据渠首引水口高程，渠底比降、里程和渠深（渠道设计水深加超高）计算堤顶高程，而后用水准仪探测该高程的地面点。例如，渠首引水口的渠底高程为 74.81m，渠底比降为 1/2000，渠深为 2.5m，则 0+500 的堤顶高程为 74.81－500/2000＋2.5＝77.06m，而后如图 7-4 所示，由 $BM_1$（高程为 76.605m）接测里程为 0+500

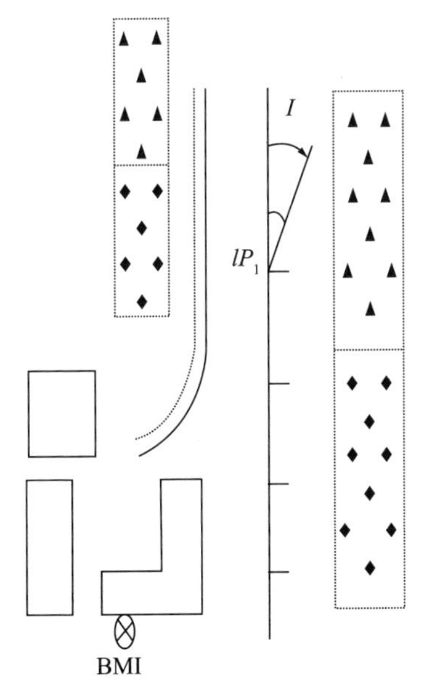


图 7-2　渠道测量草图示例

的地面点 $h$ 时，测得后视读数为 1. 482m，则 $P_1$ 点上立尺读数应为 76. 605+1. 48−77. 06＝1. 027m，但实测读数为 1. 785m，说明 $P$ 点位置偏低，应向高处（山坡里侧）移，至读数恰为 1. 027m 时，即堤顶位置，钉下 0+500 里程桩。按此法继续沿山坡测延伸渠线。

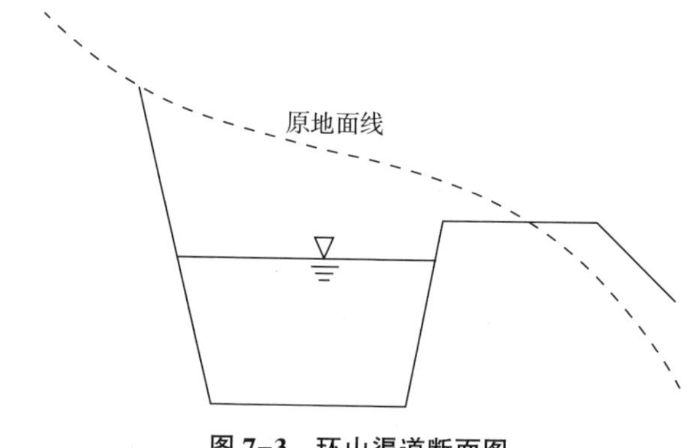


图 7-3　环山渠道断面图

图 7-4　环山渠道中心桩探测示意图

中线测量完成后，如果是大型渠道，一般应绘出渠道测量路线平面图，如图 7-5 所示，在图上绘出渠道走向、各弯道上的圆曲线桩点等，并将桩号和曲线的主要元素数值（$I$、$L$ 和曲线半径 $R$ 、切线长 $T$ ）注在图中的相应位置上。

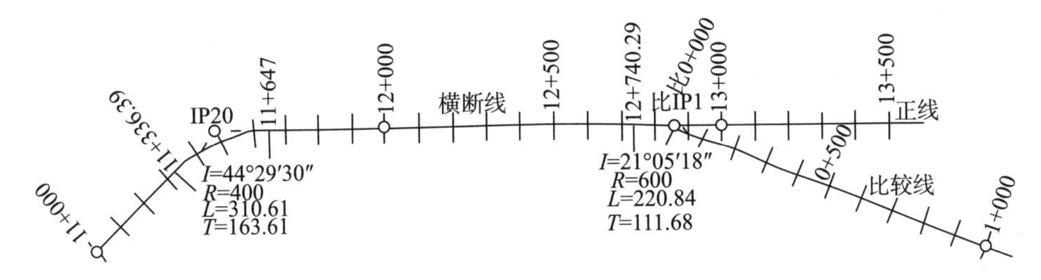


图 7-5　渠道测量路线平面图

## 三、渠道纵断面测量

渠道纵断面测量的任务，是测出中心线上各里程桩和加桩的地面高程，了解纵向地面高低起伏状况，并绘出纵断面图，其工作包括外业和内业。

### （一）纵断面测量外业

渠道纵断面测量是以沿线测设的三四等水准点为依据，按五等水准测量的要求从一个水准点开始引测，测出一段渠线上各中心桩的地面高程后，到下一个水准点进行校核，其闭合差不得超过 $\pm 10\sqrt{n}$ mm（$n$ 为测站数）。

如图 7-6 所示，从 $BM_1$（高福为 76.605m）引测高程，依次对 0+000，0+100，…进行观测，由于这些桩相距不远，按渠道测量的精度要求，在一个测站上读取后视读数后，可连续观测几个前视点（最大视距不得超过 150m），然后转至下一站继续观测。

这时计算高程时采用“视线高法”较为方便。其观测与记录及计算步骤如下：

**1. 读取后视读数，并算出视线高程**

视线高程=后视点高程+后视读数

如图 7-6 所示，在第 1 站上后视 $BM_1$，读数为 1.245，则视线高程为 76.605+1.245=77.850m。

**2. 观测前视点并分别记录前视读数**

由于在一个测站上前视要观测多个桩点，其中仅有一个点是传递高程的转点，其余各点只需读出前视读数就能得出高程，为区别于转点，称为中间点。中间点上的前视读数精确到厘米即可，而转点上的观测精度将影响到以后各点，要求读至 mm，同时还应注意仪器到两转点的前、后视距离大致相等（差值不大于 20m）。用中心桩作为转点，要将尺垫置于桩一侧的地面，水准尺立在尺垫上，并使尺垫与地面同高，即可代替地面高程。观测中间点时，可将水准尺立于紧靠中心桩旁的地面，直接测算地面高程。

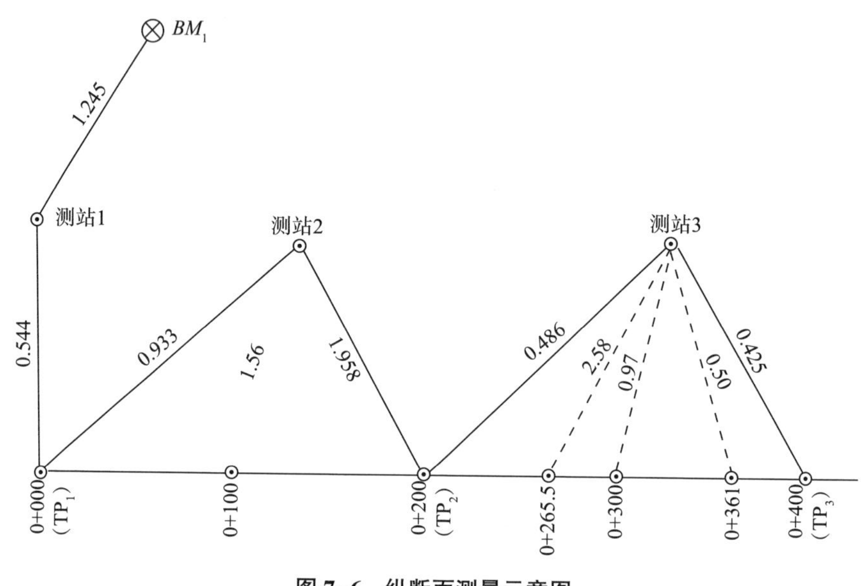


**图 7-6　纵断面测量示意图**

## （二）纵断面图的绘制

纵断面图可用 AutoCAD 等绘图软件绘制，也可用坐标方格纸手工绘制。以水平距离为横轴，其比例尺通常取 1∶1000~1∶10000，依渠道长度而定；高程为纵轴，为了清晰地表现地面起伏情况，其比例尺比距离比例尺大 10~50 倍，可取 1∶50~1∶500，依地形类别而定。图 7-7 所绘纵断面图水平距离比例尺为 1∶5000，高程比例尺为 1∶100，由于各桩点的地面高程一般都很大，为了节省纸张和便于阅读，图上的高程可不从零开始，而从某一适当的数值（如 72m）起绘。根据各桩点的里程和高程在图上标出相应地面点的位置，依次连接各点绘出地面线。再根据设计的渠首高程和渠道比降绘出渠底设计线。至于各桩点的渠底设计高程，则是根据起点（0+000）的渠底设计高程、渠道比降和离起点的距离计算求得，注在图下“渠底高程”一行的相应点处，然后根据各桩点的地面高程和渠底高程，算出各桩点的挖深或填高量，分别填在图中相应位置。

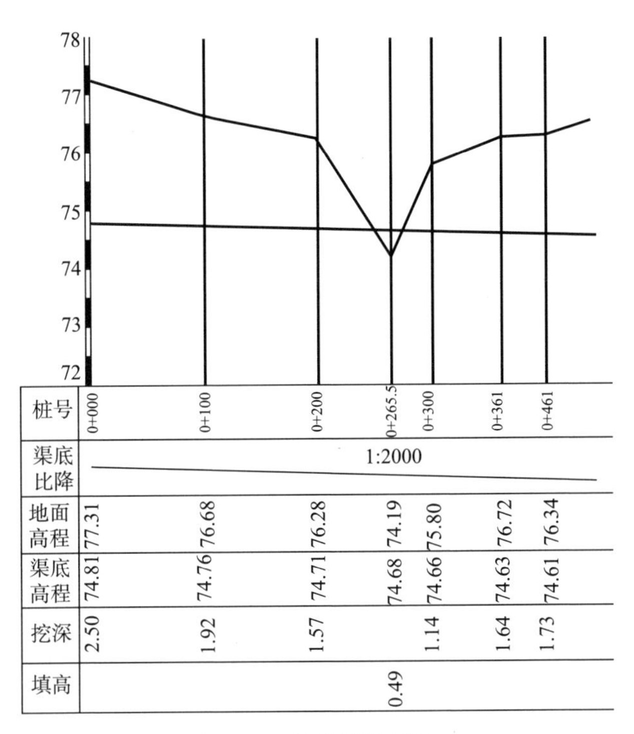


| 桩号 | 0+000 | 0+100 | 0+200 | 0+265.5 | 0+300 | 0+361 | 0+461 |
|---|---|---|---|---|---|---|---|
| 渠底比降 | 1:2000 | | | | | | |
| 地面高程 | 77.31 | 76.68 | 76.28 | 74.19 | 75.80 | 76.72 | 76.34 |
| 渠底高程 | 74.81 | 74.76 | 74.71 | 74.68 | 74.66 | 74.63 | 74.61 |
| 挖深 | 2.50 | 1.92 | 1.57 | | 1.14 | 1.64 | 1.73 |
| 填高 | | | | 0.49 | | | |

图 7-7　渠道纵断面图

## 四、渠道横断面测量

渠道横断面测量的任务，是测出各中心桩处垂直于渠线方向的地面高低情况，并绘出横断面图。其工作分为外业和内业。

### （一）横断面测量外业

进行横断面测量时，以中心桩为起点测出横断面方向上地面坡度变化点间的距离和高差。测量的宽度随渠道大小而定，也与挖填深度有关，较大型的渠道，挖方或填方大的地段应该宽一些，一般以能在横断面图上套绘出设计横断面为准，并留有余地。其施测的方法步骤如下。

**1. 定横断面方向**

在中心桩上根据渠道中心线方向，用木制的十字直角器，如图 7-8 所示，或其他简便方法即可确定垂直于中线的方向，此方向即该桩点处的横断面方向。

图 7-8　十字直角器

### 2. 测出坡度变化点间的距离和高差

测量时以中心桩为零起算，面向渠道下游分为左、右侧。对于较大的渠道可采用经纬仪取两点间的距离和高差，如图 7-9 所示，读数一般取位至 0.1m。如 0+100 桩号左侧第 1 点的记录，表示该点距中心桩 3.0m，低于中心桩 0.5m；第 2 点表示它与第一点的水平距离是 2.9m，低于第 1 点 0.3m；第 2 点以后坡度无变化，与上一段坡度一致，注明“同坡”。

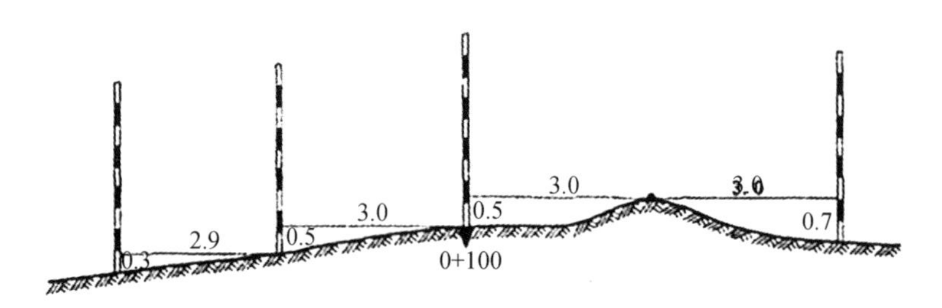


图 7-9　横断面测量示意图

## （二）横断面图的绘制

横断面图仍以水平距离为横轴、高差为纵轴绘制。为了计算方便，纵横比例尺应一致，一般取 1∶100 或 1∶200，小型渠道也可采用 1∶50。绘图时，首先在适当位置定出中心桩点，如图 7-10 所示的 0+100 点，由该点向左侧按比例量取 3.0m，再由此向下（高差为正时向上）量取 0.5m，即得左侧第 1 点，同法绘出其他各点，用实线连接各点得到地面线，即 0+100 桩号的横断面图。

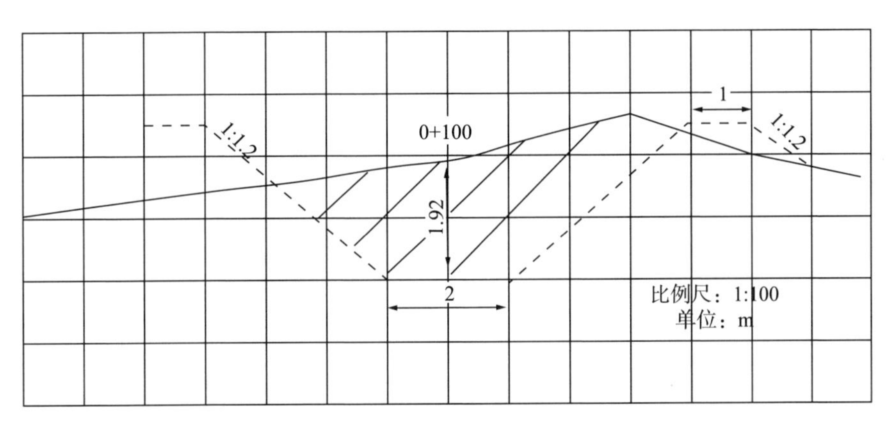


图 7-10　渠道横断面图

## 五、渠道边坡放样

边坡放样的主要任务是在每个里程桩和加桩上将渠道设计横断面按尺寸在实地标定出来，以便施工。其具体工作如下。

### （一）标定中心桩的挖深或填高

施工前应检查中心桩有无丢失，位置有无变动。如发现有疑问的中心桩，应根据附近的中心桩进行检测，以校核其位置的正确性。如有丢失应进行恢复，然后将纵断面图上所计算的各中心桩的挖深或填高数，用红油漆分别写在各中心桩上。

### （二）边坡桩的放样

为了指导渠道的开挖和填土，需要在实地标明开挖线和填土线。根据设计横断面与原地面线的相交情况，渠道的横断面形式一般分为 3 种：图 7-11（a）为挖方断面（当挖深达 5m 时应加修平台）；图 7-11（b）为填方断面；图 7-11（c）为挖填方断面。在挖方断面上需标出开挖线，在填方断面上需标出填方的坡脚线，挖填方断面上既有开挖线也有填土线，这些挖、填线在每个断面处都是用边坡桩标定的。所谓边坡桩，就是设计横断面线与原地面线交点的桩（图 7-12 中的 $d$、$e$、$f$ 点），在实地用木桩标定这些交点桩的工作称为边坡桩放样。

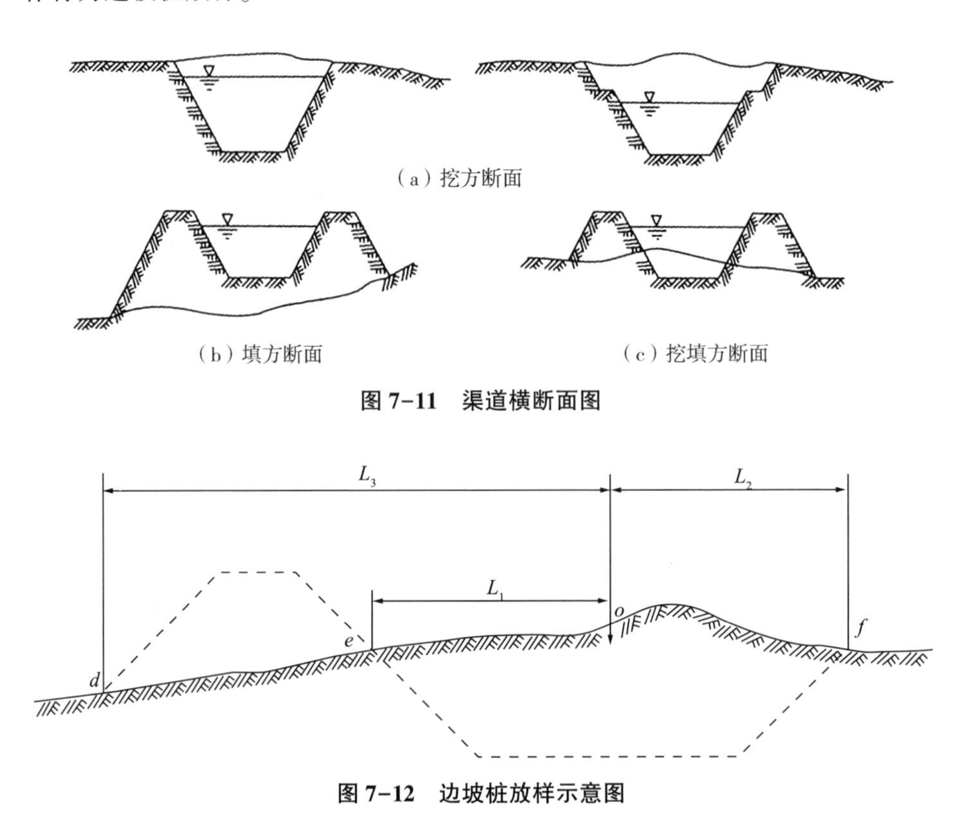


**图 7-11　渠道横断面图**

**图 7-12　边坡桩放样示意图**

标定边坡桩的放样数据是边坡桩与中心桩的水平距离，通常直接从横断面图上量取。

## 六、验收测量

为了保证渠道的修建质量，在渠道修建过程中，对已完工的渠段应及时进行检测和验收测量。渠道的验收测量一般是用水准测量的方法检测渠底高程，有时还需检测渠堤的堤顶高程、边坡坡度等，按渠道设计要求将检测结果记录归档，以备查验。

# 第二节　输电线路测量

输电线路是电厂升压变电站和用户降压变电站间的输电导线。一般情况下，导线通过绝缘子悬挂在杆塔上，称为架空输电线路。由于输送电压等级不同，采用的导线规格、杆塔间距和架设方式也不同，规范中有详细明确的规定。

架空输电线的路径、杆塔的排列、档距（两杆塔导线悬挂点间平距）、拉线的方向、驰度（悬挂点到下垂最低点的垂直距离）及限距（导线距地面和其他设施的最小安全距离）大小，必须按规范要求设计，通过测量在地面上实施。测量工作按内容和工序分为选线、定线、平断面测量、杆塔定位和施工放样。现就各项工作与渠道测量的不同点予以介绍。

## 一、路径的选择

架空输电线所经过的地面，称为路径。

为了节省建设资金，便于施工和安全运行，在输电线路的起讫点间必须选择一条合理的路径。选择路径时，需要综合考虑和注意的问题主要有：

（1）路径要短而直、转弯少而转角小、交叉跨越不多，当导线最大驰度时不小于限距。

（2）当线路与公路、铁路以及其他高压线路平行时，至少相间一个安全倒杆距离（最大杆塔高度加 3m）。

（3）当线路与公路、铁路、河流以及其他高压线、重要通信线交叉跨越时，其交角应不小于 30°。

（4）线路应尽量绕过居民区和厂矿区，特别应该远离油库、危险品仓库和飞机场。

（5）线路应尽量避免穿越林区，特别是重要的经济林区和绿化区。如果不可避免，应严格遵守有关砍伐的规定，尽量减少砍伐数量。

（6）杆塔附近应无地下坑道、矿井、滑坡、塌方等不良地质条件；转角点附近的地面必须坚实平坦，有足够的施工场地。

（7）沿线应有可通车辆的道路或通航的河流，便于施工运输和维护、检修。选线工作方法及过程与渠道选线基本相同。

## 二、定线测量

路径方案确定之后，应在实地标出线路的起讫点、转角点和主要交叉跨越点的大体位置。定线测量的任务，除了正式标定这些点的中心位置，还必须定出方向桩和直线桩，测定转角大小，并在转角点上定出分角桩。

## 三、平断面测量

平断面测量的工作内容包括：测定各桩位高程及其间距，计算从起点至各桩位的累积距离；测定路径中线上桩位到各碎部点的距离和高差，绘制出纵断面图和平面示意图；测绘可能小于限距的危险点和风偏断面。

### （一）桩位高程和间距的测定

平断面测量之前，应先用水准仪从邻近的水准点引测线路起点的高程。线路上其他各桩位的高程和间距，可用视距高程导线测定。

### （二）路径纵断面图的测绘

架空输电线路径中线的纵断面图和渠道纵断面图的绘制方法大致相同，其不同点在于：①在断面图上除了反映地面的起伏状况外，还应显示出线路跨越的地面上突出建筑物的高度。如果地面建筑物恰好位于路径中线上，称为正跨；如果地面建筑物仅被输电线路的边线（即左右两边的导线）所跨，称为边跨。②当线路跨越其他高压线和通信线时，除了以电杆符号表示它们的顶高外，还应注明高压线的伏数和通信线的线数，并注明上线高。③被跨越的河流、湖泊、水库，应调查和测定最高洪水位，并在图中表示出来。

### （三）危险点、边线断面和风偏断面的测绘

#### 1. 危险点

凡是靠近路径中线的地面突出物体，其至导线的垂距可能小于限距，称为危险点。

#### 2. 边线断面

当边线经过的地面高出路径中线地面 0.5m 以上时，须测绘边线断面。因

边线断面的方向与路径中线平行，而位置比中线断面高，故可绘在中线断面的上方。在平面图上应显示出边线断面的左右位置。

**3. 风偏断面**

当线路经过山坡时，如果垂直于路径方向的山坡坡度在 1∶3 以上，导线因风力影响靠近山坡，需要测绘这个方向的断面，以便设计人员考虑杆塔高度或调整杆塔位置。这种垂直于路径方向的断面称为风偏断面。风偏断面测量宽度一般为 15m，用纵横一致的比例尺（高程和平距一般都为 1∶500）绘在相应中线断面点位旁边的空白处。

#### （四）平面示意图的测绘

平面示意图绘在断面图下面的标框内，路径中线左右各绘 50m 的范围，比例尺为 1∶5000，和断面图的横向（距离）比例尺一致。平面示意图上应显示出沿路径方向的地物、地貌的特征，注出村庄、河流、山头、水库等的名称，以便施工时能据此找到杆位。

比较重要的交叉跨越地段，还要根据要求测绘专门的交叉跨越平面图，采用的比例尺一般为 1∶500。

杆塔定位测量是在平断面测绘的基础上，根据图上反映的地痕情况，合理地安排杆塔位置，选择适当的杆型和杆高，称为排杆。杆位确定后，则可以在实地标定竖立杆塔的位置。

线路施工包括基础开挖、竖立杆塔和悬挂导线三道工序，与之对应的测量工作有施工基面（斜坡竖立杆塔时，作为计算基础埋深和杆塔高度的平面）测量、拉线放样和弛度放样。线路施工规范对以上工作都有明确的要求，限于篇幅，不再述及。

## 第三节　河道测绘

### 一、河道测绘概述

为了开发和利用河流水力资源，进行防洪、灌溉、航运和水力发电等工程的规划与设计，必须知道河流水面坡降和过水断面的大小，了解水下地形。

河道测量的主要任务和目的，就是进行河道纵横断面测量和水下地形测量，为工程规划与设计提供必需的河道纵横断面图和水下地形图。

河道纵断面图是由河道纵向各个最深点（又称深泓点）组成的剖面图，图上包括河床深泓线、归算至某一时刻的同时水位线、某一年代的洪水位线、左右堤岸线以及重要的近河建筑物等要素。河道横断面图是垂直于河道主流方向的河床剖面图，图上包括河谷横断面、施测时的工作水位线和规定年代的洪水位线等要素。河道横断面图及其观测成果也是绘制河道纵断面图和水下地形图的直接依据。

在河道测量中，除了部分陆上测量工作，还有水下部分的测量工作。由于观测者不能直接观察到水下地形情况，不能依靠直接测定地形特征点来绘制河道纵横断面图和水下地形图。同时，水下地面点的平面位置和高程也不像陆地表面那样可以直接测量，而必须通过水上定位和水深测量确定。在深水区和水面很宽的情况下，水深测量和测深点平面位置的确定是一项比较困难的工作，需要采用特殊的仪器设备和观测方法。因此，本章在介绍河道纵横断面和水下地形测量前，先介绍水位测量和水深测量。

## 二、水位测量

水位即水面高程，水位测量就是测定水面高程的工作。在河道测量中，水下地形点的高程是根据测深时的水位减去水深求得的。因此，测深时必须进行水位测量，这种测深时的水位称为工作水位。由于河流水位受各种因素的影响时刻发生着变化，为了准确地反映一个河段上的水面坡降，需要测定该河段上各处同一时刻的水位，这种水位称为同时水位或瞬时水位。此外，在大量降雨或融雪影响下，河水超过滩地或漫出两岸地面时的水位，称为洪水位。洪水位是进行水利工程设计和沿河安全防护必不可少的依据，在河道测量时必须进行洪水调查测量，提供某一年代的最大洪水高程。

### （一）工作水位的测定

在进行河道横断面或水下地形测量时，如果作业时间很短，河流水位又比较稳定，可以直接测定水边线的高程，将其作为计算水下地形点高程的起算依据；如果作业时间较长，河流水位变化不定，则应设置水尺随时进行观测，以保证提供测深时的准确水面高程。

水尺一般用搪瓷制成，长 1m，尺面刻画与水准尺相同。设置水尺时，先在岸边水中打入一个长木桩，然后在桩侧钉上水尺。设立水尺位置的要求：①应避开回流、壅水的影响。②设在风浪影响最小之处。③能保证观测到测深期间任何时刻的水位。④尺面应顺流向岸，便于观读和接测零点高程。

水尺设置好后，根据邻近水准点用四等水准连测水尺零点的高程。水位观测时，水面所截的水尺读数加上水尺零点高程即水位。

### （二）同时水位的测定

测定同时水位的目的是了解河段上的水面坡降。

对于较短河段，为了测定其上、中、下游各处的同时水位，可由几人约定按时刻分别在这些地方打下与水面齐平的木桩，再用四等水准仪从临近水准点引测确定各桩速的离程，即得到各处的同时水位。

在较长河段上，各处的同时水位通常由水文站或水位站提供，不需另行测定。如果各站没有同一时刻的直接观测资料，则需根据水位过程线和水位观测记录，按内插法求得同一时刻的水位。

### （三）洪水调查测量

进行洪水调查时，应请当地年长居民指点亲眼所见的最大洪水淹没痕迹，回忆洪水发生的具体日期。洪水痕迹高程用五等水准测量从临近水准点引测确定。

洪水调查测量应选择适当河段进行，选择河段时应注意以下几点：①为了满足某一工程设计需要而进行洪水调查时，调查河段应尽量靠近工程地点。②调查河段应当稍长，并且两岸最好有古老村落和若干易受洪水浸淹的建筑物。③为了准确推算洪水流量，衡查段内河道应比较顺直，各处断面形状相近，有一定的落差；同时应无大的支流加入，无分流和严重跑滩现象，不受建筑物大量引水、排水、阻水和变动回水的影响。

在弯道处，水流因受离心力的作用，凹岸（外弯）水位通常高于凸岸（内弯）水位而出现横比降，两岸洪水位之差有的达 3m 以上。因此，根据弯道水流的特点，应在两岸多调查一些洪水痕迹，取两岸洪水位平均值作为标准洪水位。

## 三、水深测量

水深即水面至水底的垂直距离。为了求得水下地形点的高程，必须进行水深测量。水深测量常用的工具有测深杆、测深锤和回声测深仪等。

### （一）测深杆

测深杆简称测杆。一般用长4~6m，直径为5cm左右的竹竿制成。杆的表面以分米为间隔，涂以红白或黑白漆，并标有数字。杆底装有一直径为10~15cm的铁制底盘，用以防止测杆下面影响测深精度。测杆宜在水深5m以内、流速和船速不大的情况下使用。目前，有些单位用玻璃钢代替竹竿，具有轻便实用的特点。用测深杆测深时，应在距船头1/3船长处作业，以减少波浪对读数的影响。测杆斜向上游插入水中，当杆端到达河底且与水面成垂直时读取水面所截杆上读数，即为水深。

### （二）测深锤

测深锤又称水铊，由重为4~8kg的铅锤和长约10m的测绳组成。铅锤底部通常有一凹槽，测深时在槽内涂上黄油，可以粘取水底泥沙，以判断水底泥沙性质，验证测锤是否到达水底。测绳由纤维制成，以分米为间隔，系有不同标志，在整米处扎以皮条，注明米数。测深锤适用于水深10m以内、流速小于lm/s的河道测深，将铊抛向船首方向，在铊触水底、测绳垂直时，取水深读数。

### （三）回声测深仪的构造

#### 1. 发射器

发射器一般由振荡电路、脉冲产生电路、功放电路组成。在中央控制器的控制下，周期性地产生一定频率、一定脉冲宽度、一定电功率的电振荡脉冲，由发射换能器按一定周期向水中发射。

#### 2. 发射换能器

发射换能器是将电能转换成机械能，再由机械能通过弹性介质转换成声能的电—声转换装置。它将发射器每隔一定距离送来的有一定脉冲宽度、振荡频率和功率的电振荡脉冲转换成机械振动，并推动水介质以一定的波束角向水中辐射声波脉冲。

#### 3. 接收换能器

接收换能器是将声能转换成电能的声—电转换装置。它可以将接收到的声波回波信号转变为电信号，然后送到接收器进行信号放大处理。现在许多测深仪器都采用发射与接收合一的换能器，为防止发射时产生的大功率电脉冲信号损坏接收器，通常在发射器、接收器和换能器之间设置一个自动转换电路。发射时，将换能器与发射器接通，供发射声波用；接收时，将换能器与接收器接通，切断与发射器的联系，供接收声波用。

#### 4. 接收器

接收器将换能器接收的微弱回波信号进行检测放大，经处理后送入显示设备。在接收器电路中，采用了现代相关检测技术和归一化技术，并用回波信号自动鉴别电路、回波水深抗干扰电路、自动增益电路，使放大后的回波信号能满足各种显示设备的需要。

#### 5. 显示设备

显示设备的功能是直观地显示所测得的水深值。常用的显示设备有指示器式、记录器式、数字显示式、数字打印式等。显示设备的另一功能是产生周期性的同步控制信号，控制与协调整机的工作。

#### 6. 电源部分

提供全套仪器所需的电源。

### （四）回声测深仪的安装与使用

#### 1. 回声测深仪的安装

把换能器盒与一适当长度的钢管相连，电线从管内穿过，把钢管固定在船舷外，在离船头1/3~1/2船身长的地方，以避开船首处水流冲击船身产生的杂音干扰，同时避开船首水中气泡对声波传播速度的影响，此外，还须避开船机产生的杂音干扰。换能器应入水0.5m以上，并记录入水深度。换能器盒的长轴要平行于船的轴线。

#### 2. 回声测深仪的使用

测深仪的型号很多，且随着技术的进步而不断更新，不同型号仪器的操作方法有所不同，但一般都有以下几个步骤。

（1）连接换能器。把换能器盒的插头插入插孔。如果未接换能器就接通电源，会因空载而烧坏仪器元件。

（2）接通电源。合上电源开关，若电源接反，指示红灯就会亮，马上调过来即可。一般仪器都有电源接反保护装置。

（3）检查电源电压。要求在11~13V。

（4）试测。将换能器放入水中，合上电源，仪器即开始工作，相应地，记录纸上应有基位线及深度线，或者在显示器上应有基位显示和深度显示。

（5）调节。增益过小，回波信号过弱，深度记录会消失；增益过大，杂乱信号会干扰记录。所以在工作时要调节增益旋钮，使回波信号记录清晰准确。

（6）调节纸速。船速快、水下地形复杂时用快速挡；一般用慢速挡。

（7）深度转换。工作时应根据实际深度及时拨动“深度转换”纽，选择合适的量程段。

## 四、河道纵横断面测量

在河流规划和水利水电工程勘测设计时，在确定河流梯级开发方案，计算水库库容，推算回水曲线，河道整治、库区淤积的方量计算，水工试验模型的制作，河床变化规律的研究等方面都需要河道纵横断面资料，它是水利水电工程建设中一项不可或缺的测量资料。

### （一）河道横断面图的测绘

#### 1. 断面基点的测定

代表河道横断面位置并用来测定断面点平距和高程的测站点，称为断面基点。在进行河道横断面测量之前，首先必须沿河布设一些断面基点，并测定它们的平面位置和高程。

（1）平面位置的测定

断面基点平面位置的测定有两种情况：

①专为水利、水能计算所进行的纵、横断面测量。通常利用已有地形图上的明显地物点作为断面基点，对照实地打桩标定，并按顺序编号，不再另行测定它们的平面位置。对于无明显地物可作为断面基点的横断面，其基点须在实地另行选定。再在相邻两明显地物点之间用视距导线测量测定这些基

点的平面位置，并按量角器展点法在地形图上展绘出这些基点。根据这些断面基点可以在地形图上绘出与河道主流方向垂直的横断面方向线。

②无地形图可利用的情况。在无地形图时，须沿河的一岸每隔 50~100m 布设一个断面基点。这些基点的排列应尽量与河道主流方向平行，并从起点开始按里程进行编号。各基点间的距离可按具体要求分别采用视距、量距测距的方法或用光电测距仪测定；在转折点上应用经纬仪观测水平角（左角），以便在必要时按导线计算断面点的坐标。

（2）高程的测定

断面基点和水边点的高程，应用五等水准测量从邻近的水准基点进行引测确定。如果沿河没有水准基点，则应先沿河进行四等水准测量，每隔 1~2km 设置一个水准基点。

### 2. 陆地部分横断面测量

在断面基点上安置经纬仪，照准断面方向，用视距法或其他方法依次测定水边点、地形变化点和地物点至测站点的平距及高差，并算出高程。在平缓的匀坡断面上，应保证图上 1~3cm 有一个断面点。每个断面都要测至最高洪水位以上，对于不可到达处，可利用相邻断面基点按前方交会法进行测定。

### 3. 水下部分横断面测量

横断面的水下部分，需要进行水深测量，根据水深和水面高程计算断面点的高程。水下断面点（水深点）的密度视河面宽度和设计要求而定，通常应保证图上每隔 0.5~1.5cm 有一点，并且不要漏测深泓线点。这些点的平面位置（即对断面基点的距离）可用下述方法测定。

（1）视距法

当测船沿断面方向驶到一定位置需测水深时，即将船稳住，竖立标尺，向基点测站发出信号，双方同时进行有关测量和记录（包括视距、截尺、天顶距、水深），并互报点号对照检查，以免观测成果与点号不符。断面各点水深观测完成后，须将所测水深按点号转抄到测站记录手簿中。

（2）断面索法

先在断面方向靠两岸水边打下定位桩，在两桩间水平地拉一条断面索，以一个定位桩作为断面索的零点，从零点起每隔一定距离系一布条，在布条上注明至零点的距离。测深船沿断面索测探，根据索上的距离加上定位桩至零点的距离，即得水深点至基点的距离。

### （二）河道纵断面图的绘制

河道纵断面图是根据各个横断面的里程桩号（或从地形图上量得的横断面间距）及河道探测点、岸边点、堤顶（肩）点等的高程绘制而成。在坐标纸上以横向表示距离，比例尺为1：1000~1：10000；纵向表示高程，比例尺为1：100~1：1000。为了绘制方便，事先应编制纵断面成果表，表中除列出里程桩号和深泓点、左右岸边点、左右堤顶的高程等外，还应根据设计需要列出同时水位和最高洪水位。绘图时，从河道上游断面桩起，依次向下游取每一个断面中的最深点展绘到图上，连成折线即河底纵断面。按照类似方法绘出左右堤岸线或岸边线、同时水位线和最高洪水位线。

## 五、水下地形测量

在水利水电和航运工程建设中，除测绘陆上地形外，还需测绘河道、湖泊或海洋的水下地形，水下地形测量是在陆地控制测量基础上进行的。水下地形点平面位置和高程的测定方法与河道横断面水下部分的测量方法基本相同。

### （一）水下地形点的密度要求与布设方法

由于不能直接观察水下地形情况，只能依靠测定较多的水下地形点来探索水下地形的变化规律。因此，通常须保证图上每隔1~2cm有一个水下地形点；沿河道纵向可以稍稀，横向应当较密；中间可以稍稀，近岸应当稍密；但必须探测到河床最深点。

### （二）水下地形GPS测深定位法

在GPS投入应用之前，在大水域测量一般采用无线电测距定位，即由船载主台向岸上不同位置的两副台发射无线电信号，副台接收并返回信号至主台，由电波行程的时间确定主副台间的距离。由主台至两副台的距离交会即可确定主台位置。GPS诞生后被广泛应用于导航与定位，GPS与测深仪结合，使水下地形测绘变得快速方便，自动化程度大大提高。

GPS测深定位系统主要由GPS接收机、数字化测深仪、数据通信链和便携式计算机及相关软件组成，测量作业分三步进行，即测前准备、外业数据采集和数据后处理。

1. 准备工作

在测区或测区附近选取 3 个有当地已知坐标的控制点，用静态或快速静态方式获取 WGS—84 坐标，由测得的 WCS—84 坐标与当地坐标计算转换参数，把转换参数和地球椭球投影参数等设置到控制器上。再把基准站控制点的点号和坐标输入控制器或者通过控制器输入基准站 GPS 接收机；把规划好的断面线端点点号、坐标值输入移动站的控制器或计算机中。

2. 外业数据采集

根据现场具体情况规划好测量时间和任务分工，基准站仪器尽量少搬迁，提高工作效率。将基准站 GPS 接收机天线安置在规划好的已知控制点上，连接好设备电缆，通过控制器启动基准站 GPS 接收机，这时设置好的基站数据链开始工作，发射载波相位差分信号。

在移动站上，将 GPS 接收机、数字化测深仪和便携式计算机等连接好，打开电源，设置好记录设置、定位仪和测深仪接口、接收机数据格式、测深仪配置、天线偏差改正及延时校正后，就可以按照规划好的作业方案进行数据采集。

3. 数据的后处理

数据后处理是指利用相应的数据处理软件对测量数据进行处理，形成所需要的水下地形图及其统计分析报告等测量成果，所有测量成果可以通过打印机或绘图仪输出。

## 第四节　小区域控制测量

### 一、控制测量概述

#### （一）控制测量的概念

测量工作可概括为“测绘”和“测设”两部分，无论哪部分，都必须保证一定的精度。由于测量会产生误差，且误差具有传递性和累积性，测量范围的扩大，将影响测量成果的准确性。为控制和减弱测量误差的累积和提高测量的精度与速度，测量工作必须按照“从整体到局部，先控制后碎部”的原则来开展，即先建立控制网，然后根据控制网进行碎部测量和测设。在测区内，按规范要求选定一些控制点，构成一定的几何图形，在测量中我们将这样的网络图形称为控制网，控制网中的已知点和未知点（几何图形的交点）称为控制点。按控制网的图形，以必要的精度和方法观测控制点之间的角度、距离、方向和高差。经平差计算出控制点的坐标和高程，作为测绘和测设的依据，这种工作称为控制测量。综上所述，控制测量的目的与作用：一是为测图或工程建设的测区建立统一的平面控制网和高程控制网；二是控制误差的积累；三是作为进行各种细部测量的基准。

## （二）控制网的分类

按内容不同，控制网由平面控制网和高程控制网两部分组成，前者是测量控制点的平面坐标，被称为平面控制测量；后者是测定控制点的高程，被称为高程控制测量。

按观测量和网形的不同，平面控制网分为三角网（锁）、测边网、边角网、导线网和 GPS 网，与之相对应的控制测量过程称为三角测量、三边测量、边角测量、导线测量和 GPS 测量，其控制点又称为三角点、导线点、GPS 点。高程控制网分为水准网、三角高程网和 GPS 网，与之相对应的控制测量过程称为水准测量、三角高程测量、GPS 测量，其控制点又称为水准点、三角高程点和 GPS 高程点。

按区域大小分为国家控制网（基本控制网）、城市控制网和小区域工程控制网（图根控制网）。

### 1. 国家基本控制网

在全国范围内建立的平面控制网和高程控制网，称为国家基本控制网，作为全国地形测量和施工测量的基本依据。

（1）基本平面控制网

在全国范围内建立的平面控制网，称为国家平面控制网。目的是在全国建立统一的坐标系统。

国家平面控制网由一、三、四等三角网组成，一等精度最高，按照从整体到局部、从高级到低级，分级布网逐级控制的原则布设。即一等网内布设二等，二等网内布设三等。

（2）基本高程控制网

在全国范围内建立的水准网，称为基本高程控制网。目的是在全国建立统一的高程系统。由一、二、三、四等水准网组成，一等最高，逐级布设和控制。

**2. 工程控制网（图根控制网）**

国家控制网为地形测图和大型工程测量提供了基本控制。但由于控制点的密度小，在小区域进行测绘和测设时常常不能满足要求，须在国家基本控制网的基础上加密，建立满足工程施工所需要的工程控制网。建网时尽量与国家控制网联测。远离国家控制网时，可建立独立控制网。如加密建立的小区域控制网仍不满足地形测绘和工程测量的需要，必须进一步加密，以保证测区有足够的控制点用于测图和测设。这些直接用于测图的控制点被称为图根点。

工程平面控制网一般分为三级：一级基本控制网、二级基本控制网及图根控制网。

水利水电工程测量中，高程控制网一般分为三级：基本高程控制网（四等及四等以上水准网）、加密高程控制网（五等水准及三角高程）和测站点高程控制网。

### （三）控制网的建立方法

国家平面控制网的建立方法主要有三角测量、导线测量、GPS 测量和天文定位测量。国家高程控制网主要采用水准测量法。此外，还有三角高程测量法、光电测距高程导线测量法和 GPS 拟合高程测量法等。工程平面控制网一般采用三角测量、小三角测量、导线测量、GPS 测量和经纬仪交会法测定。工程高程控制网的建立方法主要有水根控制的经纬仪导线测量，交会定点测量及三、四、五等水准测量。其特点是不必考虑地球曲率对水平角和水平距离影响的范围。

## 二、导线测量

### （一）导线测量概述

测量中所讲的导线是将测区内选择的相邻控制点依次连接或折线，称为导线。组成导线的控制点称为导线点，每条折线称为导线边，相邻两条折线所夹的水平角称转折角。导线测量的过程就是用测量仪器观测这些折线的水平距离和转折角及起始边的方位角。根据已知点坐标和观测数据，推算未知点的平面坐标。

导线测量的优点是：可呈单线布设，坐标传递迅速；只需前、后两个相邻导线点通视，容易越过地形、地物障碍，布设灵活；各导线边均直接测定，精度均匀；导线纵向误差较小。

导线测量的缺点是：控制面积小，检核观测成果质量的几何条件少；横向误差较大。

导线测量布设灵活，计算简单，适应面广，因而是平面控制测量常用的一种方法，主要用于带状地区、隐蔽地区、城建地区以及地下工程和线路工程等的控制测量。

按使用仪器和工具的不同，导线测量可分为经纬仪视距导线、经纬仪量距导线、光电测距导线和全站仪导线 4 种。在经纬仪测量转折角的同时采用视距测量方法测定边长的导线，称为经纬仪视距导线；若用经纬仪测量转折角，用钢尺测定边长的导线，称为经纬仪量距导线；若用光电测距仪测定导线边长，用经纬仪测转折角，则称为光电测距导线；若用全站仪测量边长和角度，称为全站仪导线。

### （二）导线的布设形式

在实际工作中，按照不同的情况和要求，单一导线可以布设成闭合导线、附合导线和支导线 3 种形式。

**1. 闭合导线**

起始于同一导线点的多边形导线，称为闭合导线。

**2. 附合导线**

布设在两高级边之间的导线，称为附合导线。

**3. 支导线**

从一高级控制边 *AB* 出发，既不闭合到起始边 *AB*，又不符合另一已知边的导线，称为支导线。

当测区测图的最大比例尺为 1∶1000 时，一、二、三级导线的导线长度，平均边长可适当放大，但最长不应超过规定长度的 2 倍。

### （三）导线测量的外业工作

导线测量分为外业和内业两大部分。在野外选定导线点的位置，测量导线各转折角和边长及独立导线时测定起始方位角的工作，称为导线测量的外业工作。主要包括选点及埋设标志、测角、量边和导线定向四个方面。

**1. 踏勘选点和建立标识**

踏勘选点的主要任务是根据实际情况和测图比例尺，在测区内选择一定数量的导线点。踏勘选点之前首先搜集测区内和测区附近已有控制点成果资料和各种比例尺地形图，把控制点展绘在地形图上，然后在地形图上拟定导线的布设方案，并到测区实地勘察范围大小、地形起伏、交通条件、物资供应及已有控制点保存等情况，以便修改以及落实点位和建立标识。如果测区范围很小，或者测区没有地形图资料，则要详细踏勘现场，根据已有控制点、测区地形条件及测图和施工测量的要求等具体情况，合理地选择导线点的位置。实地选点时需要注意下列事项：

（1）导线点选在土质坚实，便于保存和安置仪器之处。

（2）相邻导线点之间通视良好，地势较平坦，便于观测水平角和测量边长。

（3）导线点应选在视野开阔的地方，以便于碎部测量。

（4）导线各边长度应大致相等，以减小调焦引起的观测误差。

（5）导线点分布要均匀，有足够的密度，便于控制整个测区。

导线点选定后，应按规范埋设点位标志和编号。临时性的导线点一般在地面上打入木桩，为完全牢固，在其周围浇灌一些混凝土，并在桩顶中心钉一小钉，钉头作为导线点标志。

也可在水泥地面上用红漆画一圆，圆内点一小点，作为临时标志。

对于长期保存的永久性导线点，应埋设在石桩或混凝土桩上，桩顶刻“十”字或埋设刻“十”字的圆帽钉，作为永久性标志。

导线点应统一编号。为了便于寻找，应绘出导线点与附近固定而明显的地物关系草图，注明尺寸。

2. **测角**

导线的转折角一般采用测回法观测,《水利水电工程测量规范》中给定了导线转折角观测技术指标。导线角度技术要求导线的转折角有左、右角之分，在导线前进方向左侧的水平角称为左角、右侧的水平角称为右角。逆时针方向编号，内角即为左角。

3. **边长测量**

导线的边长（即控制点之间的水平距离）既可用鉴定过的钢尺丈量也可用光电测仪测定。

### （四）导线测量的内业工作

传统的内业工作指在室内进行数据的处理，主要包括检查观测数据、平差计算及资料整理等内容，由于计算机的广泛应用，传统的内业工作也可在现场完成。

计算前必须全面检查导线测量的外业记录，包括数据是否齐全正确，成果是否符合规范的精度要求，起算数据是否准确。然后绘制导线略图、坐标点号，弄清起始点和连接边。

由于测量工作不可避免含有误差，实际测角和测距的结果与理论数值往往不符，致使导线的方位角和坐标增量不能满足已知条件，而产生角度闭合差和坐标增量闭合差。内业计算时须先进行闭合差的计算和调整，再计算各导线点的坐标。

## 三、三、四、五等水准测量

### （一）三、四、五等水准测量的技术要求

在水利水电工程测量中，除了建立平面控制网，还常用三、四等水准建立精度较高的高程控制网和五等水准测量（又称图根水准测量）加密高程图根点。三、四、五等水准测量与普通水准测量工作方法基本相同，都需要拟定水准路线，选点、埋石和观测、记录、计算等。主要区别在于观测程序、记录计算方法、精度要求有所不同，三、四等水准测量中所有特点必须使用尺垫，且三等水准测量必须使测站数为偶数。五等可用双面尺也可用单面尺。

## （二）四等水准测量的观测方法

由于四等水准测量应用更为广泛，下面以四等水准测量为例，介绍其观测、记录、计算方法。

**1. 测站上的观测程序和记录方法**

选择有利地形设站。在测站上安置好水准仪，分别照准前、后视尺，估读视距，使前、后视距之差不超过3m，否则，移动前视尺或水准仪直至满足要求。然后按下列顺序观测记录。

（1）照准后视尺黑面读数：下丝（1）、上丝（2）、中丝（3）。

（2）照准后视尺红面读数：中丝（4）。

（3）照准前视尺黑面读数：下丝（5）、上丝（6）、中丝（7）。

（4）照准前视尺红面读数：中丝（8）。

四等水准测量的观测程序也可以简写为：后（黑）—后（红）—前（黑）—前（红）。

**2. 测站计算与校核**

在测站上观测记录的同时，应进行测站计算与校核，以便及时发现和纠正错误，确认符合要求时，才可以迁站继续施测，否则应重新观测。迁站时前视标尺和尺垫不允许移动，将后视尺和尺垫移至下一站作为前视。

测站上的计算工作分为以下三部分：

（1）视距部分

后视距离（9）=［（1）-（2）］×100

前视距离（10）=［（5）-（6）］×100

前后视距差（11）=（9）-（10），其绝对值不得超过3m

前后视距累积差（12）= 本站（11）+上站（12）

每测段视距累积差的绝对值应小于10m。

（2）高差部分

同一水准尺黑红面中丝读数差不得超过3mm。

后视尺黑红面读数之差（13）= $K$+黑（3）-红（4）

前视尺黑红面读数之差（14）= $K$+黑（7）-红（8）

式中：$K$ 为尺常数，即 $A$ 尺或 $B$ 尺黑面与红面的起点读数之差。$K$ 值分别

为 $K_A=4.687\mathrm{m}$，$K_B=4.787\mathrm{m}$。第二站因两水准尺交替，计算（13）时 $K$ 值取 $K_B=4.787\mathrm{m}$，计算（14）时 $K$ 值取 $K_A=4.687\mathrm{m}$。

$$黑面高差(15)=(3)-(7)$$

$$红面高差(16)=(4)-(8)$$

黑红面高差之差（17）=（15）-［（16）±0.100］=（13）-（14），其绝对值应小于5mm（校核使用）。

由于两水准尺的红面起始读数相差0.100m，测得的红面高差应加0.100m或减0.100m才等于实际高差，即上式中（16）±0.100，取“+”或“-”，应根据前后视尺的 $K$ 值来确定。当后视尺常数 $K$ 为4.687时，则红面高差比黑面高差的理论值小0.100m，则应加上0.100m，即取“+”号，反之应减去0.100m，即取“-”号。

$$高差中数(18)=1/2\left[(15)+(16)\pm0.100\right]$$

**3. 检核计算**

一测段结束后或整个水准路线测量完毕后，还应逐步检核计算有无错误，方法是：

先计算 $\sum(3)$、$\sum(4)$、$\sum(7)$、$\sum(8)$、$\sum(9)$、$\sum(10)$、$\sum(15)$、(16) 和 $\sum(18)$，然后校核：

$$\sum(3)-\sum(7)=\sum(15)$$

$$\sum(4)-\sum(8)=\sum(16)$$

$$\sum(9)-\sum(10)=\sum 末站(12)$$

当测站总数为奇数时：$\left[\sum(15)+\sum(16)\pm0.100\right]/2=\sum(18)$

当测站总数为偶数时：$\left[\sum(15)+\sum(16)\right]/2=\sum(18)$

水准路线总长度 $L=\sum(9)+\sum(10)$

**4. 高差闭合差的调整和水准点高程的计算**

水准点高程的计算与普通水准测量计算方法一样，先进行高差闭合差的计算及调整。四等水准路线高差闭合差的限差为 $\pm20\sqrt{L}\mathrm{mm}$（$L$ 为路线总长，以km计）。如满足要求，将闭合差反号按与测段长度成正比例的法则分配到各段高差中，然后计算各水准点的高程。

### （三）三、五等水准测量

三等水准测量一个测站上的观测程序为后（黑）—前（黑）—前（红）—后（红）；五等水准测量观测程序为后—后—前—前。记录计算与四等水准基本相同，仅观测限差不同。

# 第八章　工程地质与测绘的新技术与新方法

## 第一节　“3S”技术在工程地质测绘中的应用

### 一、“3S”技术的定义和特点

“3S”是遥感（Remote Sensing，RS）、全球定位系统（Global Positioning System，GPS）和地理信息系统（Geographic Information System，CIS）的缩写，是空间技术、传感器技术、卫星定位与导航技术和计算机技术、通信技术相结合，多学科高度集成的对空间信息进行采集、处理、管理、分析、表达、传播和应用的现代信息技术的总称。

RS是20世纪60年代蓬勃发展起来的空间探测技术。其含义为遥远的感知，是指观测者不与目标物直接接触，从高空或外层空间接收来自地球表层各类地物的电磁波信息，并通过扫描、摄影、传输和处理，识别目标物属性（大小、形状、质量、数量、位置和种类等）的现代综合技术。遥感技术是指对目标物反射、发射和散射来的电磁波信息进行接收、记录、传输、处理、判读与应用的方法与技术。

遥感技术可用于植被资源调查、气候气象观测预报、作物产量估测、病虫害预测、环境质量监测、交通线路网络与旅游景点分布等方面。例如，在大比例尺的遥感图像上，可以直接统计滑坡的数量、长度、宽度、分布形式，找出其与民房、公路、河流的关系，求出相关系数，并结合降雨、水位变化等因数，估算滑坡的稳定性与危险性。同样，遥感图像能反映水体的色调、灰阶、形态、纹理等特征的差别，根据这些影像，一般可以识别水体的污染源、污染范围、面积和浓度。

GPS由空间星座、地面控制和用户设备等三部分构成。GPS测量技术能够快速、高效、准确地提供点、线、面要素的精确三维坐标以及其他相关信息，具有全天候、高精度、自动化、高效益等显著特点，被广泛应用于军事、民用交通导航、大地测量、摄影测量、野外考察探险、土地利用调查及日常生活等不同领域。

GIS是一个专门管理地理信息的计算机软件系统，它不但能分门别类、分级分层地管理各种地理信息；还能将它们进行各种组合、分析，以及查询、检索、修改、输出和更新等。

GIS还有一个特殊的"可视化"功能，通过计算机屏幕把所有的信息逼真地再现到地图上，成为信息可视化工具，清晰直观地表现出信息的规律和分析结果，同时，还能在屏幕上动态地监测信息的变化。

GIS具有数据输入、预处理功能、数据编辑功能、数据存储与管理功能、数据查询与检索功能、数据分析功能、数据显示与结果输出功能、数据更新功能。通俗地讲，GIS是信息的"大管家"。GIS技术现已在资源调查、数据库建设与管理、土地利用及其适宜性评价、区域规划、生态规划、作物估产、灾害监测与预报等方面得到了广泛应用。

## 二、RS的应用

### （一）遥感技术的意义和特点

遥感技术包括航空摄影技术、航空遥感技术和航天遥感技术，它们所提供的遥感图像视野广阔、形象逼真、信息丰富，因而可应用于地质研究。一些发达的工业化国家，已使用RS技术提供的图像进行地籍测量工作。特别是利用航空摄影遥感图像，采用航测方法测绘地籍图，比采用平板仪图解测绘地籍图，具有质量好、速度快、经济效益高且精度均匀的优点。并可用数字航空摄影测量方法，提供精确的数字地籍数据，实现自动化成图。同时，为建立地籍数据库和GIS提供广阔的前景。我国自开始大规模的地籍测量以来，测绘工作者利用遥感图像进行地籍测量实践，取得了一定的成果。实践证明，航测法地籍测量无论在地籍控制点、界址点的坐标测定，还是在地籍图细部测绘中都可满足《地籍调查规程》(TD/T1001—2012) 的规定，它能加速地质调查、减少地面测绘的工作量，提高测绘精度和填图质量。

遥感技术一般在勘察初期阶段的小、中比例尺工程地质测绘中应用，主要工作是解译遥感图像资料。不同遥感图像的比例尺大小为：航空照片（简称航片）1：25000~1：100000；卫星遥感图片（简称卫片）不同时间多波段的 1：250000~1：500000。黑白相片和假彩色合成或其他增强处理的图像，一般于测绘工作开始之前，在搜集到的遥感图像上进行目视解译（此时应结合所搜集到的区域地质和物探资料等进行），勾画出地质草图，以指导现场踏勘。通过踏勘，可以起到在野外验证解译成果的作用。在测绘过程中，遥感图像资料可用来校正所填绘的各种地质体和地质现象的位置和尺寸，或补充填图内容，为工程地质测绘提供确切的信息。

各种地质体和地质现象主要依靠解译标志进行目视解译。所谓解译标志，指的是具有地质意义的光谱信息和几何信息，如目标物的色调、色彩、形状、大小、结构、阴影等图像特征。由于各种解译目标的物理/化学属性不同，所以具有不同的解译标志组合。此外，不同的遥感图像资料解译依据也不相同。航片的比例尺一般较大，主要依据目标物的几何特征解译；卫片则很难分辨出目标物的几何特征，主要依据其光谱信息解译。热红外图像记录的是地面物体间热学性质的差别，其解译标志虽然与前两者一样，但含义不同。在对航片进行解译时，一般要做立体观察，以提高解译效果，即利用航空立体镜对航片做立体像观察，以获得直观的三维光学立体模型。

### （二）工程地质条件的目视解译方法

#### 1. 地层岩性

地层岩性目视解译的主要内容，是识别不同的岩性（或岩性组合）和圈定其界线；推断各岩层的时代和产状，分析各种岩性在空间上的变化、相互关系以及与其他地质体的关系。岩性地层单位的分辨程度和划分的粗细程度，取决于图像分辨率的高低、岩性地层单位之间波谱特征的差异程度、图形特征反差大小以及它们的出露程度。由于航片的分辨率高，所以它识别岩性地层单位的效果通常较卫片要好。实践证明：岩类分布面积广、岩类间的色调和性质差异大，容易识别解译。反之，则难以识别解译。

地层岩性的影像特征，主要表现为色调（色彩）和图形两个方面。前者反映了不同岩类的波谱特征，后者是区分不同岩类的主要形态标志。不同颜色、成分和结构构造的岩性，由于反射光谱的能力不同，其波谱特征就有差异。同一岩性遭受风化情况不同，它的波谱特征也有一定变化。因此可以根据不同岩性的波谱特征的规律来识别它们。不同岩类的空间产状形态和构造类型各有特色，并在遥感图像上表现为不同类型和不同规模的图形。因此可以依据图形特征识别不同的岩类。

岩性地层目视解译前，首先要将解译地区的第四系松散沉积物圈出来，其次划分三大岩类的界线，最后详细解译各种岩性地层。利用航片识别第四系松散沉积物的成因类型并确定其与基岩的分界线是比较容易的，但要详细划分岩性则比较困难。由于它与地形地貌关系密切，所以可以结合地形地貌的研究确定沉积物的类型。沉积岩类普遍适用的解译标志是层理所造成的图像，一般都具有直线的或曲线的条带状图形特征，其岩性差异则可以通过不同的色调反映出来。岩浆岩类的波谱特征有明显规律可循。一般情况下，超基性、基性岩浆岩反射率低，它们在遥感图像上多呈深色调或深色彩；而中性、酸性岩浆岩则反射率中等至偏高，因此图色调或色彩较浅。与周围的围岩相比，岩浆岩的色调较为均匀。这类岩石在遥感图像上的图形特征：侵入岩常反映出各种形状的封闭曲线；喷发岩的图形特征较复杂。一般喷发年代新的火山熔岩流很容易辨认，而老的火山熔岩解译程度就低，尤其是夹在其他地层中的薄层熔岩夹层，几乎无法解译。变质岩种类繁杂，较上述两大岩类解译效果要差些。一般情况下，色调特征正变质岩与岩浆岩相近，副变质岩与沉积岩和部分喷发岩接近，而图形特征比较复杂，解译时应慎重。

**2. 地质构造**

利用遥感图像解译和分析地质构造效果较好。一般来说，利用卫片可观察到巨型构造的形象，而航片解译中，小型构造形迹效果较好。

地质构造目视解译的内容，主要包括岩层产状、褶皱和断裂构造、火山机制、隐伏构造、活动构造、线性构造和环状构造等，以及区域构造的分析。

下面简要讨论与工程地质测绘关系较密切的内容。

由沉积岩组成的褶皱构造，在遥感图像上表现为色调不一的平行条带状，或是圆形、椭圆形及不规则环带状。尤其当褶皱范围内岩层露头较好、岩性差异较大时，尤为醒目。但是，水平岩层和季节性干涸的湖泊边缘有时也会出现圈闭的环形图像，解译时需注意区别。褶皱构造依图形特征，可分为平缓的、紧闭的、箱状的和梳状的等。

在构造变动强烈的地区，由于构造遭受破坏，识别时较为困难，须借助其他的解译标志。由新构造活动引起的大面积穹状隆起的平缓褶皱，较难识别，这时可利用水系分析标志解译。在确定了褶皱存在之后，就要进一步解译背斜或向斜。这方面的解译标志较多，可参阅相关文献。

断裂构造是一种线性构造。所谓线性构造，指的是遥感图像上与地质作用有关或受地质构造控制的线性影像。线性构造较之岩性地层和褶皱的解译效果要好些。在遥感图像上影像越明显的断裂，其年代可能越新，所以在航（卫）片上可以直接解译活动断裂。断裂构造也主要借助于图形和色调两类标志来解译。形态标志较多，可分为直接标志和间接标志两种。

在遥感图像上地质体被切断、沉积岩层重复或缺失以及破碎带的直接出露等，可作为直接解译标志。间接解译标志则有线性负地形、岩层产状突变、两种截然不同的地貌单元相接、地貌要素错开、水系变异、泉水（温泉）和不良地质现象呈线性分布等。断裂构造色调解译标志远不如形态解译标志作用明显，一般只能作为间接标志。因为引起色调差异的原因很多，有不少是非构造因素造成的，解译时应慎重。由于活动断裂都是控制和改造构造地貌和水系格局的，因此在遥感图像上仔细研究构造地貌和水系格局及其演变形迹，可以揭示这类断裂。此外，松散沉积物掩盖的隐伏断裂也可以通过综合分析水系和地貌特征以及色调变化等来识别。

**3. 水文地质**

水文地质解译内容主要包括控制水文地质条件的岩性、构造和地貌要素，以及植被、地表水和地下水天然露头等现象。解析时，如果能利用不同比例尺的遥感图像进行研究对比，可以取得较好的效果。尤其是大的褶皱和断裂构造，应先进行卫片和小比例尺航片的解译，然后进行大比例尺航片的解译。进行水文地质解译时采用旱季摄影的航片效果更好。

利用航片进行地下水天然露头（泉、沼泽等）解译，所编制的地下水露头分布图效用较大。据此图可确定地下水出露位置，描述附近的地形地貌特征、地下水出露条件、涌水状况及大致估测涌水量大小，并可进一步推断测绘区含水层的分布、地下水类型及埋藏条件。

实践证明，红外摄影和热红外扫描图像对水文地质解译效用独特。由于水的热容量大，保温作用强，因此有地下水与周围无地下水的地段、地下水埋藏较浅与周围地下水埋藏较深的地段，都存在温度差别（季节温差及昼夜温差）。利用红外摄影和热红外扫描对温度的高分辨率（0.1~0.01℃），可以寻找浅埋地下水的储水构造场所（如充水断层、古河道潜水），探查岩溶区的暗河管道、库坝区的集中渗漏通道等。此外，利用红外摄影和热红外扫描图像还可探查地下水受污染的范围。

**4. 地貌和不良地质**

在工程地质测绘中，一般采用大比例尺卫片（1∶250000）和航片来解译地貌和不良地质现象。

地貌和不良地质现象的遥感图像解译，历来为从事岩土工程和工程地质的工程技术人员所重视，因为这两项内容解译效果最为理想，而且可以揭示其与地层岩性、地质构造之间的内在联系，为之提供良好的解译标志。地貌解译应与第四系松散沉积物解译结合进行。地貌解译还可提供地下水分布的有关资料。从工程实用性讲，地貌和不良地质现象的解译，可直接为工程选址、地质灾害防治等提供依据，所以在城镇、厂矿、道路和水利工程勘察的初期阶段必须进行。

地貌和不良地质现象的发展演化过程往往比较快，因此利用不同时期的遥感图像进行对比研究效果更好，可以对其发展趋势以及对工程的不良影响程度做初步评价。对各种地貌形态和不良地质现象的具体解译内容和方法，这里不再论述，可参阅有关文献。

### （三）遥感地质工作的程序和方法

遥感地质作为一种先进的地质调查工作方法，其具体工作大致可划分为准备工作，初步解译，野外调查，室内综合研究、成图与编写报告等阶段。现将各阶段工作内容和方法简要论述如下。

**1. 准备工作阶段**

本阶段的主要任务，是做好遥感地质调查的各项准备工作和制订工作计划。主要的工作内容是搜集工作区各类遥感图像资料和地质、气象、水文、土壤、植被、森林以及不同比例尺的地形图等各种资料。搜集的遥感图像数量，同一地区应有 2~3 套，一套制作镶嵌略图，一套用于野外调绘，一套用于室内清绘。应准备好有关的仪器、设备和工具。制订具体工作计划时，选定工作重点区，提出完成任务的具体措施。

**2. 初步解译阶段**

遥感图像初步解译是遥感地质调查的基础。室内的初步解译要依据解译标志，结合前人地质资料等，编制解译地质略图。如果有条件，应利用光学增强技术来处理遥感图像，以提高解译效果。解译地质略图是本阶段的工作成果，利用它来选择野外踏勘路线和实测剖面位置，并提出重点研究地段。

**3. 野外调查阶段**

此阶段的主要工作是踏勘和现场检验。踏勘工作应先期进行，其目的是了解工作区的自然地理、经济条件和地质概况。踏勘时携带遥感图像，以核实各典型地质体和地质现象在相片上的位置，并建立它们的解译标志。需要选择一些地段进行重点研究，并实测地层剖面。现场检验工作的主要内容，是全面检验和检查解译成果，在一定间距内穿越一些路线，采集必要的岩土样和水样。此期间一定要加强室内整理。本阶段工作可与工程地质测绘野外作业同时进行，遥感解译的现场检验地质观测点数，宜为工程地质测绘观测点数的 30%~50%。

**4. 室内综合研究、成图与编写报告阶段**

这一阶段的任务，是最后完成各种正式图件，编写遥感地质调查报告，全面总结测区内各地质体和地质现象的解译标志、遥感地质调查的效果及工作经验等。首先，应将初步解译、野外调查和其他方法所取得的资料，集中转绘到地形图上，然后进行图面结构分析。其次，对图中存在的问题及图面结构不合理的地段，要进行修正和重新解译，以求得确切的结果。必要时要野外复验或进行图像光学增强处理等，直至整个图面结构合理为止。与各项资料核对无误后，便可定稿和清绘图件。最后，根据任务要求编写遥感地质调查报告，附以遥感图像解译说明书和典型图册等资料。

## 三、GPS 的应用

随着 GPS 的不断成熟和完善，其在工程测绘领域得到广泛运用。测绘界已普遍采用了 GPS 技术，极大地提高了测绘工作效率和控制网布设的灵活性。

### （一）GPS 定位原理与方法

#### 1. 定位原理

（1）伪距定位测量

接收机利用相关分析原理测定调制码由卫星传播至接收机的时间，再乘以电磁波传播的速度，便得到卫星到接收机之间的距离。由于所测距离受到大气延迟和接收机时钟与卫星时钟不同步的影响，它不是真正星站间的几何距离，被称为“伪距”。通过对四颗卫星同时进行“伪距”测量，即可解算出接收机的位置。

（2）载波相位测量

载波相位测量是把接收到的卫星信号和接收机本身的信号混频，得到混频信号，再进行相位差测量。根据相位差和载波信号的波长，可以解算出各卫星到接收机的“伪距”，对四颗卫星同时进行“伪距”测量，即可解算出接收机的位置。

#### 2. 定位方法

（1）按定位模式不同，GPS 定位方法可分为绝对定位和相对定位

绝对定位，又称单点定位，即在协议地球坐标系中，确定观测站相对地球质心的位置。在一个待测点上，用一台接收机独立跟踪 GPS 卫星，测定待测点（天线）的绝对坐标。由于单点定位受卫星星历误差、大气延迟误差等影响，其定位精度较低，一般为 25～30m。

相对定位，即在协议地球坐标系中，确定观测站与某一地面参考点之间的相对位置。相对定位是用两台或多台接收机在各个测点上同步跟踪相同的卫星信号，求定各台接收机之间的相对位置（三维坐标或基线矢量）的方法。只要给出一个测点（可以是某已知固定点）的坐标，其余各点的坐标即可求出。由于各台接收机同步观测相同的卫星，卫星钟的钟误差、卫星星历误差和卫星信号在大气中的传播误差等几乎相同，在解算各测点坐标时，可以通

过做差有效地消除或大幅度削弱上述误差，从而提高定位精度，其相对定位精度可达 $5mm+1\times10^{-6}D$。

（2）按接收机天线所处的状态，GPS 定位方法又可分为静态定位、动态定位

静态定位：定位过程中用户的接收机天线（待定点）相对于地面，处于静止状态。

动态定位：定位过程中用户的接收机天线（待定点）相对于地面，处于运动状态。在 GPS 动态定位中引入了相对定位方法，即将一台接收机设置在基准站上固定不动，另一台接收机安置在运动的载体上，两台接收机同步观测相同的卫星，通过观测值求差，消除具有相关性的误差，以提高观测精度。而运动点位置是通过确定该点与基准站的相对位置实现的，这种方法被称为差分定位，目前被广泛应用。

## （二）GPS 在工程测绘中的应用原理

GPS 采用交互定位的原理。已知几个点的距离，则可求出未知点所处的位置。对 GPS 而言，已知点是空间的卫星，未知点是地面某一移动目标。卫星的距离由卫星信号传播时间来测定，将传播时间乘上光速可求出距离：$R = vt$。其中，无线电信号在空气中的传播速度略小于光速，我们认为 $V = 3 \times 10^8 m/s$，卫星信号传到地面时间为 $t$（卫星信号传送到地面大约需要 0.06s）。最基本的问题是要求卫星和用户接收机都配备精确的时钟。由于光速很快，要求卫星和接收机相互间同步精度达到纳秒级，而接收机使用石英钟，测量时会产生较大的误差，不过也意味着在通过计算机后可被忽略。这项技术已经用惯性导航系统（Inertial Navigation System，INS）增强而开发出来了。工程中要测量的地图或其他种类的地貌图，只需让接收机在要制作地图的区域内移动并记录一系列的位置便可得到。

## （三）GPS 在工程测绘上的应用

GPS 的出现给测绘领域带来了根本性的变革，具体表现为在工程测量方面，GPS 定位技术以其精度高、速度快、费用少、操作简便等优良特性被广泛应用于工程控制测量中。时至今日，可以说 GPS 定位技术已完全取代了用

常规测角、测距手段建立的工程控制网。在工程测量领域，GPS 定位技术正在发挥其巨大作用。例如，利用 GPS 可进行各级工程控制网的测量、精密工程测量和工程变形监测、机载航空摄影测量等。在灾害监测领域，GPS 可用于地震活跃区的地震监测、大坝监测、油田下沉、地表移动和沉降监测等，此外还可用来测定极移和地球板块的运动。

#### 1. GPS 技术在地籍控制测量中的应用

GPS 卫星定位技术的迅速发展，给测绘工作带来了革命性的变化，也对地籍测量工作，特别是地籍控制测量工作带来了巨大的影响。应用 GPS 进行地籍控制测量，点与点之间不要求互相通视，避免了常规地籍测量控制时，控制点位选取的局限条件，并且布设成 GPS 网状结构对 GPS 网精度的影响也甚小。由于 GPS 技术具有布点灵活、全天候观测、观测及计算速度快和精度高等优点，其在国内各省市的城镇地籍控制测量中得到广泛应用。

利用 GPS 技术进行地籍控制测量具有如下优点：

（1）它不要求通视，避免了常规地籍控制测量点位选取的局限条件。

（2）没有常规三角网（锁）布设时要求近似等边及精度估算偏低时应加测对角线或增设起始边等烦琐要求，只要使用的 GPS 仪器精度与地籍控制测量精度相匹配，控制点位的选取符合 GPS 点位选取要求，所布设的 GPS 网精度就完全能够满足地籍规程要求。

由于 GPS 技术不断改进和完善，其测绘精度、测绘速度和经济效益都大大地优于常规控制测量技术。目前，常规静态测量、快速静态测量、RTK 技术和网络 RTK 技术已经逐步取代常规的测量方式，成为地籍控制测量的主要手段。边长大于 15km 的长距离 GPS 基线矢量，只能采取常规静态测量方式。边长为 10~15km 的 GPS 基线矢量，如果观测时刻的卫星很多，外部观测条件好，可以采用快速静态 GPS 测量模式；如果是在平原开阔地区，可以尝试 RTK 模式。边长小于 5km 的一级、二级地籍控制网的基线，优先采用 RTK 方法，如果设备条件不能满足要求，可以采用快速静态定位方法。边长为 5~10km 的二等、三等、四等基本控制网的 GPS 基线矢量，优先采用 GPS 快速静态定位的方法；设备条件许可和外部观测环境合适，可以使用 RTK 测量模式。

#### 2. 利用 GPS 技术布设城镇地籍基本控制网

在大城市中，一般已经建立城市控制网，并且已经在此控制网的基础上做了大量的测绘工作。但是，随着经济建设的迅速发展，已有控制网的控制范围和精度已不能满足要求，为此，迫切需要利用 GPS 技术来加强和改造已有的控制网作为地籍控制网。

（1）由于 GPS 技术的不断改进和完善，其测绘精度、测绘速度和经济效益，都大大地优于目前的常规控制测量技术，GPS 定位技术可作为地籍控制测量的主要手段。

（2）边长小于 8～10km 的二等、三等、四等基本控制网和一级、二级地籍控制网的 GPS 基线矢量，都可采用 GPS 快速静态定位的方法。试验分析与检测证明，应用 GPS 快速静态定位方法，施测一个点只需几十秒到几分钟，最多十几分钟，精度可达到 1～2cm，完全可以满足地籍控制测量的需求，可以大大减少观测时间和提高工作效率。

（3）建立 GPS 定位技术布测城镇地籍控制网时，应与已有的控制点进行联测，联测的控制点不能少于 2 个。

**3. GPS 技术在地籍图测绘中的应用**

地籍碎部测量和土地勘测定界（含界址点放样）工作主要是测定地块（宗地）的位置、形状和数量等重要数据。

由《地籍调查规程》（TD/T1001—2012）可知，在地籍平面控制测量基础上的地籍碎部测量，对于城镇街坊外围界址点及街坊内明显的界址点，间距允许误差±10cm，城镇街坊内部隐蔽界址点及村庄内部界址点，间距允许误差±15cm。在进行土地征用、土地整理、土地复垦等土地勘测定界工作中，相关规程规定测定或放样界址点坐标的精度为：相对邻近图根点点位中误差及界址线与邻近地物或邻近界线的距离中误差不超过±10cm。因此，利用 RTK 测量模式能满足上述精度要求。

此外，利用 RTK 技术进行勘测定界放样，能降低解析法等放样方法的复杂性，同时也简化了建设用地勘测定界的工作程序，特别是对公路、铁路、河道和输电线路等线性工程和特大型工程的放样更为有效和实用。

RTK 技术使精度、作业效率和实时性达到了最佳融合，为地籍碎部测量提供了一种崭新的测量方式。现在，许多土地勘测部门都购置了具有 RTK 功能的 GPS 接收系统和相应的数据处理软件，并且取得十分显著的经济效益和社会效益。

### （四）GPS 测量的特点

GPS 可为各类用户连续提供动态目标的三维位置、三维速度及时间信息。

GPS 测量的特点如下：

（1）功能多、用途广。GPS 系统不仅可以用于测量、导航，还可以用于测速、测时。

（2）定位精度高。在实时动态定位（Real Time Differential，RTD）和实时动态差分定位（Real Time Kinematic，RTK）方面，定位精度可达到厘米级和分米级，能满足各种工程测量的要求。

（3）实时定位。利用全球定位系统进行导航，即可实时确定运动目标的三维位置和速度，实时保障运动载体沿预定航线运行，亦可选择最佳路线。

（4）观测时间短。利用 GPS 技术建立控制网，可缩短观测时间，提高作业效益。

（5）观测站之间无须通视。GPS 测量时测站 150m 以上的空间视野开阔，与卫星保持通视即可，并不需要观测站之间相互通视。

（6）操作简便，自动化程度很高。GPS 用户接收机一般重量较轻、体积较小、自动化程度较高，野外测量时仅“一键”开关，携带和搬运都很方便。

（7）可提供全球统一的三维地心坐标。在精确测定观测站平面位置的同时，可以精确测量观测站的大地高程。

（8）全球全天候作业。GPS 卫星较多，且分布均匀，保证了全球地面被连续覆盖，在地球上任何地点、任何时候都可进行观测工作。

### （五）GPS 测量的实施

GPS 测量实施的工作程序可分为技术设计、选点与建立标志、外业观测、成果检核与数据处理等几个阶段。

#### 1. 技术设计

技术设计的主要内容包括精度指标的确定和网的图形设计等。精度指标通常以网中相邻点之间的距离误差来表示，它的确定取决于网的用途。

网形设计是根据用户要求，确定具体网的图形结构。根据使用的仪器类型和数量，基本构网方法有点连式、边连式、网连式和混连式 4 种。

### 2. 选点与建立标志

GPS 测量观测站之间不要求通视，而且网的图形结构比较灵活，故选点工作较常规测量简便。但 GPS 测量又有其自身的特点，因此，选点时应满足如下要求：点位应选在交通方便、易于安置接收设备的地方，且视野要开阔；GPS 点应避开对电磁波接收有强烈吸收、反射等干扰影响的金属和其他障碍物，如高压线、电台、电视台、高层建筑和大范围水面等。点位选定后，按要求埋设标石，并绘制点位。

### 3. 外业观测

外业观测包括天线安置和接收机操作。观测时天线需安置在点位上，工作内容有对中、整平、定向和量天线高。由于 GPS 接收机的自动化程度很高，一般仅需按几个功能键（有的甚至只需按一个电源开关键）就能顺利地完成测量工作。观测数据由接收机自动记录，并保存在接收机存储器中，供随时调用和处理。

### 4. 成果检核与数据处理

按照《全球定位系统（GPS）测量规范》（GB/T 18314—2009）要求，应对各项观测成果严格检查、检核，确保准确无误后，方可进行数据处理。由于 GPS 测量信息量大、数据多，采用的数学模型和解算方法有很多种，在实际工作中，一般是应用电子计算机通过一定的计算程序来完成数据处理工作的。

## 四、GIS 的应用

### （一）GIS 的概念

地理信息系统（GIS），是在计算机硬件、软件系统支持下，对现实世界（资源与环境）各类空间数据及描述这些空间数据特性的属性进行采集、储存、管理、运算、分析、显示、描述和综合分析应用的技术系统，它作为集计算机科学、地理学、测绘遥感学、环境科学、城市科学、空间科学、信息科学和管理科学为一体的新兴边缘学科而迅速地兴起和发展起来。GIS 中“地理”的概念并非指地理学，而是广义地指地理坐标参照系统中的坐标数据、属性数据以及以此为基础而演绎出来的知识。GIS 具有公共的地理定位基础、标准化和数字化、多重结构和丰富的信息量等特征。

## （二）GIS 的功能

从应用的角度，GIS 由硬件、软件、数据、人员和方法五部分组成。硬件和软件为 GIS 建设提供环境；硬件主要包括计算机和网络设备，储存设备，数据输入、显示和输出的外围设备等。GIS 软件的选择，直接影响其他软件的选择，影响系统解决方案，也影响着系统建设周期和效益。数据是 GIS 的重要内容，也是 GIS 的灵魂和生命。

数据组织和处理是 GIS 应用系统建设中的关键环节。方法为 GIS 建设提供解决方案，采用何种技术路线，何种解决方案来实现系统目标，方法的采用会直接影响系统性能，影响系统的可用性和可维护性。人员是系统建设中的关键和能动性因素，直接影响和协调其他几个组成部分。

GIS 的功能包括数据的输入、储存、编辑，运算，数据的查询、检查，分析，数据的显示、结果的输出，数据的更新。

### 1. 数据的输入、储存、编辑

任何方式的 GIS 必须对多种来源的信息，各种形式的信息（影响、图形、数字、文档）实现多种方式（人工、自动、半自动）的数据输入，建立数据库。数据的输入是把外部的原始数据输入系统内部，将这些数据从外部格式转化为计算机系统便于处理的内部格式。数据的储存是将输入的数据以某种格式记录在计算机内部或外部储存介质上。数据的编辑功能为用户提供了修改、增加、删除、更新数据的可能。

### 2. 运算

运算是为满足用户的各种查询条件或必需的数据处理而进行的系统内部操作。

### 3. 数据的查询、检查

数据的查询、检查是用户采用多种查询方式从数据库数据文件或贮存装置中查找和选取所需的数据。

### 4. 分析

分析功能满足用户分析评价有关问题的需求，为管理决策提供依据，可通过在操作系统的运算功能支持中建立专门的分析软件来实现，GIS 分析功能的强弱不仅决定了系统在实际应用中的灵活性和经济效益，也是判断系统本身好坏的重要标志。

5. 数据的显示、结果的输出

数据显示是中间处理过程和最终结果的屏幕显示，包括数字化与编辑以及操作分析过程的显示，如显示图形、图像、数据等。

6. 数据更新

由于某些数据不断在变化，GIS 必须具备数据更新的功能，数据更新是 GIS 建立数据的时间序列，满足动态分析的前提。

### （三）GIS 的建立

GIS 的建立应当采用系统工程的方法，从以下 6 个方面进行。

1. 地理信息系统工程的目标

根据客户的需要，确立系统的目标使用所需的各种资源，按一定的结果框架，设计、组织形成一个满足客户要求的 GIS。应在充分调研的基础上，分析客户的要求，将其形成文字，GIS 的目标是整个工程建设的基础。

2. GIS 工程的数据流程与工作流程

（1）GIS 的空间数据流程包括数据规范与信息源选择，数据的获得和标准化预处理，数据输入与数据库建库，数据管理，数据的处理、分析与应用，成果的输出与提供服务。

（2）GIS 工程的工作流程。一个实用系统的工作流程分为四部分。前期准备：立项、调研、可行性分析、用户要求分析；系统设计：总体设计、标准集的产生、系统详细设计、数据库设计；施工：软件开发、建库、组装、试运行、诊断；运行：系统交付使用和更新。

3. GIS 的实体框架

系统的实体框架是由系统的核心数据库和应用子系统构成。子系统可以有多个，它也是一个系统，子系统还可以分成更细一级的子系统，每个子系统都有其自身的目标、边界、输入、输出、内部结构和各种流程。

4. GIS 的运行环境

GIS 运行的环境选择应：

（1）最大限度地满足用户的工作要求。

（2）在保证实现系统功能的前提下，尽可能降低资金的投入。

（3）考虑一定时期内技术的相对先进性以及软硬件的相互兼容性。

硬件的配置应选择性能价格比较高、维护性好、可靠性高、硬件的运行速度及容量满足系统用户的要求、便于扩展、硬件商有高的技术实力和好的售后服务。

软件配置包括其他软件和供用户进行二次开发的 GIS 基本软件。

#### 5. GIS 的标准

为确保 GIS 中的各数据库和子系统数据分类，编码及数据文件命名的系统性、唯一性，保证本系统与后继系统以及省内或国内外其他信息系统的联网，实现系统相互兼容，信息共享，GIS 的设计必须充分考虑到工程的技术标准，对规范化、标准化原则予以重视，在遵守已有国家标准、行业标准、地方标准的情况下，还应根据系统本身的需要制定必要的标准、规则与规定。

#### 6. GIS 的更新

GIS 是在动态中进行的，应在设计阶段充分考虑系统的更新，确保系统具有旺盛的生命力，满足不同阶段客户和社会的需要。

系统的更新包括硬件更新、软件更新、运行数据更新、模型更新、日常维护的技术人员知识更新等。

### （四）GIS 在我国勘察行业中的应用

MAPGIS 工程勘察 GIS 信息系统，旨在利用 GIS 技术对以各种图件、图像、表格、文字报告为基础的单个工程勘察项目或区域地质调查成果资料以及基本地理信息，进行一体化存储管理，并在此基础上进行二维地质图形生成及分析计算，利用钻孔数据建立区域三维地质结构模型，采用三维可视化技术直观、形象地表达区域地质构造单元的空间展布特征以及各种地质参数，建立集数字化、信息化、可视化为一体的空间信息系统，为相关部门提供有效的工程地质信息和科学决策依据。系统主要由以下几个功能模块组成。

#### 1. 数据管理

数据管理子系统主要实现对地理底图、工程勘察所获取的资料和成果的录（导）入、转换、编辑、查询等功能。

（1）数据建库

①地理底图库：可用数字化仪输入、扫描输入、GPS 输入、全站仪输入和文件转换输入，采用海量数据库进行管理。

②工程勘察数据库：可用直接导入、手工输入、数据转换（支持属性类数据的批量导入）等多种方法录入，利用大型商用数据库进行管理。

（2）数据管理查询功能

①提供与钻孔相关的试验表类属性数据与图形数据的关联存储管理功能。

②提供对各种三维地质模拟结果、成果资料的存储管理。

③提供与钻孔相关的各种基本信息及试验结果等属性信息的查询。

④提供对多种成果图件及统计分析表单等系统资料的查询。

⑤对数据的统计功能。

**2. 工程地质分析及应用**

（1）生成与钻孔相关的钻孔平面布置图、土层柱状图、岩石柱状图和工程地质剖面图。

（2）生成各种等值线（彩色、填充），包括地层等值线（层顶、层底、层厚）、第四纪土等值线（层底、层厚）、基岩面等值线、地下水位等值线及其他等值线等。

（3）生成各种试验曲线图，包括单桥静探曲线图、双桥静探曲线图、动力触探曲线图、波速曲线、十字板剪切试验曲线、孔压静力触探曲线图、三轴压缩试验曲线图、塑性图、e-p 关系曲线、土的粒径级配曲线、直剪试验曲线图等。

（4）与办公自动化 OA 系统的完美结合：根据工程勘察所获的数据自动生成工程勘察报告。

**3. 三维地质结构建模可视化**

（1）快速、准确地建立三维地质结构模型。系统根据用户选定的分析区域内的钻孔分层数据自动建立起表达该区域地质构造单元（地层）空间展布特征的三维地质模型；对于地质条件比较复杂的区域，可通过用户自定义剖面干预建模，处理夹层、尖灭、透镜体等特殊地质现象。

（2）三维可视化表现功能。系统提供如下模型显示、表现功能：

①对三维模型的放大（开窗放大）、缩小，实时旋转、平移、前后移动等三维窗口操作功能，支持鼠标和键盘两种操作方式。

②钻孔数据的多种三维表现形式。

③对钻孔数据立体散点表现形式及立体管状表现形式。

④三维地质模型与钻孔数据的组合显示。可对某些感兴趣的地层进行单独显示和分析。

（3）三维可视化分析功能：

①任意方向切割模型。

②立体剖面图生成。

③三维空间量算功能。

**4. 成果生成与输出**

（1）资料图件输出。输出指定范围内已有资料中的多种基础平面图，包括本区基础地理底图、水系分布图、地貌分区图、地质图、基岩地质图、水文地质图、工程地质图等。

（2）表格数据输出。提供对各类表格数据、报表的输出。

（3）平面成果图件生成：

①生成与钻孔相关的钻孔平面布置图、柱状图、剖面图。

②生成各种等值线（彩色、填充），包括地层等值线（层顶、层底、层厚）、第四纪土等值线（层底、层厚）、基岩面等值线等。

（4）三维地质模拟结果输出：

①立体剖面栅状图。

②针对三维地质模型的空间分析、量算结果。

③三维地质模型静态效果图。

④三维地质模型漫游动画。

## 第二节　地面三维激光扫描技术在水利工程领域的应用

### 一、地面三维激光扫描技术基本概念

激光的英文“Laser”是 Light Amplification by the Stimulated Emission of Radiation（受激辐射光放大）的缩写，它是 20 世纪重大的科学发现之一，具有方向性好、亮度高、单色性好、相干性好的特性。自产生以来，激光技术得到了迅猛的发展，激光应用的领域也在不断拓展。目前，激光已广泛用于医疗保健、机械制造、大气污染物的监测等领域，常被用于振动、速度、长

度、方位、距离等物理量的测量。

伴随着激光技术和电子技术的发展，激光测量也已经从静态的点测量发展到动态的跟踪测量和三维测量。20 世纪末，美国的 CYRA 公司和法国的 MENSI 公司率先将激光技术运用到三维测量领域。三维激光测量技术的产生为测量领域提供了全新的测量手段。

三维激光扫描测量，常见的英文翻译有“Light Detection and Ranging”（LiDAR）、“Laser Scanning Technology”等。雷达是通过发射无线电信号，在遇到物体后返回并接收信号，对物体进行探查与测距的技术，英文为“Radio Detection and Ranging”，简称为“Radar”，译成中文就是“雷达”。由于 LiDAR 和 Radar 的原理是一样的，只是信号源不同，又因为 LiDAR 的光源一般都采用激光，所以一般将 LiDAR 译为“激光雷达”，也称为激光扫描仪。

激光雷达具有一系列独特的优点：极高的角分辨率、极高的距离分辨率、速度分辨率高、测速范围广、能获得目标的多种图像、抗干扰能力强、比微波雷达的体积和重量小等。但是，激光雷达的技术难度很高，至今尚未成熟。激光雷达仍是一项发展中的技术，有些激光雷达系统已经处于试用阶段，但更多激光雷达系统仍在研制或探索之中。

由原国家测绘地理信息局发布的《地面三维激光扫描作业技术规程》（CH/Z 3017—2015）（以下简称《规程》），于 2015 年 8 月 1 日开始实施，对地面三维激光扫描技术（terrestrial three dimensional laser scanning technology）给出了定义：基于地面固定站的一种通过发射激光获取被测物体表面三维坐标、反射光强度等多种信息的非接触式主动测量技术。

三维激光扫描技术又称高清晰测量（High Definition Surveying，HDS），也被称为“实景复制技术”，它是利用激光测距的原理，通过记录被测物体表面大量密集点的三维坐标信息和反射率信息，将各种大实体或实景的三维数据完整地采集到计算机中，进而快速复建被测目标的三维模型及线、面、体等各种图件数据。结合其他领域的专业应用软件，所采集点云数据还可进行各种后处理应用。

三维激光扫描技术是一项高新技术，把传统的单点式采集数据过程转变为自动连续获取数据的过程，由逐点式、逐线式、立体线式扫描逐步发展成为三维激光扫描，由传统的点测量跨越到了面测量，实现了质的飞跃。同时，所获取信息量也从点的空间位置信息扩展到目标物的纹理信息和色彩信息。20世纪末期，测绘领域掀起了三维激光扫描技术的研究热潮，扫描对象越来越多，应用领域越来越广，在高效获取三维信息应用中逐渐占据了主要地位。

## 二、三维激光扫描系统基本原理

### （一）激光测距技术原理与类型

三维激光扫描系统主要由三维激光扫描仪、计算机、电源供应系统、支架以及系统配套软件构成。而三维激光扫描仪作为三维激光扫描系统的主要组成部分，又由激光发射器、接收器、时间计数器、马达控制可旋转的滤光镜、控制电路板、微电脑、CCD相机以及软件等组成。

激光测距技术是三维激光扫描仪的主要技术之一，激光测距的原理主要有脉冲测距法、相位测距法、激光三角测距法、脉冲-相位式测距法四种类型。脉冲测距法与相位测距法对激光雷达的硬件要求高，多用于军事领域。激光三角测距法的硬件成本低，精度能够满足大部分工业与民用要求。目前，测绘领域所使用的三维激光扫描仪主要基于脉冲测距法，近距离的三维激光扫描仪主要采用相位干涉测距法和激光三角测距法。

#### 1. 脉冲测距法

脉冲测距法是一种高速激光测时测距技术。脉冲式扫描仪在扫描时，激光器会发射出单点的激光，记录激光的回波信号（见图8-1）。通过计算激光的飞行时间（Time of Flight，TOF），利用光速来计算目标点与扫描仪之间的距离。

设光速为 $c$ ，待测距离为 $S$ ，测得信号往返传播的时间差为 $\Delta t$ ，具体计算公式为：

$$S=\frac{1}{2}c\cdot\Delta t \tag{8-1}$$

这种原理的测距系统测试距离可以达到几百米到上千米。激光测距系统主要由发射器、接收器、时间计数器、微型计算机组成。此方法也称为脉冲飞行时间差测距，由于采用的是脉冲式的激光源，适用于超长距离的测量，但精度不高。测量精度主要受到脉冲计数器工作频率与激光源脉冲宽度的限制，精度可以达到米数量级，随着距离的增加，精度呈降低趋势。

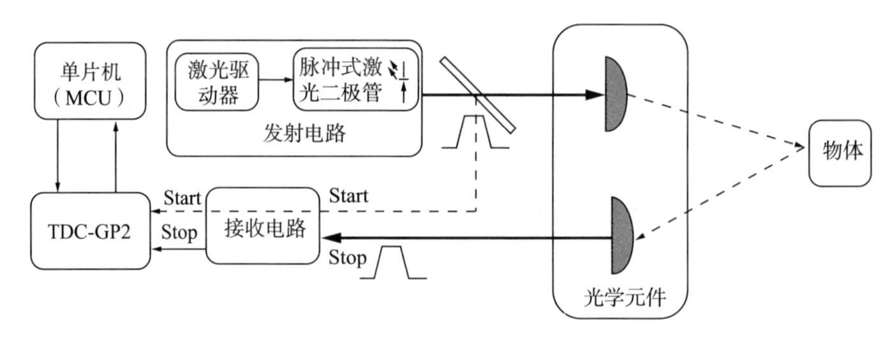


图 8-1　脉冲测距法原理示意图

## 2. 相位测距法

相位测距法的原理是：相位式扫描仪发射出一束不间断的整数波长的激光，通过计算从物体反射回来的激光波的相位差来计算和记录目标物体的距离，如图 8-2 所示。

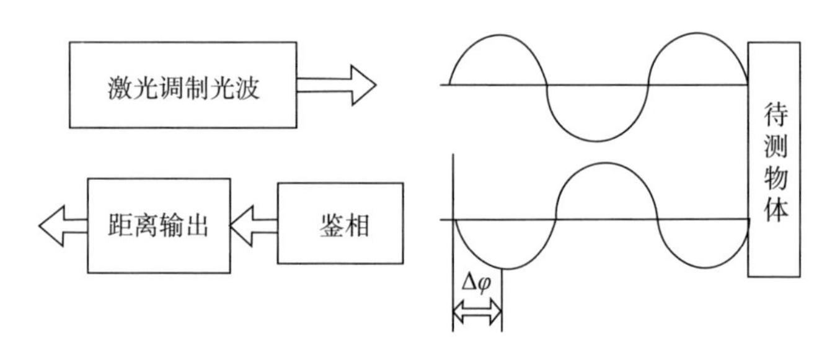


图 8-2　相位测距法原理示意图

根据“飞行时”原理，可推导出所测距离 $D$ 为：

$$D = \frac{1}{2}ct_{2D} = \frac{c}{2f}\left(N + \frac{\Delta\varphi}{2\pi}\right) = \frac{\lambda}{2}(N + \Delta N) \tag{8-2}$$

式（8-2）中，$\lambda/2$ 代表一个测尺长 $u$，$u$ 的含义可以描述为：用长度为 $u$ 的“测尺”去量测距离，量了 $N$ 个整尺段加上不足一个 $u$ 的长度就是所测距离 $D = u(N + \Delta N)$，由于测距仪中的相位计只能测相位值尾数 $\Delta\varphi$ 或 $\Delta N$，不能测其整数值，所以存在多值解。为了求单值解，采用两把光尺测定同一距离，这时 $\Delta N$ 可认为是短测尺（频率高的调制波，又称精测尺）用以保证测距精度，$N$ 可认为是长测尺（频率低的调制波，又称粗测尺）用来保证测程，一般仪器的测相精度为 1%。

相位测量原理主要用于中等距离的扫描测量系统中。扫描距离通常在 100m 内，它的精度可以达到毫米数量级。由于采用的是连续光源，功率一般较低，所以测量范围也较小，测量精度主要受相位比较器的精度和调制信号的频率限制，增大调制信号的频率可以提高精度，但测量范围也随之变小，所以为了在不影响测量范围的前提下提高测量精度，一般需要设置多个调频频率。

### 3. 激光三角测距法

激光三角测距法的基本原理是由激光器发射一束激光投射到待测物体表面，待测物体表面的漫反射经成像物镜在光电探测器上成像。光源、物点和像点形成了一定的三角关系，其中光源和传感器上的像点位置是已知的，由此可以计算出物点所在的位置。激光三角测距法按入射光线与被测物体表面法线的关系分为直射式和斜射式两种测距方式。

直射式三角测距法是半导体激光器发射光束经透射镜会聚到待测物体上，经物体表面反射（散射）后通过接收透镜在光电探（感）测器（CCD）或敏感面（PSD）上成像。工作原理如图 8-3 所示，位移量（或变形量）$x$ 的计算公式为：

$$x = \frac{ax'}{b\sin\theta - x'\cos\theta} \tag{8-3}$$

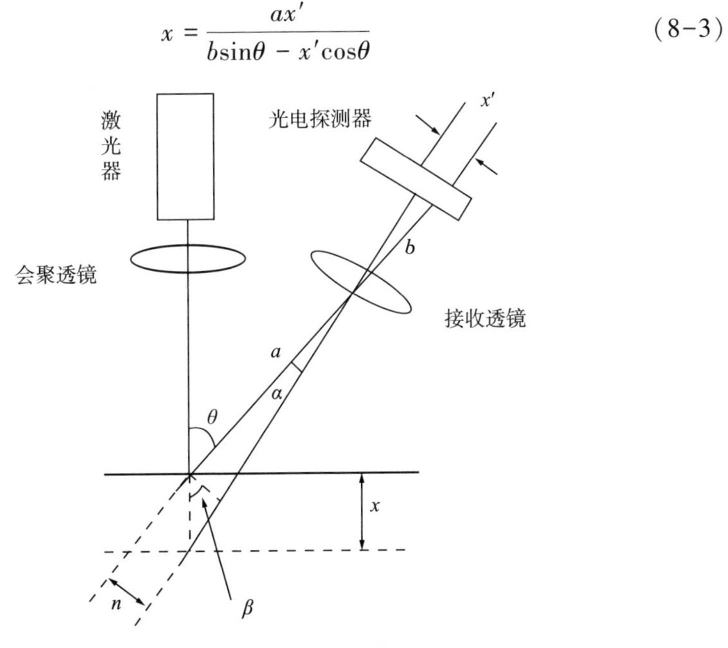


**图 8-3　直射式三角测距法原理**

斜射式三角测量法是半导体激光器发射光轴与待测物体表面法线成一定角度入射到被测物体表面上，被测面上的后向反射光或散射光通过接收透镜在光电探（感）测器敏感面上成像。工作原理如图 8-4 所示，位移量 $x$ 的计算公式为：

$$x=\frac{ax'\cos\theta_2}{b\sin(\theta_1+\theta_2)-x'\cos(\theta_1+\theta_2)} \tag{8-4}$$

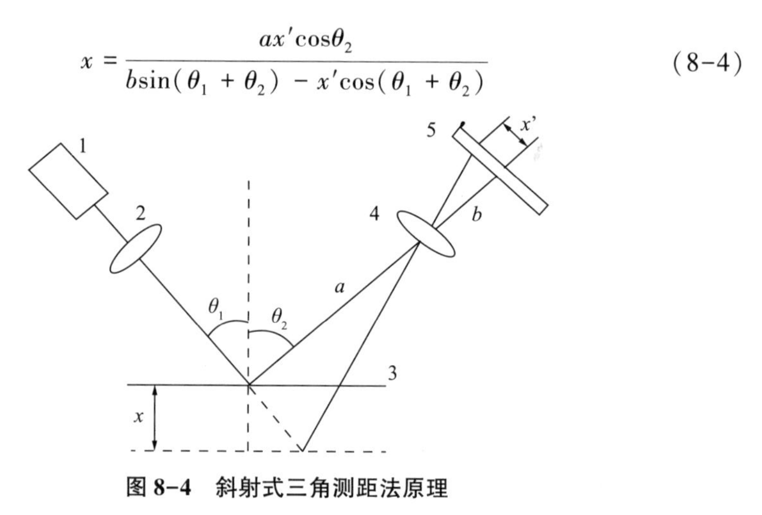


**图 8-4　斜射式三角测距法原理**

为了保证扫描信息的完整性，许多扫描仪扫描范围只有几米到数十米。这种类型的三维激光扫描系统主要应用于工业测量和逆向工程重建，可以达到亚毫米级的精度。

**4. 脉冲-相位式测距法**

将脉冲式测距和相位式测距两种方法结合起来，就产生了一种新的测距方法——脉冲-相位式测距法，这种方法利用脉冲式测距实现对距离的粗测，利用相位式测距实现对距离的精测。

## （二）三维激光扫描仪工作原理

三维激光扫描系统主要由测距系统和测角系统以及其他辅助功能系统构成，如内置相机以及双轴补偿器等。三维激光扫描仪由激光测距仪、水平角编码器、垂直角编码器、水平及垂直方向伺服马达、倾斜补偿器和数据存储器组成。

三维激光扫描仪的工作原理是通过测距系统获取扫描仪到待测物体的距离，再通过测角系统获取扫描仪至待测物体的水平角和垂直角，进而计算出待测物体的三维坐标信息。假设三维激光扫描仪到被测对象的斜距为 $D$，水

平角为 $\varphi$ ，竖直角为 $\theta$ ，如图 8-5 所示，则所测对象激光点的三维坐标（$x$，$y$，$z$）为：

$$\begin{cases} x = D\cos\theta\cos\varphi \\ y = D\cos\theta\sin\varphi \\ z = D\sin\theta \end{cases} \tag{8-5}$$

三维激光扫描仪的扫描装置可分为振荡镜式、旋转多边形镜、章动镜和光纤式 4 种，扫描方向可以是单向的也可以是双向的。在扫描的过程中再利用本身的垂直和水平马达等传动装置完成对物体的全方位扫描，这样连续地对空间以一定的取样密度进行扫描测量，就能得到被测目标密集的三维彩色散点数据，称作点云。

### （三）点云数据的特点

地面三维激光扫描测量系统对物体进行扫描所采集到的空间位置信息是以特定的坐标系为基准的，这种特殊的坐标系称为仪器坐标系，不同仪器采用的坐标轴方向不同，通常将其定义为：坐标原点位于激光束发射处，$Z$ 轴位于仪器的竖向扫描面内，向上为正；$X$ 轴位于仪器的横向扫描面内与 $Z$ 轴垂直；$Y$ 轴位于仪器的横向扫描面内与 $X$ 轴垂直，同时，$Y$ 轴正方向指向物体，且与 $X$ 轴、$Z$ 轴一起构成右手坐标系。

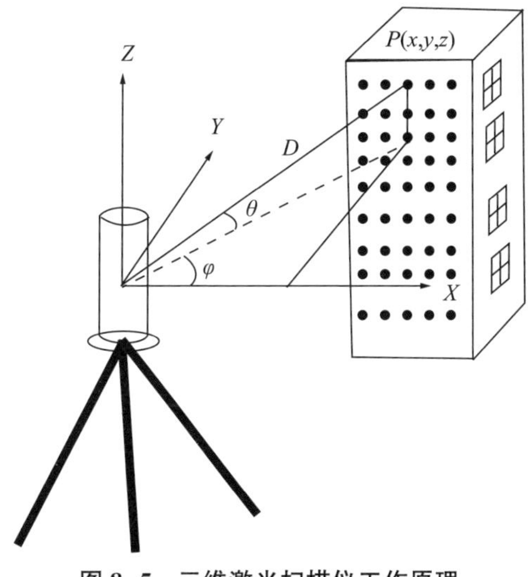


图 8-5　三维激光扫描仪工作原理

三维激光扫描仪在记录激光点三维坐标的同时也会将激光点位置处物体的反射强度值记录下来，即“反射率”。内置数码相机的扫描仪在扫描过程中可以方便、快速地获取外界物体真实的色彩信息，在扫描与拍照完成后，可以得到点的三维坐标信息，也获取了物体表面的反射率信息和色彩信息。所以，包含在点云信息里的不仅有 X、Y、Z、Intensity，还包含每个点的 RGB 数字信息。

依据 Helmut Cantzler 对深度图像的定义，三维激光扫描是深度图像的主要获取方式，因此激光雷达获取的三维点云数据就是深度图像，也可以称为距离影像、深度图、*xyz* 图、表面轮廓、2.5 维图像等。

三维激光扫描仪的原始观测数据主要包括：①根据两个连续转动的用来反射脉冲激光镜子的角度值得到激光束的水平方向值和竖直方向值；②根据激光传播的时间计算出仪器到扫描点的距离，再根据激光束的水平方向角和垂直方向角，得到每一扫描点相对于仪器的空间相对坐标值；③扫描点的反射强度等。

《规程》中对点云给出了定义：三维激光扫描仪获取的以离散、不规则方式分布在三维空间中的点的集合。

点云数据的空间排列形式根据测量传感器的类型分为阵列点云、线扫描点云、面扫描点云以及完全散乱点云。大部分三维激光扫描系统完成数据采集是基于线扫描方式的，采用逐行（或列）的扫描方式，获得的三维激光扫描点云数据具有一定的结构关系。点云的主要特点如下。

（1）数据量大。三维激光扫描数据的点云量较大，一幅完整的扫描影像数据或一个站点的扫描数据中可以包含几十万至上百万个扫描点，甚至达到数亿个。

（2）密度高。扫描数据中点的平均间隔在测量时可通过仪器设置，一些仪器设置的间隔可达 1.0mm，为了便于建模，目标物的采样点通常都非常密集。

（3）带有扫描物体光学特征信息。三维激光扫描系统可以接收反射光的强度，因此，三维激光扫描的点云一般具有反射强度信息，即反射率。有些三维激光扫描系统还可以获得点的色彩信息。

（4）立体化。点云数据包含了物体表面每个采样点的三维空间坐标，记录的信息全面，因而可以测定目标物表面立体信息。由于激光的投射性有限，无法穿透被测目标，所以点云数据不能反映实体的内部结构、材质等情况。

（5）离散性。点与点之间相互独立，没有任何拓扑关系，不能表征目标体表面的连接关系。

（6）可量测性。地面三维激光扫描仪获取的点云数据可以直接量测每个点云的三维坐标、点云间距离、方位角、表面法向量等信息，还可以通过计算得到点云数据所表达的目标实体的表面积、体积等信息。

（7）非规则性。激光扫描仪是按照一定的方向和角度进行数据采集的，采集的点云数据随着距离的增大，扫描角增大，点云间距离也增大，加上仪器系统误差和各种偶然误差的影响，点云的空间分布没有一定的规则。

以上这些特点使三维激光扫描数据得到十分广泛的应用，同时也使点云数据处理变得十分复杂和困难。

## 三、三维激光扫描系统分类

目前，许多厂家提供了多种型号的扫描仪，它们无论是在功能方面还是在性能指标方面都不相同，用户应该根据不同的应用目的，从繁杂多样的激光扫描仪中进行正确和客观的选择，这需要对三维激光扫描系统进行分类。

从实际工程和应用角度来说，激光雷达的分类依据繁多，主要有激光波段、激光器的工作介质、激光发射波形、功能用途、承载平台、激光雷达探测技术等。本书借鉴一些学者的研究成果，从承载平台、扫描距离、扫描仪成像方式等几个方面进行分类，下面做简要介绍。

### （一）依据承载平台划分

按三维激光扫描测绘系统的空间位置或系统运行平台来划分，可分为如下五类。

#### 1. 星载激光扫描仪

星载激光扫描仪也称星载激光雷达，是安装在卫星等航天飞行器上的激光雷达系统。星载激光雷达是 20 世纪 60 年代发展起来的一种高精度地球探测技术，实验始于 20 世纪 90 年代初，美国的星载激光雷达技术的应用与规模处于绝对领先地位。美国公开报道的典型星载激光雷达系统有 MOLA、

MLA、LOLA、GLAS、ATLAS、LIST等。

星载激光扫描仪的运行轨道高并且观测视野广，可以触及世界上的每一个角落，提供高精度的全球探测数据，在地球探测活动中起着越来越重要的作用，对于国防和科学研究具有十分重大的意义。目前，它在植被垂直分布测量、海面高度测量、云层和气溶胶垂直分布测量，以及特殊气候现象监测等方面发挥着重要作用。主要应用于全球测绘、地球科学、大气探测、月球、火星和小行星探测、在轨服务、空间站等。

我国多家高校与科研机构开展了星载激光雷达技术研究。2007年我国发射的第1颗月球探测卫星“嫦娥一号”上搭载了1台激光高度计，实现了卫星星下点月表地形高度数据的获取，为月球表面三维影像的获取提供服务，是我国发射的首例实用型星载激光雷达。近年来，国内多家单位也开始了进行星载激光雷达的研究。

星载高分辨率对地观测激光雷达在国际上仍属于非常前沿的工程研究方向。星载激光雷达在地形测绘、环境监测等方面的应用具有独特的优势，未来典型的对地观测应用主要有构建全球高程控制网、获取高精度DSM/DEM、特殊区域精确测绘、极地地形测绘与冰川监测。

## 2. 机载激光扫描系统

机载激光扫描系统（Airborne Laser Scanning System，ALSS；或者Laser Range Finder，LRF；或者Airborne Laser Terrain Mapper，ALTM），也称机载LiDAR系统。

这类系统由激光扫描仪（LS）、惯性导航系统（INS）、DGPS定位系统、成像装置（UI）、计算机以及数据采集器、记录器、处理软件和电源构成。DGPS系统给出成像系统和扫描仪的精确空间三维坐标，INS给出其空中的姿态参数，由激光扫描仪进行空对地式的扫描，以此来测定成像中心到地面采样点的精确距离，再根据几何原理计算出采样点的三维坐标。

传统的机载LiDAR系统测量往往是通过安置在固定翼的载人飞行器上进行的，作业成本高，数据处理流程也较为复杂。近年来随着民用无人机的技术升级和广泛应用，将小型化的LiDAR设备集成在无人机上进行快速高效的数据采集已经得到应用。LiDAR系统能全天候高精度、高密集度、快速和低成本地获取地面三维数字数据，具有广泛的应用前景。

空中机载三维扫描系统的飞行高度最大可以达到 1km，这使得机载激光扫描不仅能用在地形图绘制和更新方面，还在大型工程的进展监测、现代城市规划和资源环境调查等诸多领域都有较广泛的应用。

### 3. 车载激光扫描系统

车载激光扫描系统，即车载 LiDAR 系统，在文献中用到的词语也不太一致，但表达的思想大致相同。车载的含义广泛，不仅是汽车，还包括轮船、火车、小型电动车、三轮车、便携式背包等。

车载 LiDAR 系统集成了激光扫描仪、CCD 相机以及数字彩色相机的数据采集和记录系统，GPS 接收机，基于车载平台，由激光扫描仪和摄影测量获得的原始数据作为三维建模的数据源。该系统的优点包括：能够直接获取被测目标的三维点云数据坐标；可连续快速扫描；效率高，速度快。不足之处是目前市场上的车载地面三维激光扫描系统的价格比较昂贵（200 万～800 万元），只有少数地区和部门在使用。地面车载激光扫描系统一般能够扫描到路面和路面两侧各 50m 左右的范围，它广泛应用于带状地形图测绘以及特殊现场的机动扫描。

### 4. 地面三维激光扫描系统

地面三维激光扫描系统（地面三维激光扫描仪），也称为地面 LiDAR 系统。地面三维激光扫描系统类似于传统测量中的全站仪，它由一个激光扫描仪和一个内置或外置的数码相机，以及软件控制系统组成。激光扫描仪本身主要包括激光测距系统和激光扫描系统，同时也集成了 CCD 和仪器内部控制和校正系统等。二者的不同之处在于固定式扫描仪采集的不是离散的单点三维坐标，而是一系列的点云数据。点云数据可以直接用来进行三维建模，而数码相机的功能就是提供对应模型的纹理信息。

地面三维激光扫描系统是一种利用激光脉冲对目标物体进行扫描，可以大面积、大密度、快速度、高精度地获取地物的形态及坐标的一种测量设备。目前已经广泛应用于测绘、文物保护、地质、矿业等领域。

### 5. 手持式激光扫描系统

手持式激光扫描系统（手持式三维扫描仪）是一种可以用手持扫描来获取物体表面三维数据的便携式三维激光扫描仪，是三维扫描仪中最常见的一种。它被用来侦测并分析现实世界中物体或环境的形状（几何构造）与外观数据（如颜色、表面反照率等性质），搜集到的数据常被用来进行三维重建计算，在虚拟世界中创建实际物体的数字模型。它的优点是快速、简洁、精确，可以帮助用户在数秒内快速地测得精确、可靠的结果。

此类设备大多用于采集比较小型的物体的三维数据，可以精确地测量出物体的长度、面积、体积，一般配有柔性的机械臂。广泛应用于机械制造与开发、产品误差检测、影视动画制作以及医学等众多领域。此类型的仪器配有联机软件和反射片。

### （二）依据扫描距离划分

按三维激光扫描仪的有效扫描距离进行分类，目前国家无相应的分类技术标准，大概可分为以下 3 种类型：

（1）短距离激光扫描仪（<10m）。这类扫描仪最长扫描距离只有几米，一般最佳扫描距离为 0. 6~1. 2m，通常用于小型模具的量测。不仅扫描速度快而且精度较高，可以在短时间内精确地给出物体的长度、面积、体积等信息。手持式三维激光扫描仪都属于这类。

（2）中距离激光扫描仪（10~400m）。最长扫描距离只有几十米，它主要用于对室内空间和大型模具的测量。

（3）长距离激光扫描仪（>400m）。扫描距离较长，最大扫描距离超过百米，它主要应用于对建筑物、大型土木工程、煤矿、大坝、机场等的测量。

### （三）依据扫描仪成像方式划分

按照扫描仪成像方式可分为如下 3 种类型。

#### 1. 全景扫描式

全景式激光扫描仪采用一个纵向旋转棱镜引导激光光束在竖直方向扫描，同时利用伺服马达驱动仪器绕其中心轴旋转。

#### 2. 相机扫描式

它与摄影测量的相机类似，适用于室外物体扫描，特别是对长距离的扫描很有优势。

#### 3. 混合型扫描式

它的水平轴系旋转不受任何限制，垂直旋转受镜面的局限，集成了上述两种扫描仪的优点。

### （四）地面三维激光扫描技术特点

传统的测量设备主要是单点测量，获取物体的三维坐标信息。与传统的测量技术相比，三维激光扫描测量技术是现代测绘发展的新技术之一，也是一项新兴的获取空间数据的方式，并且拥有许多独特的优势。不同类型设备的技术特点会有所不同。以地面三维激光扫描技术为例，其特点如下。

**1. 非接触测量**

三维激光扫描技术采用非接触扫描目标的方式进行测量，无须反射棱镜，对扫描目标物体不需进行任何表面处理，直接采集物体表面的三维数据，所采集的数据完全真实可靠。可以用于解决危险目标、环境（或柔性目标）及人员难以企及的情况，具有传统测量方式难以完成的技术优势。

**2. 数据采样率高**

目前，三维激光扫描仪采样点速率可达到百万点/秒，这样的采样速率是传统测量方式难以企及的。

**3. 主动发射扫描光源**

三维激光扫描技术能主动发射扫描光源（激光），通过探测自身发射的激光回波信号来获取目标物体的数据信息，因此在扫描过程中，可以实现不受时间和空间约束的目的。同时，它还可以全天候作业，不受光线的影响，工作效率高，有效工作时间长。

**4. 具有高分辨率、高精度的特点**

三维激光扫描技术可以快速、高精度地获取海量点云数据，可以对扫描目标进行高密度的三维数据采集，从而达到高分辨率的目的。单点精度可达2mm，间隔最小1mm。

**5. 数字化采集，兼容性好**

三维激光扫描技术所采集的数据是直接获取的数字信号，具有全数字特征，易于后期处理及输出。用户界面友好的后处理软件能够与其他常用软件进行数据交换及共享。

**6. 可与外置数码相机、GPS 系统配合使用**

这些功能大大扩展了三维激光扫描技术的使用范围，对信息的获取更加全面、准确。外置数码相机的使用，增强了彩色信息的采集效果，使扫描获取的目标信息更加全面。GPS 定位系统的应用，使三维激光扫描技术的应用范围更加广泛，与工程的结合更加紧密，进一步提高了测量数据的准确性。

**7. 结构紧凑、防护能力强，适合野外使用**

目前常用的扫描设备一般具有体积小、重量轻、防水、防潮，对使用条件要求不高，环境适应能力强，适于野外使用等特点。

**8. 直接生成三维空间结果**

结果数据直观，进行空间三维坐标测量的同时，获取目标表面的激光强度信号和真彩色信息，可以直接在点云上获取三维坐标、距离、方位角等，还可应用于其他三维设计软件。

**9. 全景化的扫描**

目前水平扫描视场角可实现 360 度，垂直扫描视场角可达到 320 度，扫描更加灵活，更加适合复杂的环境，从而提高了扫描效率。

**10. 激光的穿透性**

激光的穿透特性使地面三维激光扫描系统获取的采样点能描述目标表面的不同层面的几何信息。它可以通过改变激光束的波长，穿透一些比较特殊的物质，如水、玻璃以及低密度植被等，使透过玻璃或水面、穿过低密度植被来采集成为可能。奥地利 RIEGL 公司的 V 系列扫描仪基于独一无二的数字化回波和在线波形分析功能，实现了超长测距的目的。VZ-4000 甚至可以在沙尘、雾天、雨天、雪天等能见度较低的情况下使用，并进行多重目标回波的识别，在矿山等困难的环境下也可轻松使用。

三维激光扫描技术与全站仪测量技术的区别如下：

**1. 对观测环境的要求不同**

三维激光扫描仪可以全天候地进行测量，而全站仪因为需要瞄准棱镜，所以必须在白天或者较明亮的地方进行测量。

**2. 对被测目标获取方式不同**

三维激光扫描仪不需要照准目标，而是采用连续测量的方式进行区域范围内的面数据获取，全站仪则必须通过照准目标来获取单点的位置信息。

**3. 获取数据的量不同**

三维激光扫描仪可以获取高密度的观测目标的表面海量数据，采样速度高，对目标的描述细致。而全站仪只能够有限度地获取目标的特征点。

**4. 测量精度不同**

三维激光扫描仪和全站仪的单点定位精度都是毫米级，目前部分全站式三维激光扫描仪已经可以达到全站仪的精度，但是整体来讲，三维激光扫描仪的定位精度比全站仪略低。

## 四、地面三维激光扫描技术在水利工程中的应用

水利工程按目的或服务对象可分为：防治洪水灾害的防洪工程；防治旱、涝、渍灾为农业生产服务的农田水利工程，或称灌溉和排水工程；将水能转化为电能的水力发电工程；改善和创建航运条件的航道和港口工程；为工业和生活用水服务，处理和排除污水和雨水的城镇供水和排水工程；防治水土流失和水质污染，维护生态平衡的水土保持工程和环境水利工程；保护和增进渔业生产的渔业水利工程；围海造田，满足工农业生产或交通运输需要的海涂围垦工程等。

### （一）水利工程应用研究概述

三维激光扫描技术在水利工程建设的斜坡稳定性研究、高陡边坡地质调查、水利枢纽的地形地貌三维数据采集，输水、送电线路的选择、虚拟技术的逆向建模、交通、医疗、古建筑修复和保护工程、变形观测、森林和农业等众多领域中得到了广泛应用。地面三维激光扫描技术在水利工程中的应用主要体现在以下 4 个方面。

**1. 水利水电工程地形测绘**

地形测绘是水利水电工程规划和建设的基础工作，三维激光扫描仪这种无接触、高自动化、高精度的测量方式较传统测量方式有很大的优势，在地况较复杂的水利工程地形测绘中更是一条捷径。

贵州省水利水电勘测设计研究院的技术人员为了验证 RIEGL VZ-4000 三维激光扫描仪在地形测绘工作中的精度、过滤植被的能力、地物提取的精度和效率等，先后进行了 3 次试验（办公区、龙里窄冲水库坝区、花溪红岩水库坝区）。

通过实验发现，RIEGL VZ-4000 的扫描距离有很大幅度的增加，并且自

带的数据处理软件的植被过滤功能有所增强，在植被不是特别茂密的情况下，过滤效果可行。其不足之处在于：①在地物提取方面，工作效率和精度还有待加强，需要借助第三方软件，并且数据后处理相对复杂，内业处理时间较长。②在植被非常茂密地区测量精度不高，因此目前还不能完全取代传统测量方式。但是这款三维激光扫描仪在植被不是特别茂密，受地形条件限制，观测距离比较远的工程中，具有比较可观的应用前景，能够大大缩短野外工作时间，提高工作效率，降低工程成本。

**2. 水位库容和三维尺寸测量**

水利工程在勘察、设计、施工、监测、抢险中进行地形等高线测绘和长度、面积、体积等三维尺寸测量时，传统的单点测量工作量大，周期长，特别是在针对陡崖、高边坡测量时危险性高。在我国一批建成于 20 世纪 50 至 80 年代的水利工程中，有很大一部分的工程图纸由于各种原因已经散失，需要对其重新测绘，以规范工程管理，并为后期的安全鉴定和除险加固提供详细的工程资料。针对上述问题，也可采用常规全站仪测量、数字投影测量等方法解决，这些技术方法的应用需要配合大量的外业测量工作和数据整理、影像畸变校正等复杂的内业工作。而三维激光扫描技术为解决上述问题提供了实用、快速、准确的解决方案。

广东省水利水电科学研究院的技术人员对瑞士徕卡 ScanStation C10 三维激光扫描系统进行了多次应用。针对水库水位库容曲线和三维尺寸测量，选择位于高州市东北部山区大坡镇格苍村境内的某水库，2013 年 8 月 14 日受台风“尤特”带来的强降雨影响，挡水拱坝左坝肩穿孔破坏，利用三维激光扫描技术，共设置了 10 个测站，获取到测区的原始点云数据。经过后处理，取得了该水库的水位库容曲线，挡水坝高以及详细溃口尺寸，另外，还对清远抽水蓄能电站计算库容方面进行了研究。

经过点云过滤与点云拼接处理后的数据，实为库区地形的高程点，通过构建 TIN 来建立库区的三维地表模型，并对模型进行必要的边界裁剪，得到库区三维地表模型。利用 TIN 进行库容计算，按照水库不同水位（水位间隔为 0. 1m）计算库容，整理成库容曲线。

计算库容时，结果与传统地形测量的计算结果对比，误差均在 0. 3% 以内，证明了三维激光扫描技术在计算库容应用中具有可靠的精度。

广州中海达卫星导航技术股份有限公司乌鲁木齐分公司利用武汉海达数云技术有限公司生产的 HS1200 三维激光扫描仪，将乌鲁木齐某水库作为研究对象，外业共采集 6 站数据，用时约 1h 完成了整个采集过程。HD-SCENE 点云数据预处理，在水库堤岸下沿范围内确定水域面积，在 CASS 软件中建立 DTM 模型并生成地形图。

**3. 水利工程三维虚拟场景制作**

通过海量数据库的建设，可以实现大批量海图的三维化，实现二维、三维数据一体化存储管理、一体化发布、一体化查询显示、一体化分析。同时，也为政府各职能部门提供了科学高效的管理方法，为决策层提供决策所需要的基础数据，让管理更加直观、有效，从而提高了人力、物力的利用效率。

广州海事测绘中心的技术人员以国产软件 SuperMap GIS 的桌面软件 SuperMap Deskpro. Net 6R 为平台，三维扫描设备使用的是 RIEGL VZ-1000 扫描仪，对扫描数据的处理使用 RIEGL 三维激光扫描仪配套软件 RiSCAN PRO。以广东省清远市北江飞来峡河段为研究对象，河段长约 5km，两岸地势陡峭，山峰林立，水深在 0~20m，房屋、道路、码头、航标等地物众多。

**4. 河道测量**

河道测量是进行河流开发整治和河道水文模拟的基础，传统的河道测量工作量大、效率较低，采样密度有限，其数据获取方式和处理模式已经不能完全满足河流信息化的需求。近年来，随着激光雷达的发展，三维激光扫描仪和移动测量系统也被应用到河道测量中，它能对物体进行三维扫描，从而快速获取目标的高密度三维坐标，同时三维激光扫描技术也是一种实时性、主动性、非接触、面测量的数据获取手段。

三维激光扫描系统进行陆地测量将是今后山区河道地形观测的方向之一，不仅可降低外业测量强度，也可避免山区陡峭区域跑点带来的安全生产隐患。近年来，水文局还开展了大量的三维激光扫描系统测量试验研究工作，成功推进了船载三维激光扫描系统在地形测量中的实际应用，并取得了较好的成果。

另外，三维激光扫描技术还可应用于水利工程的变形监测，例如大坝、土石坝、面板堆石坝挤压边墙等，还可应用于水利工程的安装测量。

## （二）水利工程测绘中激光雷达技术的应用优势

水利工程测绘任务难度较大，作业条件特殊，测量环境复杂，常规的测绘技术难以达到测绘精度和精度目标。激光雷达技术的应用可以有效提升测绘成果精度和作业效率，从而为按时完成作业任务以及工程设计提供保障和数据支撑。水利工程中激光雷达的测绘优势体现在如下几点。

**1. 不受作业条件限制**

激光脉冲的穿透力很强，高强度激光约束能够穿透狭小的缝隙打到树干、树冠、地面和灌木丛等，并进一步产生多个反射回波。对于采石场、滩涂沼泽、悬崖峭壁、高山峡谷等地形特殊的作业地区，可以不受地形地貌的限制进行数据采集；激光脉冲能够穿透植被不是特别茂密的植被，通过点源数据获取、分类、滤波处理等分辨地面和非地面点，并将房屋、桥梁、道路等依据点云强度信息实现精准分类；对于植被茂密的地区激光雷达获取的点云数量会减少，但通过发射功率、航线充电率和扫描角度的调整，所获取的点云也能符合实际工程要求，对于密林山区的测绘具有显著优势，这也是能够获取山区密林地面高程的重要技术。

**2. 成果数据精度高**

激光雷达获取的点源数据能够达到0.1～0.5m的精度，特别是高程具有更高精度，可以达到1∶1000的精度要求。经过滤分类，利用点源数据可以生成精度更高的DEM模型，相较传统的测绘技术，DEM模型可以更加精准地反映微地形变化。

**3. 实现全天候作业**

激光雷达可以进行24h作业，不受天气和太阳角等条件的限制，在很大程度上缩短了作业周期，降低了成果精度和工程进度受不利天气的影响，大大提高了测绘作业效率，在水利应急测绘等领域具有广泛的应用前景。

**4. 作业周期短、效率高**

作业过程中激光雷达仅需少量的地面基站，对旁向与航向的航线重叠率要求较低，使得数据采集效率大幅度提升。相对于传统的航测技术，可有效缩短后期成果输出、外业调绘、数据处理和产品生成时间，从根本上解决了测绘成果精度要求高、前期工期紧的问题。

5. 成果丰富、可操控性好

激光雷达通过回波信号接收、激光波速发射等一系列主动式操作处理来提取地面信息，航测过程中操作人员一般只需做好前期准备工作，后期数据获取与处理基本能够自动完成，操作便捷且对操作员要求较低。基于点测量的传统测绘手段只能生成常规 DLG 成果，获取的地面信息有限。激光雷达可以快速获取大量高精度点云数据，若将数码相机搭载到激光雷达平台上，还可在获取地面数字影像的同时获得点云数据，经内业数据处理生成数字线划图、正射影响、地面模型和地表模型等，综合应用 DOM 和 DEM 模型能够进行水库淹没范围线和库容的计算、断面提取等，其测绘成果比较丰富，能够为水利工程提供数据支撑。

激光雷达测绘技术具有成果精度高、作业效率高、成果丰富、全天候作业等独特的优势，逐渐被应用于水利工程测绘领域。未来随着科技的发展和硬软件设备的研究应用，激光雷达技术的发展潜力巨大，尤其是在防洪抗旱、抢险救灾、河道监管等水利行业的多个领域，以及多样数据生产、多源数据获取与处理等方面具有广泛的应用前景。

## （三）三维激光扫描技术应用当中应该注意的问题

为了保证企事业的水利工程建设和应用的工作效率和精准度，在利用三维激光扫描技术进行水利工程地形测绘时应该注意以下几点。

（1）三维激光扫描技术通常会受到本身测距和测角精度的限制，被测点的精度会随着扫描距离的增加逐渐降低，因此在实际的测绘工作中，相关技术人员应该利用不同的比例尺对地形图的精度进行严格的要求，合理地确定扫描范围，保证仪器测量的精准度。

（2）三维激光扫描仪一般通过确定后视标靶的方式，在仪器坐标系和工程坐标系之间实现云数据的坐标转换，在数据的转换过程中，数据的转换精度不仅仅会受到标靶扫描精度的影响，还会受到标靶后视点地面实测精度的影响，因此为了降低三维激光扫描仪的测量误差，在实际测量工作当中，相关技术人员应该根据标靶的扫描距离确定标靶目标的大小，保证测量结果的清晰和准确。

（3）对于外业扫描过程来讲，相关技术人员应该充分考虑数据编辑工作的实际需求，对测量的关键区域以及地形的特征点进行同步实测，便于后期剔除云数据当中的非地貌数据，同时有利于三维激光扫描仪数据精准度的检验。

## 第三节　无人机测绘技术在水利水电工程中的应用

### 一、无人机测绘技术的基本原理

无人机测绘技术主要基于遥感和摄影测量原理，通过无人机搭载的传感器和相机对目标区域进行数据采集和图像获取。其中，遥感技术可以获取地表特征的空间分布和变化，而摄影测量技术则可以获取地表图像的几何和光谱信息。无人机测绘技术是利用无人机搭载的摄影测量设备对地面进行测绘的一种技术。其基本原理如下。

**1. 航空摄影测量**

无人机搭载的相机或传感器通过连续拍摄地面影像或获取地面数据，实现对地面信息的获取。这些相机或传感器可以是普通相机、红外相机、激光雷达等。

**2. 定位与导航**

无人机需要通过全球定位系统（Global Positioning System，GPS）或其他定位技术来确定自身的位置和姿态，以便在测绘过程中准确地获取地面影像。同时，无人机还需要实时导航系统来确保飞行的稳定和安全。

**3. 数据处理与地图生成**

通过对无人机获取的影像进行处理，包括影像的几何校正、图像匹配、三维重建等操作，生成高精度的地图或模型。这些处理可以用计算机视觉、摄影测量学和机器学习等技术来实现。

**4. 数据分析与应用**

生成的地图或模型可以用于各种应用，例如，土地测绘、城市规划、环境监测、灾害评估等。通过对测绘数据的分析和处理，可以提供更准确、更高效的地理信息，为决策者提供支持。

总体来说，无人机测绘技术通过搭载摄影测量设备进行航空摄影测量，结合定位与导航技术，以及数据处理与分析，实现对地面信息的获取、处理和应用。这种技术具有高效、灵活、成本低等优势，广泛用于各个领域。

## 二、无人机测绘技术在水利水电工程中的应用案例

### 1. 水电站建设与维护

无人机可以在水电站的建设和维护过程中进行航测和摄影测量，提供高精度的地形模型和三维模型，为工程设计和施工提供可靠的数据支持。

### 2. 水利工程灾害监测

无人机可以对水利工程中的地质灾害、水土流失等问题进行快速、高效的监测，及时发现和预警灾害隐患，为灾害防治提供支持。

### 3. 地形测量与建模

无人机搭载高精度测绘设备，可以快速获取水利水电工程的地形数据。通过对无人机获取的影像数据进行处理和分析，可以生成高精度的数字地形模型。这些地形模型可以用于水利水电工程设计、地质勘探和施工规划等方面。

### 4. 水库巡查与监测

利用无人机可以对水库进行定期巡查与监测。无人机可以快速获取水库的影像数据，并通过图像处理和分析技术，检测水库的裂缝、渗漏等问题。可以通过高精度的测量设备对水库进行定期的测量和监测，提供准确的水位、水量和水质等数据，为水库管理和调度提供科学依据，从而可以及时发现安全隐患，为水利水电工程的运行和维护提供有力的支持。

### 5. 水流测量与分析

无人机配备流速测量设备，可以对河流、溪流等水体进行流速测量。利用无人机获取的流速数据，可以进一步分析水体的流量分布、水流方向等信息。这对于水力发电厂的设计和运营具有重要意义。

### 6. 灾害评估与应急响应

例如，在洪水、地震等灾害发生后，无人机可以快速获取受灾地区的影像数据，评估灾情和损失，并为救援和灾后重建提供支持。总之，无人机测绘技术在水利水电工程中的应用案例非常丰富，可以提高工作效率、降低成本，并为工程设计、施工和运营提供重要的数据支持。

## 三、无人机测绘技术的发展前景

无人机测绘技术是指利用无人机进行地理测绘和空中摄影测量的技术。随着无人机技术的飞速发展和应用的不断拓展，无人机测绘技术在各个领域都具有广阔的发展前景。

**1. 无人机测绘技术在地理测绘领域具有重要的应用价值**

传统的地理测绘往往需要耗费大量的人力、物力和时间，在复杂的地形环境中效率低下。而无人机测绘技术可以通过搭载高精度的测量设备，快速准确地获取地理信息。无人机可以携带各种传感器，如 GPS、激光雷达和红外相机等，可以获取地面高程、地物三维坐标、地物属性等数据，从而实现高精度的地理测绘。

**2. 无人机测绘技术在城市规划和土地管理方面具有广阔的应用前景**

无人机可以通过航拍和数据处理技术，实现对城市区域的快速调查和详细测绘，包括建筑物、道路、绿地和水域等。这对城市规划、土地利用和城市管理具有重要意义。无人机测绘技术可以为城市规划和土地管理部门提供高精度的地理信息，用于规划、设计和决策。

**3. 无人机测绘技术在农业领域也具有广阔的应用前景**

在农业生产过程中，对土壤、植物和水资源等的监测和管理非常重要。无人机可以搭载各种传感器，如多光谱相机和热红外相机，实时获取农田的植被指数、土壤湿度、温度等数据。这些数据可以用于农田的精准施肥、病虫害监测和水资源管理等，提高农业生产的效益和可持续发展。

**4. 无人机测绘技术在环境监测和自然资源管理方面也有广泛的应用前景**

无人机可以通过航拍和数据处理技术，实时监测空气质量、水质和森林覆盖等环境指标。这对于环境保护、自然资源管理和生态保护具有重要意义。无人机测绘技术可以为环保部门和自然资源管理部门提供高精度的环境数据，用于环境监测、资源评估和生态保护。

**5. 无人机测绘技术在应急救援和灾害管理方面也有潜力**

无人机可以在灾害发生后快速获取灾区的图像和数据，用于灾害评估、救援指挥和重建规划。无人机可以飞越复杂的地形，获取人难以进入的区域的信息，为救援队伍提供重要的决策支持。

总之，无人机测绘技术的发展前景非常广阔。随着无人机技术的不断创新和成熟，无人机测绘技术将在地理测绘、城市规划、农业、环境监测和灾害管理等领域发挥越来越重要的作用。这将为社会发展和环境保护提供强有力的支持，推动各行各业的进步和创新。

未来，无人机测绘技术将进一步提高精度和效率，实现自主飞行和自主决策，并与其他领域的技术手段进行融合，为水利水电工程的发展带来新的突破。

## 四、无人机测绘技术在水利水电工程领域的应用

无人机测绘技术是一种使用无人机进行测绘和地理信息采集的先进技术。它通过搭载高分辨率摄影设备、激光雷达、热红外传感器等，实现对地理空间数据的高效获取和处理。在水利水电工程领域，无人机测绘技术具有广阔的应用前景，可以为工程的规划、设计、施工、运维等环节提供高精度的数据支持。

### 1. 无人机测绘技术在水利水电工程中可以进行地形测绘

传统的地形测绘通常需要大量人力物力，而使用无人机进行测绘则可以大大减少成本和工作量。无人机可以通过搭载摄影设备进行航拍，通过对航拍图像进行处理，可以生成高精度的数字高程模型和数字地形模型，为工程规划和设计提供准确的地形数据。

### 2. 无人机测绘技术可以进行水利水电工程的巡检和监测

无人机可以搭载各种传感器，如热红外传感器和激光雷达等，对水利水电工程的设施进行全方位的监测和巡检。使用无人机进行巡检，可以及时发现设备的故障和缺陷，提前采取相应的维修和保养措施，保证工程的安全和稳定运行。

### 3. 无人机测绘技术可以进行水利水电工程的施工监督

在工程施工过程中，通过无人机的航拍和数据处理，可以实时监测施工进度和质量，发现施工过程中存在的问题和隐患。同时，无人机还可以进行施工现场的安全监管，通过搭载摄像设备，可以对施工现场进行实时监控，防止事故的发生。

#### 4. 无人机测绘技术还可以进行水利水电工程的环境监测

无人机可以搭载气象传感器和水质传感器等设备，可以对水利水电工程周围的环境进行监测，如大气污染、水质污染等。通过无人机的数据采集和处理，可以及时了解和掌握工程所处环境的变化，为环境保护和管理提供科学的依据。

总之，无人机测绘技术可以提高工程的设计精度和施工质量，减少人力物力的投入，提高工作效率。同时，无人机测绘技术还可以提供实时的监测和巡检数据，保障工程的安全和稳定运行。随着无人机技术的不断发展和进步，相信其在水利水电工程中的应用将会越来越广泛。

无人机测绘技术在水利水电工程中的应用正日益成为一种趋势。通过对无人机测绘技术的研究和应用，可以提高水利水电工程的规划、设计、施工和监测水平，为水利水电工程的可持续发展提供技术支撑。然而，无人机测绘技术的进一步发展还需要解决一系列的技术和管理问题，这需要政府、企业和科研机构等多方共同努力。

# 参考文献


［1］张小阳. 水利水电工程金属结构和机电设备制造监理工作指南［M］. 北京：中国水利水电出版社，2024.

［2］姜靖，于峰，吴振海. 现代水利水电工程建设与管理［M］. 北京：现代出版社，2023.

［3］佟欣，李东艳，佟颖. 水利水电工程基础［M］. 北京：北京理工大学出版社，2023.

［4］徐明毅，陈敏林. 水利水电工程 CAD 技术［M］. 北京：中国水利水电出版社，2023.

［5］孙海兵. 水利水电工程造价基础［M］. 北京：中国建筑工业出版社，2023.

［6］方国华，黄显峰，金光球. 水利水电系统规划与优化调度［M］. 北京：中国水利水电出版社，2023.

［7］陈忠，董国明，朱晓啸. 水利水电施工建设与项目管理［M］. 长春：吉林科学技术出版社，2022.

［8］沈英朋，杨喜顺，孙燕飞. 水文与水利水电工程的规划研究［M］. 长春：吉林科学技术出版社，2022.

［9］崔永，于峰，张韶辉. 水利水电工程建设施工安全生产管理研究［M］. 长春：吉林科学技术出版社，2022.

［10］罗晓锐，李时鸿，李友明. 水利水电工程施工新技术应用研究［M］. 长春：吉林科学技术出版社，2022.

［11］吴新霞. 水利水电工程爆破手册［M］. 北京：中国水利水电出版社，

2022.
[12] 张敬东，宋剑鹏，于为. 水利水电工程施工地质实用手册 [M]. 武汉：中国地质大学出版社，2022.
[13] 樊忠成，李国宁. 水利水电工程 BIM 数字化应用 [M]. 北京：中国水利水电出版社，2022.
[14] 邓艳华. 水利水电工程建设与管理 [M]. 沈阳：辽宁科学技术出版社，2022.
[15] 畅瑞锋. 水利水电工程水闸施工技术控制措施及实践 [M]. 郑州：黄河水利出版社，2022.
[16] 李俊峰. 水利水电工程设计与管理研究 [M]. 北京：中国纺织出版社，2022.
[17] 王增平. 水利水电设计与实践研究 [M]. 北京：北京工业大学出版社，2021.
[18] 李登峰，李尚迪，张中印. 水利水电施工与水资源利用 [M]. 长春：吉林科学技术出版社，2021.
[19] 王玉梅. 水利水电工程管理与电气自动化研究 [M]. 长春：吉林科学技术出版社，2021.
[20] 吴淑霞，史亚红，李朝琳. 水利水电工程与水资源保护 [M]. 长春：吉林科学技术出版社，2021.
[21] 朱根权. 基层水利水电实践案例 [M]. 北京：中国原子能出版社，2020.
[22] 潘永胆，汤能见，杨艳. 水利水电工程导论 [M]. 北京：中国水利水电出版社，2020.
[23] 唐涛. 水利水电工程 [M]. 北京：中国建材工业出版社，2020.
[24] 张逸仙，杨正春，李良琦. 水利水电测绘与工程管理 [M]. 北京：兵器工业出版社，2020.
[25] 李蒲健. 水利水电工程中西英常用词汇 [M]. 北京：中国水利水电出版社，2020.
[26] 赵显忠，常金志，刘和林. 水利水电工程施工技术全书 [M]. 北京：中国水利水电出版社，2020.

［27］崔洲忠. 水利水电工程管理与实务［M］. 长春：吉林科学技术出版社，2020.
［28］朱显鸽. 水利水电工程施工技术［M］. 郑州：黄河水利出版社，2020.
［29］罗永席. 水利水电工程现场施工安全操作手册［M］. 哈尔滨：哈尔滨出版社，2020.
［30］任加林. 水利水电工程 BIM 框架研究与技术探索［M］. 北京：科学出版社，2020.
［31］罗永席. 水利水电工程施工组织设计编写模板［M］. 哈尔滨：哈尔滨出版社，2020.